CLASSE 49

Matériel et procédés des exploitations rurales et forestières

---

RAPPORTS

DE MM. TRESCA, GRANDVOINNET, RINGELMANN, LEZÉ
A.-CH. GIRARD ET RISLER

IMPRIMERIE NATIONALE.

MINISTÈRE DU COMMERCE, DE L'INDUSTRIE
ET DES COLONIES

EXPOSITION UNIVERSELLE INTERNATIONALE DE 1889
À PARIS

RAPPORTS DU JURY INTERNATIONAL

PUBLIÉS SOUS LA DIRECTION

DE

M. ALFRED PICARD

INSPECTEUR GÉNÉRAL DES PONTS ET CHAUSSÉES, PRÉSIDENT DE SECTION AU CONSEIL D'ÉTAT
RAPPORTEUR GÉNÉRAL

CLASSE 49. — **Matériel et procédés des exploitations rurales et forestières**

RAPPORTS

DE MM. TRESCA, GRANDVOINNET, RINGELMANN, LEZÉ
A.-CH. GIRARD ET RISLER

PARIS
IMPRIMERIE NATIONALE

M DCCC XCI

MATÉRIEL ET PROCÉDÉS

DES EXPLOITATIONS AGRICOLES ET FORESTIÈRES.

INTRODUCTION.

Depuis l'Exposition universelle de 1878, l'abaissement de la valeur des produits du sol, par suite de la concurrence de plus en plus grande de l'Amérique et des Indes orientales, a causé dans toute l'Europe une crise qui oblige plus que jamais nos agriculteurs à diminuer leurs frais de production par l'emploi des machines et à augmenter leurs récoltes par celui des engrais chimiques. De là un développement de plus en plus considérable des établissements qui construisent les machines; de là, cette brillante exposition qui couvrait le quai d'Orsay et une partie de l'esplanade des Invalides.

Malheureusement le rapporteur du jury de la classe 49 est mort au mois de juin 1890 sans avoir terminé sa tâche. M. Alfred Tresca, professeur à l'École centrale des arts et manufactures et à l'Institut national agronomique, membre suppléant du jury de la classe 49, a bien voulu se charger de faire le rapport pour la partie des machines [1], et M. Charles Girard, chef des travaux chimiques à l'Institut agronomique, pour celle des engrais, et j'y ai ajouté celle des irrigations et drainages.

A ces rapports sont joints ceux de M. Grandvoinnet, de M. Ringelmann (commissaire adjoint des concours de machines agricoles) et de M. Lezé (membre associé aux travaux du Jury) sur divers concours.

Le Président du jury,

Eugène RISLER.

[1] M. Debains, ingénieur de la classe 49, a eu l'obligeance de fournir à M. Tresca des notes sur une partie du matériel d'extérieur de ferme qui lui ont été très utiles.

COMPOSITION DU JURY.

MM. Risler, *Président,* directeur de l'Institut national agronomique, membre du jury des récompenses de l'Exposition de Paris en 1878 .... France.

Ward (W.-S.), *Vice-Président* .... États-Unis.

Grandvoinnet, *Rapporteur,* professeur à l'Institut agronomique, membre du jury des récompenses à l'Exposition de Paris en 1878 .... France.

Liébaut, *Secrétaire,* administrateur de la Société centrale de construction de machines, membre du jury des récompenses à l'Exposition de Paris en 1878 .... France.

Lecq, professeur d'agriculture, chef du service phylloxérique d'Algérie ... Algérie.

Alype (Pierre), député, membre de la commission d'organisation de l'Exposition coloniale .... Colonies.

Pidgeon (D.), associé de l'Institut des ingénieurs civils de Londres .... Grande-Bretagne.

Albaret, constructeur de machines agricoles, médaille d'or à l'Exposition de Paris en 1878 .... France.

Bruel, sénateur .... France.

Chabrier (Ernest), ingénieur civil, membre du jury des récompenses à l'Exposition de Paris en 1878 .... France.

Gautreau, constructeur de machines agricoles, médaille d'or à l'Exposition de Paris en 1878 .... France.

Perrault (J.-X.), *suppléant,* vice-président de la chambre de commerce de Montréal .... Grande-Bretagne.

Dior, *suppléant,* fabricant d'engrais, président du tribunal de commerce de Granville .... France.

Tresca, *suppléant,* ingénieur civil, professeur à l'École centrale des arts et manufactures et à l'Institut national agronomique, membre du jury des récompenses à l'Exposition de Paris en 1878 .... France.

MACHINES ET INSTRUMENTS D'AGRICULTURE

RAPPORT

PAR

M. ALFRED TRESCA

PROFESSEUR À L'ÉCOLE CENTRALE DES ARTS ET MANUFACTURES
ET À L'INSTITUT NATIONAL AGRONOMIQUE

MACHINES ET INSTRUMENTS D'AGRICULTURE.

La mort de notre regretté collègue, M. Grandvoinnet, nous a laissé une lourde tâche à remplir, en continuant l'œuvre dont il avait été chargé par le jury de la classe 49, en ce qui concerne l'appréciation des nombreux appareils exposés dans cette classe, et aussi, en même temps, comme rapporteur des différents jurys spéciaux institués pour suivre les expériences sur le terrain.

Cette dernière partie de son travail était en grande partie terminée, lorsque la mort est venue le surprendre, et M. Ringelmann, professeur à Grignon et directeur de la station d'essai de machines agricoles, a été chargé par M. Tisserand de préparer le rapport sur les essais auxquels le jury s'est livré, en ce qui concerne les moissonneuses-lieuses, les moissonneuses ordinaires et les faucheuses.

En ce qui concerne le rapport général, nous n'avons trouvé, par contre, que des documents réunis soit par nos collègues, soit par les exposants, ainsi que quelques notes prises par notre regretté collègue, au cours de l'examen fait sur place d'une partie des instruments que le jury avait à apprécier.

En raison du nombre des exposants de la classe 49, et en raison surtout de la diversité des produits ou machines à apprécier, le jury s'est de suite divisé en trois sections distinctes pour procéder à un premier examen, les décisions étant ensuite prises dans des séances où tous les membres du jury étaient réunis. L'une de ces sections, composée de MM. Risler, Dior et Lecq, a eu spécialement à apprécier tout ce qui concernait les engrais, les procédés d'irrigations et de desséchements, les plans de fermes, etc., en un mot tout ce qui ne constitue pas le matériel agricole proprement dit.

Notre président, M. Risler, a bien voulu, avec M. Charles Girard, chef des travaux chimiques de l'Institut agronomique, se charger de cette partie du rapport, et nous n'avons plus à nous occuper ici que des machines agricoles.

Pour l'examen de ces machines, nous avons pris la division tout naturellement indiquée : le matériel d'extérieur de ferme, le matériel d'intérieur.

La première section était composée de MM. Bruel, Ernest Chabrier, Grandvoinnet, D. Pidgeon et Ward.

La seconde, de MM. Albaret, Gautreau, Liébaut, Perrault et A. Tresca.

Dans le présent rapport, nous avons cherché à résumer les appréciations du jury, relativement aux principales machines exposées. C'est surtout, en effet, en relatant les principaux progrès réalisés dans l'industrie des machines agricoles dans ces dernières années, que ce rapport peut présenter quelque intérêt. Quelques détails de construction intéressants ont dû être passés sous silence pour ne pas donner à ce travail un trop grand développement; le jury en a toujours tenu un grand compte dans les récompenses qu'il a proposées.

C'est en effet par une suite de modifications de détails que le matériel agricole a acquis la perfection que nous lui reconnaissons aujourd'hui.

Quelquefois aussi, pour répondre aux exigences toujours croissantes de ceux qui emploient le matériel, les constructeurs ont dû compliquer les machines agricoles au delà de ce qui était réellement nécessaire. De là une multitude d'organes qui nuisent quelquefois au bon fonctionnement de la machine et qui augmentent, dans une grande proportion, son prix d'achat.

Avant de commencer l'étude du matériel agricole, tel qu'il nous était présenté à l'Exposition de 1889, nous devons nous arrêter un instant sur certaines expositions hors concours.

Le règlement concernant la formation des jurys des récompenses stipulant que les membres de ces jurys sont, par le fait de leur acceptation, et quel que soit le groupe auquel ils appartiennent, hors concours, le jury de la classe 49 avait le devoir de mentionner d'une manière toute spéciale, et au début de ce rapport, les expositions, toutes très importantes, qui se trouvaient ainsi exclues de toute récompense.

Ce sont celles de MM. Albaret, Bruel et Brunat, Gautreau, Hignette et Michel Perret, en ce qui concerne les machines.

La Compagnie de l'Oued Rirh, la Société des produits chimiques agricoles et la Société des usines de Saint-Nicolas seront mentionnées dans le rapport spécial dont MM. Risler et Charles Girard ont bien voulu se charger.

Notre collègue, M. Albaret, le digne successeur de la maison Duvoir, de Liancourt-Rantigny, qui a repris cette maison dès 1861, a présenté à l'Exposition de 1889 une collection très complète des instruments, tant d'intérieur que d'extérieur de ferme. A part les appareils de labour que la maison Albaret ne construit pas, son exposition renfermait un ou même plusieurs types des appareils les plus en usage.

Nous y avons trouvé, en effet:

Un semoir à grains de 10 rangs;

Un semoir à haricots;

Deux moissonneuses-lieuses;

Une moissonneuse formant la javelle;

Deux faucheuses;

Une presse à fourrages continue;

Quatre locomobiles de types différents dont quelques-uns étaient munis de la disposition très simple que M. Albaret a imaginée, il y a quelques années, pour changer instantanément le sens de la marche du moteur;

Des batteuses fixes ou mobiles à grand travail. Sur l'une d'elles, M. Albaret avait placé un appareil-lieur à la ficelle à deux liens pour lier la paille à la sortie de la batteuse. Un engreneur mécanique était monté sur l'une des batteuses;

Un égrenoir à maïs;

Quatre hache-paille à bras;

Trois coupe-racines mus également à bras;

Un hache-maïs avec élévateur à force centrifuge;

Un dépulpeur de grandes dimensions muni aussi de son élévateur;

Un décrotteur à sec pour betteraves;

Une presse à fromages;

Un concasseur à meules en pierres;

Enfin un appareil pour cuire les légumes et les grains.

Si l'on ajoute qu'à cette nomenclature doit venir se joindre celle des instruments exposés dans la classe des travaux publics, consistant en rouleaux à chevaux ou à vapeur, et en une locomotive routière, on doit reconnaître que l'exposition de M. Albaret est une des plus importantes et remarquable à tous égards.

Malgré sa mise hors concours, M. Albaret a tenu à participer aux essais sur le terrain, et nous avons pu voir fonctionner à Noisiel une faucheuse, une moissonneuse-lieuse et une presse à fourrages de sa construction.

MM. Bruel et Brunat, hors concours par suite de la présence de M. Bruel dans notre jury, avaient exposé une collection très importante d'appareils, principalement destinés au travail de la terre, pour lesquels ces constructeurs ont cherché constamment à abaisser leur prix de revient.

C'est ainsi que cet établissement, dont la création date de 1855, a progressé d'une manière constante depuis cette époque.

La construction à la main a été remplacée par une exécution plus mécanique, grâce à un outillage perfectionné, ce qui a permis de réduire les prix dans des proportions très notables.

Par exemple, les herses articulées, facturées à 112 francs les 100 kilogrammes en 1862, se vendent maintenant 35 francs les 100 kilogrammes, c'est-à-dire avec une réduction des deux tiers environ.

Les extirpateurs, au prix de 100 francs les 100 kilogrammes, sont facturés aux agents à 60 francs les 100 kilogrammes.

Il en est de même de certains instruments d'intérieur de ferme, tels que les tarares dont les prix ont baissé de 80 à 35 francs et même 25 francs, pour un petit modèle très employé dans le centre de la France.

L'exposition de MM. Bruel et Brunat comprenait en outre des bondes d'étangs, des pulvérisateurs à agitateur continu. Un de ces derniers instruments a été expérimenté à Mareil-Marly, lors du concours spécial du 3e groupe : pulvérisateurs pour insecticides.

IMPRIMERIE NATIONALE.

M. Gautreau, également notre collègue, avait exposé une nombreuse collection d'instruments dont la plus grande partie était relative aux opérations de l'intérieur de la ferme.

Deux seuls faisaient exception : un semoir à toute graines et une locomotive routière.

Le semoir avec bâti en fer et fonte était formé d'alvéoles préparées à la circonférence de disques métalliques venant puiser la semence dans la trémie pour les amener à l'orifice des tubes semeurs. L'axe de ces disques peut être animé d'une vitesse très variable au moyen d'un appareil imaginé par M. Gautreau et remplaçant la disposition à tête de cheval des appareils similaires. Les différentes couronnes dentées étant toutes solidaires d'un même plateau, le semoir n'a pas besoin d'être muni des engrenages de rechange ordinaires.

La locomotive routière présente cette particularité que le châssis portant les roues est indépendant de la chaudière. La machine à vapeur est verticale et la commande des roues motrices est donnée par l'intermédiaire d'engrenages formant train différentiel.

Les autres instruments exposés par M. Gautreau sont 4 manèges, 2 locomobiles, 1 machine demi-fixe et 8 machines à battre. M. Gautreau s'est acquis une réputation bien méritée en construisant spécialement les batteuses et les moteurs qui les actionnent. C'est pour cette raison qu'il a cru devoir exposer un grand nombre de ces appareils, tous de types différents, les uns convenant pour la grande culture, les autres pour des exploitations de moyenne importance, enfin quelques-uns spécialement disposés pour les entreprises de battage.

Deux de ces machines convenaient pour des installations fixes, les autres étaient locomobiles.

Elles étaient toutes disposées pour battre la gerbe en travers, c'est-à-dire pour conserver à la paille toute sa valeur marchande.

Dans l'une de ces machines à grand travail, un deuxième auget, au lieu d'être placé à l'extérieur, est compris dans le corps de la machine à battre, ce qui n'augmente plus sa largeur lorsqu'on veut procéder ainsi à un second nettoyage. Dans un autre le triage est obtenu au moyen d'un crible rotatif expansible, système Penny.

Enfin dans l'une des batteuses fixes on a pu, pour simplifier autant que possible, commander les secoueurs par l'arbre du ventilateur. Cette machine ne comprend dès lors que deux arbres, l'un pour la mise en mouvement du batteur, l'autre pour la mise en action du ventilateur et des secoueurs.

Les locomobiles et machines demi-fixes sont toutes avec chaudières à foyer amovible. M. Gautreau y a apporté quelques modifications permettant une mise en pression plus rapide, ainsi que quelques perfectionnements aux appareils de sûreté dont toute chaudière doit être munie.

M. Hignette, membre du jury de la classe 50, avait exposé, dans cette classe, ses appareils de nettoyage et de mouture de blé dont nous n'avons pas à nous occuper ici, et dans la classe qui nous concerne les appareils de laiterie. L'écrémeuse danoise de Burmeister et Wain faisait partie de son exposition qui comprenait, en outre, différents types de ces écrémeuses, une baratte danoise, un malaxeur à beurre de grandes dimensions.

Les écrémeuses, qui formaient la partie la plus importante de son exposition, sont mentionnées en détail dans le rapport de M. Lezé sur le concours spécial des appareils de laiterie.

M. Michel Perret, président du jury de la classe 51, bien connu par ses travaux sur la combustion des pyrites dans la fabrication de l'acide sulfurique, avait exposé un semoir à plusieurs rangs à écartement fixe de 0 m. 30, d'un prix peu élevé.

Il préconise beaucoup le semis des céréales à un écartement aussi considérable, rendant les soins de la culture beaucoup plus faciles.

A la suite d'expériences, M. Perret a reconnu, dans son domaine de Tullins, que cet écartement peu usité entre les différentes lignes conduisait à un rendement plus considérable à l'hectare.

Nous allons aborder maintenant l'étude des nombreuses expositions de matériel agricole en adoptant un ordre absolument méthodique, c'est-à-dire en suivant l'ordre des opérations sur le terrain.

Dans le matériel d'extérieur de ferme, nous trouvons tout d'abord les différents instruments de labour, puis les appareils terminant l'ameublissement du sol, les scarificateurs-extirpateurs, les cultivateurs, les herses, les rouleaux de diverses formes; puis les différents instruments servant à l'ensemencement des terres, soit à la volée, soit en lignes, et, comme annexe de cette série d'appareils, les répandeurs d'engrais, soit solides, soit pâteux ou liquides, appareils que l'on ne peut guère séparer des semoirs à graines pour les raisons que nous indiquerons plus loin.

Viennent ensuite des appareils servant aux soins de la culture avant la maturité des céréales : houes à cheval, bineuses et butteuses.

Enfin, les instruments de récoltes : tondeuses de gazon, faucheuses, moissonneuses, moissonneuses-lieuses.

Les instruments spéciaux à la récolte des fourrages : faneuses et râteaux.

Enfin, les appareils permettant d'augmenter le rayon d'approvisionnement des grandes villes : les botteleuses, presses à foin et à paille.

Dans un ordre plus restreint, mais présentant encore un réel intérêt, les arracheurs de racines se divisant en deux séries bien distinctes : arracheuses de betteraves, arracheuses de pommes de terre, en trouvant là des appareils spéciaux pouvant servir à faciliter le travail des hommes dans la récolte des racines pivotantes dont la betterave peut être considérée comme le type, et les tubercules complètement enfouis dans le sol, à racines chevelues, dont la pomme de terre en est un exemple.

Nous aurons encore à indiquer un certain nombre d'instruments ne rentrant pas dans des catégories bien distinctes : les régénérateurs de prairies, l'appareil pour échauder les échalas, les clôtures diverses, etc.

Comme ligne de démarcation entre les instruments d'intérieur et d'extérieur de ferme, nous trouvons les différents instruments ou appareils de transports.

L'industrie des transports joue un très grand rôle dans une exploitation agricole, et nous aurons encore à examiner et à apprécier les différents modes de transport : chariots et charrettes diverses, chemins de fer portatifs, etc.

Enfin, les instruments de pesage forment encore une partie importante de ce matériel agricole.

Les instruments d'intérieur de ferme comprennent tout d'abord les différents moteurs agricoles, manèges et locomobiles à vapeur.

Les moyens de séparer le grain de la tige ligneuse qui le porte constituent une partie importante de ce matériel d'intérieur, et nous aurons à examiner les différentes machines à battre exposées qui tendent à rentrer de plus en plus dans deux ou trois types connus en adoptant, sur une grande échelle, les perfectionnements signalés lors de précédentes Expositions universelles ou de concours régionaux agricoles.

A côté de ces types plus ou moins complets se trouvent les machines spéciales pour l'égrenage du trèfle, là où le ligneux occupe une bien plus grande place par rapport au produit principal à recueillir, la graine.

Les égrenoirs à maïs, petites machines portatives, rendront de grands services dans les pays où les conditions climatériques permettent de s'adonner à la culture du maïs.

Quelques précautions que l'on prenne pour rendre le blé marchand à la sortie de la machine à battre, il faut presque toujours le soumettre à de nouvelles opérations de criblage et de triage.

Nous aurons à passer en revue les différents genres de trieurs, décuscuteurs, tarares divers, nécessaires soit pour la préparation du blé de semence, soit pour la mise en vente du blé marchand parfaitement nettoyé.

Les coupe-racines, hache-paille, hache-maïs et broyeurs d'ajonc devront aussi nous occuper quelques instants, et leur examen terminera, avec celui des compresseurs, concasseurs, moulins agricoles, la série des appareils usités dans une ferme de quelque importance.

Un chapitre spécial devra comprendre encore les outils à main : fourches, râteaux et autres.

Il ne nous restera plus qu'à rendre compte des appareils employés dans certaines industries agricoles spéciales :

La fabrication des boissons fermentées, comprenant les appareils suivants : fouloirs, moulins à pommes, pressoirs et presses continues ;

Les instruments et appareils de laiterie, comprenant : les écrémeuses, les appareils servant à l'analyse physique du lait écrémé, les appareils divers servant à la fabrication du beurre : barattes, malaxeurs, turbines à essorer, presses à beurre; instruments divers.

Certains de ces chapitres devant être traités à la fois dans le rapport général et dans les rapports des concours spéciaux, nous renverrons fréquemment de l'un à l'autre pour éviter tout double emploi. Ils doivent cependant figurer tous dans le rapport général pour qu'il soit possible de rendre compte, dans l'ordre méthodiqu adopté, de certains appareils qui, pour diverses raisons, n'ont pas été expérimentés sur le terrain.

INSTRUMENTS D'EXTÉRIEUR DE FERME.

INSTRUMENTS DE LABOUR.

Charrues.

Il n'y a guère qu'une cinquantaine d'années que la charrue a été construite d'une manière rationnelle. Un fait à signaler, c'est que les premières charrues confectionnées ont été des araires, tandis qu'aujourd'hui on construit surtout des charrues à avant-train. Cette évolution indique simplement que la difficulté de trouver des conducteurs habiles force les agriculteurs à choisir non pas les instruments qui offrent le moins de traction, mais ceux qui sont les plus faciles à manier.

Les socs en fonte sont beaucoup moins employés qu'autrefois, ils se cassent trop facilement, et une fois qu'ils sont un peu usés ils ne pénètrent plus dans la terre et doivent être abandonnés. D'ailleurs le fer et l'acier sont aujourd'hui à si bas prix que l'on préfère employer des matières qui permettent de recharger les socs à la forge lorsqu'ils commencent à s'user. Les socs en fer tendent aussi à disparaître pour être remplacés par des socs en fer avec mises en acier ou des socs tout en acier.

Pour obtenir un labour parfait, il faut donner au soc une largeur égale à la bande de terre que l'on veut labourer. Les charrues anglaises, cependant, celles d'Howard et de Ransomes, par exemple, avaient des socs dont la largeur n'atteignait que les trois quarts ou les quatre cinquièmes de la bande. Ces charrues demandaient moins d'effort de traction, mais elles laissaient un bourrelet non travaillé dans lequel les racines des plantes pénétraient plus difficilement. La culture exige aujourd'hui, avec juste raison, que les socs coupent toute la partie de terre comprise entre la pointe du coutre et la précédente raie. L'attache du soc au sep doit être solide. Généralement, deux boulons relient entre elles ces deux pièces; mais on ne peut assez prolonger l'avant du sep pour empêcher qu'il n'y ait une trop grande distance entre la pointe du soc et son attache sur le corps de la charrue. Aussi est-il préférable, dans les sols où on est exposé à rencontrer des pierres ou des souches et racines, d'employer des socs à pointe mobile, c'est-à-dire terminés par une barre à section carrée ou rectangulaire faisant supporter tout l'effort à une pièce que l'on peut facilement changer ou allonger à mesure que l'extrémité s'use. MM. Élie Froger et Durand ont exposé de bons types de ces socs.

La plupart des socs sont en forme de trapèze. M. Fondeur, de Viry (Aisne), leur donne une forme triangulaire qui, selon lui, favorise beaucoup la pénétration dans le sol; mais si cette disposition diminue l'effort de traction, elle entraîne à éloigner encore la pointe du soc du point d'attache.

Le versoir est la partie de la charrue dont la forme a le plus d'influence sur la qualité du travail exécuté et la force dépensée. Il a été étudié avec le plus grand soin par les constructeurs, qui, pour la plupart, ont fait dériver leur versoir des formes indiquées par Jefferson et Ridolfi. M. Fondeur seul établit son versoir sur un principe tout à fait différent. On peut toujours placer sur la surface de ce versoir une droite horizontale. Dans ce système, la terre n'est pas sollicitée à se retourner, elle est plutôt poussée et ne retombe que lorsque le centre de gravité de la bande de terre soulevée a dépassé la verticale; il semblerait que ce versoir ne devrait donner de bons résultats que dans les terres compactes qui se déversent sous la forme d'un prisme continu. En pratique, il fonctionne bien aussi dans les terres légères, surtout si l'attelage marche d'un bon pas.

La plupart des versoirs exposés étaient en tôle d'acier, à peine quelques types de versoirs en fonte ou en bois, ces derniers pour les terres argileuses (charrue Voirin).

Les charrues à age en bois tendent à disparaître; aujourd'hui les ages sont en fer ou en acier. Celui d'Élie Froger, composé d'un fer en U rempli de bois, fermé par une plaque en fer, nous paraît devoir bien résister aux efforts de torsion qui faussent si souvent cette partie de la charrue.

Les régulateurs de traction ont une influence considérable sur la bonne marche d'une charrue; ces régulateurs avaient déjà subi de nombreux perfectionnements dans les types exposés en 1878, mais, s'ils répondaient à tous les besoins, leur règlement était long et incommode. Certaines charrues présentées en 1889 réalisent, au point de vue de la facilité du règlement, de sérieux progrès. Le régulateur de la grande défonceuse Durand permet, à l'aide de deux vis à filets carrés et de deux manivelles, de modifier, avec la plus grande facilité et en marche, la profondeur et la largeur du labour.

Le régulateur à tête refoulante de M. Bajac force la charrue à talonner dans les terrains durs.

Une bonne disposition d'attache du coutre à l'age est encore à trouver; il est pourtant indispensable de pouvoir modifier facilement l'inclinaison du coutre et la position de la pointe. Il serait à désirer que ce problème puisse être l'objet de nouvelles études de la part de nos principaux constructeurs pour qu'ils puissent arriver à résoudre cette question d'une manière plus complète.

Les charrues peuvent se disposer en différentes catégories, savoir : *a* charrues araires; *b* charrues à support ou à avant-train; *c* charrues tourne-oreilles; *d* charrues multiples; *e* charrues défonceuses.

a. Parmi les araires exposés, il faut signaler l'araire de M. Garnier, de Redon, avec age en bois et corps en fonte qui, par sa légèreté et son bas prix, peut rivaliser avec l'araire Dombasle. L'araire Tritschler se fait remarquer par la hauteur de l'age au-dessus de la pointe du soc qui empêche l'instrument de bourrer lorsqu'on laboure des champs herbus ou que l'on rompt des prairies.

b. On adapte souvent des roues d'inégales grandeurs à l'age. Ces charrues, dites *à supports*, étaient très usitées en Angleterre (charrues Howard et Ransomes), et, en France, la charrue Didelot a eu son moment de vogue. On se sert moins aujourd'hui de ces outils. Cependant la charrue dite «la Française», de M. Bajac, toute en fer et acier, très dégagée, est encore assez employée.

Parmi les charrues à avant-train, les instruments provenant des ateliers de M. Meixmoron de Dombasle, occupent toujours un fort bon rang, mais ils ne présentent aucun dispositif nouveau. Les outils exposés par M. Élie Froger se font remarquer, au contraire, par des moyens simples de règlement. L'age est rendu mobile dans tous les sens. On le déplace horizontalement sur l'essieu des roues à l'aide d'un levier, et il est possible de diminuer considérablement la largeur du labour lorsqu'on veut approcher d'un mur ou d'une haie. L'inclinaison à droite ou à gauche de la charrue s'obtient facilement, à la main, à l'aide d'une manivelle et d'une vis, et l'on peut, en marche, rectifier la position de la charrue de manière à la maintenir d'aplomb, quelle que soit l'inclinaison du terrain. Une petite roue, placée à l'arrière de la charrue dont le support est à crémaillère, permet d'élever toute la charrue très rapidement au-dessus du sol pour le transport.

c. Le drainage a permis de supprimer les sillons dans les terres humides, et partout l'emploi des faucheuses-moissonneuses exige la suppression des dérayeurs. La méthode de labour à plat se répandant de plus en plus, c'est parmi les charrues tourne-oreilles ou brabants doubles que l'Exposition de 1889 présentait le plus de types perfectionnés.

Ces charrues sont à age double ou à age simple. Dans ces premières charrues l'age est double, c'est-à-dire en deux parties, dont l'une est fixe et l'autre mobile. Les types exposés par MM. Amiot-Lemaire, Candelier et Henry ne diffèrent que par des détails; tous ces types sont à mancherons. Les brabants doubles de la maison Bajac ne portent, au contraire, pas de mancherons; suivant ce constructeur, en maintenant les mancherons on invite les charretiers à s'appuyer dessus, ce qui augmente beaucoup l'effort de traction en faisant talonner la charrue outre mesure. C'est d'ailleurs M. Béjac qui a exposé les brabants doubles les mieux construits et les plus pratiques. Toutes les parties en sont minutieusement étudiées, et les matières employées de telle qualité que l'usure normale seule met en général les pièces hors de service.

La charrue double universelle Fondeur est aussi fort appréciée; les étançons sont verticaux, ce qui permet de mieux reconnaître la déformation de l'outil sous un choc que dans les étançons courbes.

Un type spécial de charrue pour labours à plat a été exposé par M. Durand sous le nom de *charrue de l'avenir*. Le corps en fonte porte-soc de cet outil peut tourner autour d'un pivot se trouvant sur l'age à égale distance des pointes de socs placées dos à dos. En soulevant la charrue, tout le système pivote et peut présenter en avant soit le soc de gauche, soit celui de droite, et les versoirs gauche ou droit, oscillant aussi autour d'un axe, viennent se placer d'eux-mêmes dans la position convenable pour le côté où la charrue laboure. Cet instrument se transforme en araire et en butteur. C'est peut-être trop demander au même instrument.

d. Le prix élevé de la main-d'œuvre et la difficulté de trouver de bons charretiers ont forcé les cultivateurs à chercher les moyens de faire, avec un seul conducteur, un travail plus considérable. Les constructeurs ont alors présenté des types de charrues qui font deux, trois et quatre raies à la fois, en économisant ainsi la main-d'œuvre en hommes et en chevaux. A l'Exposition de 1878, les Anglais (Howard et Ransomes surtout) avaient pris l'initiative de la construction de ces outils. Dans les trisocs et les quatrisocs ils avaient adopté, pour les bâtis, la forme triangulaire, qui se déformait facilement. Les types exposés en 1889 sont mieux compris, et les bâtis sont presque indéformables. M. Bajac a exposé un trisoc du type de la charrue française qui est un tour de force de forge; il donne d'excellents résultats.

Enfin on ne s'est plus contenté de faire des polysocs pour labours ordinaires, on a voulu en faire pour les labours à plat, et, abandonnant la solution de la charrue à bascule, la seule usitée pour le labourage à vapeur, les constructeurs ont fait des polysocs du type des doubles brabants. Ces outils sont-ils bien pratiques et leur maniement n'est-il pas trop lourd et difficile pour le personnel des charretiers qu'on a maintenant dans les fermes? Quoi qu'il en soit, les constructeurs ont fait preuve de grande habileté dans la construction de ces outils, et des types bien compris ont été exposés par MM. Amiot-Lemaire, Bajac, Candelier, Durand et Fondeur.

e. La question du défoncement à grande profondeur a pris une grande importance depuis que l'on s'est mis à planter de la vigne dans les sols neufs d'Algérie et de Tunisie et à replanter des cépages américains dans les parties du midi de la France où le phylloxéra avait forcé à arracher la vigne. C'est surtout sur les outils destinés à ces travaux que j'appellerai l'attention, car les simples fouilleuses pour approfondir le sol sans le retourner n'ont pas présenté en 1889 de types nouveaux.

Ces grands travaux, ces labours à 0m.50, 0m.60 et même 0m.70 de profondeur, ne peuvent économiquement être faits qu'avec la vapeur. C'est ce qu'on a compris en Algérie, où de nombreux défrichements ont été exécutés par des entrepreneurs de labourage à vapeur. Mais en France, on reste opposé à l'emploi de ces puissants moteurs, et l'on a cherché les moyens d'y substituer la force des animaux. Dans ce but on a construit, dans le midi, des treuils mus par des bœufs ou des chevaux. MM. Grué et de Beauquesne devaient en exposer, ils ne les ont pas envoyés et l'on n'a vu que les charrues très intéressantes qui devaient être actionnées par ces treuils.

A l'exception de la grande défonceuse à bascule exposée par M. Bajac, ces charrues ne sont faites que pour travailler d'un seul côté, ce qui nécessite le retour de l'instrument à vide après chaque raie labourée. La grande difficulté, avec ces énormes engins, est de les sortir de terre. Presque tous les systèmes proposés laissent à désirer. M. Durand a seul présenté un dispositif pratique. Il suffit, pour permettre à la charrue de sortir de la raie, d'atteler un cheval ou des bœufs sur le crochet qui termine le levier placé à l'arrière de l'instrument. Ce levier agit sur une petite roue embrassée par un support à fourche faisant corps avec le levier; ce support porte à la partie supérieure, du côté de la charrue, un œil dans lequel passe un boulon maintenant en même temps une autre pièce à fourche fixée sur une entretoise en fer reliant un des étançons au versoir. Le cheval, en tirant sur le levier, fait porter la roue sur le fond de la raie et soulève la charrue en la sortant du labour où elle était prise.

Scarificateurs-extirpateurs. — Cultivateurs.

La construction des extirpateurs ou scarificateurs a certainement fait de grands progrès depuis 1878. Le relèvement des socs s'exécute bien plus facilement que dans les anciens outils. Dans ces appareils aussi, l'acier a remplacé la fonte pour les socs. Les maisons Amiot-Lemaire, Bajac, Durand, Defosse-Delambre, Henry, Émile Puzenat, sont celles qui ont apporté le plus de perfectionnements dans ces instruments, surtout pour la fixation des tiges porte-socs aux bâtis.

Rouleaux.

Les rouleaux unis ou à dents étaient déjà bien perfectionnés en 1878. Leur fabrication n'a pas fait de notables progrès depuis cette époque. La maison Demarly et Foucart est encore celle qui fait les rouleaux Crosskill les plus pratiques. Il y a cependant lieu de signaler, parmi les instruments nouveaux, le rouleau tranche-mottes de M. Petillat. Il se compose d'une série de disques tranchants supportés par un bâti de forme triangulaire, sur lequel sont placés les axes des supports indépendants de chaque disque. Ce rouleau, qui suit les sinuosités du terrain, fend très bien les mottes, et surtout, quand le terrain est un peu sec, désagrège la terre et la pulvérise.

Ces instruments, charrues, herses, rouleaux, étaient, sauf quelques exceptions, présentés par les mêmes constructeurs, et c'est l'ensemble de son exposition qui a valu à M. Bajac un grand prix. Son exposition occupait une place très importante tant comme étendue que comme fini de fabrication, et comme nombre des instruments présentés. La supériorité des pièces de forge a aussi particulièrement attiré l'attention du jury.

La maison Candelier soutenait sa vieille réputation, et se distinguait surtout par le soin apporté dans la fabrication de ses charrues tourne-oreilles ou doubles brabants.

MM. Henry et Fondeur présentaient un ensemble d'instruments qui méritaient d'être étudiés en détail, et le jury a été heureux de pouvoir proposer pour ces deux maisons importantes des médailles d'or.

Herses.

En ce qui concerne les herses, les progrès réalisés consistent surtout dans une meilleure attache des dents au bâti. Dans les premiers types, l'attache se faisait par une tige taraudée, boulonnée sur des traverses, amincie pour passer dans les trous; c'était un vice grave de construction, et les dents cassaient toujours à la naissance du taraudage. Ces inconvénients ont été évités dans la plupart des instruments exposés, principalement dans les herses de MM. E. Puzenat et Aussenard et Popelin.

En ce qui concerne le travail de la terre, les expositions étrangères n'ont offert à l'examen du jury que quelques types de charrues ne présentant rien de bien particulier à signaler. C'est surtout dans les expositions belges et suisses que nous avons pu récompenser les efforts des constructeurs pour ce genre de fabrication.

L'exposition américaine nous a présenté un appareil désigné par les constructeurs, MM. Johnston Harvester and C°, sous le nom de *pulvériseur,* destiné à remplacer à la fois la charrue et le scarificateur pour les seconds labours et en même temps se substituer au rouleau Crosskill et même à la herse, pour la préparation de la terre. Cet appareil qui commence à se répandre, mais dont l'avenir indiquera seulement l'importance, se compose de disques légèrement concaves au nombre de 12 à 20, montés sur deux axes horizontaux pouvant faire entre eux un angle, pouvant varier dans de certaines limites. Cet appareil est traîné par deux ou quatre chevaux, et muni d'un siège pour le conducteur qui a à sa disposition les leviers servant à la manœuvre des décrotteurs des disques, ainsi qu'un levier spécial permettant de modifier facilement l'inclinaison des deux moitiés de l'appareil, l'une par rapport à l'autre.

SEMOIRS.

Semoirs à grains. — Semoirs à engrais.

Substituer au semis à la volée un bon semis en lignes parfaitement régulières, bien également espacées et recevant toutes, pour la même longueur, la même quantité de semences, tel est le problème posé aux constructeurs de semoirs auxquels on a demandé en même temps des appareils pouvant semer indifféremment de grosses ou de petites graines, depuis le grain de maïs, par exemple, jusqu'aux graines de trèfle ou de navette.

Le problème a été résolu par un certain nombre d'appareils basés sur des principes tout différents les uns des autres et qui peuvent se classer en trois groupes distincts : distributeurs à trémies, distributeurs à alvéoles, distributeurs à cuillers.

Le rapport très détaillé sur les essais du concours spécial de semoirs, préparé par M. Grandvoinnet, va faciliter beaucoup notre tâche, en ce sens qu'il nous suffira de mentionner seulement ici les appareils ayant concouru, sans entrer dans de grands détails sur leur disposition, pour nous occuper seulement de ceux qui n'ont pas cru devoir se soumettre aux épreuves de ce concours spécial, mais facultatif.

L'attribution des récompenses peut être cependant toute différente pour la maison de construction et pour un instrument en particulier. Le jury, dans l'examen fait sur place de chaque exposition individuelle, doit tenir compte de la valeur de l'ensemble des appareils présentés, doit tenir compte en même temps de l'importance de la maison comme chiffres d'affaires, des services qu'elle a pu rendre dans sa région, et la récompense, grand prix, médaille d'or, d'argent ou de bronze, doit être le résumé de ces différents mérites.

La récompense obtenue à la suite des concours spéciaux est relative à un instrument en particulier, celui qui a été expérimenté; il n'y a donc, dès lors, aucune impossibilité à ce qu'un constructeur reçoive deux ou plusieurs récompenses d'ordres très différents suivant qu'il s'agira de récompenser la maison de construction, prise dans son ensemble, ou un instrument en particulier.

Le rapport du concours spécial ne peut donc nous dispenser, pour toutes ces raisons, de passer sous silence cette question si importante des semoirs mécaniques.

Parmi les constructeurs français s'adonnant à la construction des semoirs à grains, nous devons citer en première ligne MM. Albaret, Gautreau et Michel Perret qui, en qualité de membres du jury, n'ont pas pu être compris parmi les récompensés. M. Michel Perret a tenu cependant à expérimenter son semoir à quatre pieds distants de 0 m.30, lors des essais de Noisiel.

Parmi les exposants français construisant leurs appareils sur des types analogues aux meilleurs semoirs anglais, nous citerons, parmi ceux qui ont adopté le système à cuillers :

M. Hurtu, de Nangis (Seine-et-Marne), avait exposé un type de semoir pour petite culture, dans lequel la construction est entièrement métallique, à l'exception de la trémie; un avant-train à une seule roue muni d'un double gouvernail ordinaire permet de diriger le semoir avec une grande facilité.

Un autre type pour grande culture était exposé par le même constructeur et a été expérimenté également à Noisiel.

Ces instruments bien construits ont parfaitement fonctionné lors de ces essais. Nous retrouverons d'ailleurs le nom de M. Hurtu dans plusieurs parties du rapport et nous n'aurons chaque fois qu'à louer les efforts faits par ce constructeur pour lutter avec les instruments similaires de construction étrangère.

La maison Liot et ses fils, de Boisguillaume-Rouen, a présenté aussi des semoirs à cuillers pour petites et grandes cultures. Un dispositif très ingénieux permet, à un moment donné, de dégager les trémies et de retirer l'arbre des distributeurs. Une disposition analogue se trouve dans les semoirs de M. Hurtu.

MM. Japy avaient, au milieu de leur belle collection de machines agricoles, plusieurs types de semoirs avec distributeurs à hélices, inventés par M. de Lapparent, inspecteur général de l'agriculture. Les expériences de Noisiel, et d'autres plus anciennes, ont prouvé que ce distributeur permet de répandre les semences dans le sol avec une grande régularité.

Enfin, parmi les semoirs exposés, nous pouvons encore citer ceux de MM. Magnier, Mahot, Maréchal, Pellot-Schung et Robillard (Eugène), rentrant dans la catégorie des semoirs à vannettes.

Les exposants étrangers faisaient à peu près défaut en ce qui concerne cette catégorie d'instruments agricoles; mais, la maison James Smyth et fils avait tenu à présenter ses différents types pour petite, moyenne et grande culture.

Quelques instruments spéciaux pour les semis des graines de betteraves et pour les divers semis en poquets étaient présentés par un certain nombre des exposants cités plus haut. En ce qui concerne les semoirs à poquets, les essais sur le terrain ont montré que ce problème difficile n'est pas encore résolu d'une manière convenable. On remarque, en effet, au moment de la levée des graines, que les lignes semées sont bien interrompues de places en places, mais constituent encore des traînées ne ressemblant en rien au semis en poquets pratiqué par procédés manuels.

La distribution des engrais, bien que constituant une opération spéciale indépendante le plus ordinairement de la distribution des graines dans le sol, présente assez d'analogies avec cette dernière pour qu'il soit nécessaire de placer ici ce qui est relatif à cette opération.

Ces appareils ont été expérimentés à Noisiel en même temps que les semoirs à graines et presque tous les exposants ont tenu à faire essayer leurs appareils devant le jury.

Les principes sur lesquels ils reposent varient beaucoup d'un instrument à l'autre, et nous donnons ci dessous leur nomenclature avec l'indication de leur mode de fonctionnement.

MM. Hurtu et Faul : Semoir «le hérisson» avec caisse s'élevant pendant la marche de l'appareil et se vidant ainsi par sa partie supérieure par suite de la rotation du hérisson.
Caramija-Maugé : Semoir à chaînes entraîneuses.
Fortin frères : Semoirs à lamelles avec fond de trémie ascendant.
Belly : Semoir à malaxeurs.
Mabot : Semoir à palettes et chevilles.
Smyth : Semoir à cylindres cannelés indépendants.
Magnier : Semoir à cylindres cannelés indépendants.

Des essais de Noisiel il paraît résulter que le principe sur lequel se trouve basée la construction du semoir «le hérisson» est rationnel et conduit à un bon répandage de l'engrais sur le sol.

Un autre appareil inventé par M. Strawson, et exposé dans la section anglaise, n'a pas pu être expérimenté en même temps que les autres. Il a fait l'objet d'essais spéciaux, en septembre 1889, sur l'esplanade des Invalides, et le jury lui a décerné une médaille d'or, en regrettant que cet instrument n'ait pas pu concourir avec les autres répandeurs d'engrais et être classé au moment des essais.

Cet appareil est monté sur deux roues ; à la partie supérieure se trouve une trémie destinée à recevoir la matière à répandre, graines, insecticides ou engrais. Au-dessous se trouve un ventilateur très énergique qui projette les parcelles sur une table d'épandage ou qui les entraîne au moyen d'un courant d'air produit dans des tuyaux en tôle galvanisée, suivant que l'on a affaire à des matières solides ou liquides.

Parmi les répandeurs d'engrais liquides nous devons citer les appareils de M. Lalis, de Liancourt, qui se faisaient remarquer par une excellente construction.

Houes à cheval. — Bineuses. — Butteuses.

L'outil complémentaire indispensable de toute culture sarclée est la houe à cheval, dont la classe 49 présentait des types nouveaux et perfectionnés. Une bonne houe à cheval doit obéir facilement à tous les mouvements qu'on veut lui imprimer dans le sens horizontal et dans le sens vertical, et permettre un règlement rapide de l'écartement des pieds. Elle se compose généralement d'un bâti supporté par deux roues portant des socs munis de couteaux ; ce bâti est muni d'un brancard ou d'un avant-train et traîné par un ou deux chevaux ou par des bœufs ; mais les houes à un cheval sont plus faciles à manier et détériorent moins les récoltes, que les pieds des animaux endommagent toujours un peu. M. DURAND, de Montereau, a exposé une houe articulée dite *à expansion*, qui permet de modifier presque instantanément les écartements par un mécanisme très simple.

La forme et la qualité de la matière première des socs influent beaucoup sur le bon fonctionnement de ces outils. Les socs des houes à cheval sont aujourd'hui en acier et leur forme varie avec la nature des cultures et des plantes parasites que renferment ces cultures. Les maisons CANDELIER, SOUCHU-PINET, AMIOT-LEMAIRE, PUZENAT, en fournissent d'excellents avec leurs houes pour plantes sarclées et pour céréales qui sont depuis longtemps appréciés par les cultivateurs. La maison BAJAC a exposé des houes légères pour la culture de la betterave qui sont très bien construites ; on peut y adapter une série de pieds, qui ont tous leur emploi, suivant les phases de la végétation et l'état de la terre. Il y a des couteaux tranchant de côté en forme de coûtre avec une partie coupante horizontale, des couteaux à taillant renversé, des socs triangulaires pour le milieu des interlignes, des pics pour décroûter la terre, de petits socs butteurs pour rechausser les betteraves qui tendent à sortir de terre, tous outils justement appréciés par les cultivateurs qui livrent des betteraves à l'industrie.

INSTRUMENTS DE RÉCOLTE.

Tondeuse de gazon. — Faucheuses.

L'industrie des tondeuses de gazon était représentée dans l'exposition des États-Unis d'Amérique par les deux expositions importantes de la Chartborn and Coldwell manufacturing C° et de la Lloyd and Supplee Hardware C°.

En France, la maison Louet, de Châteaudun, en avait exposé divers types.

Quant aux faucheuses, le nombre des exposants en était considérable, et un grand nombre de constructeurs français se sont mis à les construire dans de très bonnes conditions.

Pour ne citer que ces derniers : MM. Albaret, Hurtu, Japy frères, Pécard frères, Rigault et Tritschler, qui n'ont pas craint d'affronter la lutte avec les constructeurs étrangers lors des essais de Noisiel.

Ceux-ci étaient aussi en grand nombre, et il nous a été donné de voir fonctionner sur le terrain :

Pour les machines anglaises : celles de MM. Bamlett, la Harrisson Mac Gregor C°, Samuelson et Massey (Canada).

Pour les machines américaines : celles de MM. Bradley, Harris sons and C°, la Johnston Harvester C°, Mac Cormick, W. A. Wood.

Quelques maisons, telles que MM. Cumming, d'Orléans; Champenois-Raimbeaux, etc., ont dû être jugées au repos, avec les autres instruments qu'ils avaient exposés en très grand nombre.

On peut dire d'une manière générale que la construction des faucheuses ne présente plus maintenant de difficultés, et qu'il devient de plus en plus difficile d'établir un classement quelconque entre des instruments pouvant tous rendre de réels services.

L'exposition de la Harrisson Mac Gregor C° était très remarquable. Les machines exposées étaient toutes étudiées avec grand soin et elles se signalaient par des détails de construction qui en rendent la marche sûre; un réservoir d'huile attenant à la tête de bielle, du côté de la scie, assure le fonctionnement de cet organe important, par exemple. Dans les expériences de Noisiel, la faucheuse de la Harrisson Mac Gregor C° a obtenu, ainsi que la faucheuse A. W. Wood, une médaille d'or.

Nous renvoyons au rapport très complet, de M. Ringelmann, pour tous les détails relatifs à cette classe de machines.

Moissonneuses.

La même rapport de M. Ringelmann donne tous les détails sur les essais de moissonneuses-javeleuses, et là encore, les constructeurs français ont tenu à se mettre en concurrence avec les constructeurs étrangers.

C'est ainsi qu'à Noisiel, nous avons eu à essayer neuf moissonneuses-javeleuses, dont quatre françaises.

MM. Albaret et Hurtu en avaient envoyé chacun une.

M. Rigault a fait fonctionner une moissonneuse ordinaire et une moissonneuse combinée.

La construction américaine était représentée par les machines de MM. Bradley, Wood et la Johnston Harvester C° qui avait envoyé deux machines : une moissonneuse ordinaire et une moissonneuse combinée.

Les exposants anglais étaient représentés par la Harrisson Mac Gregor C°.

Toutes ces machines ont également bien fonctionné et le jugement a dû porter sur quelques petits détails; la forme de la javelle, par exemple, et la manière dont elle était déposée sur le sol.

Il est bien évident que si les différents exposants de nos galeries des instruments agricoles avaient pris tous part au concours, les résultats auraient été aussi satisfaisants pour la presque totalité des appareils présentés.

On peut dire qu'à l'égal des faucheuses, les moissonneuses-javeleuses sont maintenant bien construites par les divers constructeurs français et étrangers et qu'elles ne diffèrent plus entre elles que par des points de détail d'un intérêt secondaire.

Moissonneuses-lieuses.

Si l'on compare l'état de la question des moissonneuses-lieuses en 1889 à ce qu'elle était en 1878, nous voyons que tous les constructeurs ont abandonné le liage au fil de fer, à un ou à deux fils, qui se pratiquait alors, pour entrer tous résolument dans le liage à la corde.

L'un d'eux, M. A. W. Wood, a même cherché à remplacer la corde par un liage à la paille, et bien que cette machine, très ingénieuse, n'ait pas pu concourir avec les autres machines pour un travail continu, on peut dire que cet essai a été très remarqué lors des expériences sur le terrain.

Le problème que M. A. W. Wood a cherché à résoudre est : 1° la constitution, sur la machine même, d'un lien continu en paille formé des brins choisis, coupés de longueur et conservés humides; 2° d'enrouler la gerbe et de lier avec ce lien, comme on le ferait avec une ficelle ordinaire.

Cette solution très ingénieuse ne laisse pas que d'être compliquée, et l'on se demande, à première vue, s'il n'y aurait pas plus d'avantages à fabriquer le lien sur une machine à poste fixe, puis en avoir en magasin sur la machine même pour effectuer le liage des différentes gerbes.

C'est pour s'affranchir des exigences des fabricants ou entrepositaires de la ficelle en manille, spécialement employée pour cette opération du liage des récoltes, que M. Wood a combiné cette machine, et on peut dire qu'il y a parfaitement réussi.

Tous les exposants de moissonneuses-lieuses ont participé aux essais sur le terrain. 12 machines ont fonctionné en même temps, et les résultats de ces essais sont contenus dans le rapport de M. Ringelmann, auquel nous devons nous reporter pour éviter tout double emploi.

Disons seulement que les machines actuelles sont moins encombrantes et surtout moins lourdes que celles de l'Exposition universelle précédente; que le liage à la corde constitue un perfectionnement des plus importants, en ce sens que les désordres que l'on redoutait pour l'alimentation des animaux ne sont plus à craindre, et qu'en même temps les gerbes ne sont plus susceptibles de se délier par suite de l'altération du lien sous l'influence de l'humidité, par exemple.

Un autre perfectionnement, qui ne date que de quelques années et que l'on retrouve sur les différents types, est l'appareil porte-gerbes, qui permet de conserver sur la machine et rejeter en même temps sur le sol plusieurs gerbes à la fois, en nombre suffisant pour constituer la moyette.

Sur ces douze machines expérimentées, trois étaient de construction française : celles de MM. Albaret, Hurtu et Pécard frères; sept provenaient des États-Unis d'Amérique, dont trois de M. A.-W. Wood, une de la Johnston Harvester C°, une de M. Osborne, une de M. Mac Cormick et une de M. Samuel Johnston; une de la Compagnie Massey du Canada, et enfin une de construction anglaise : MM. Harris sons et Cie.

Elles ont fonctionné dans la matinée dans une pièce de blé, dont une partie était fortement versée, et dans l'après-midi dans une pièce d'avoine.

Faneuses. — Râteaux.

Les Anglais et les Américains, qui tenaient en 1878 le premier rang pour ce genre d'instruments, n'avaient présenté aucun type nouveau. Les faneuses françaises étaient établies sur le principe des machines Howard et Nicholson. Les constructeurs s'étaient surtout appliqués à protéger le mécanisme contre les herbes longues qui tendent à s'y entortiller, et à empêcher une trop grande projection du foin.

Parmi les râteaux à cheval, il faut citer celui de M. Émile Puzenat, qui porte un système nouveau pour empêcher les dents de râteau de se soulever trop facilement. La rigidité des dents est obtenue par une série de ressorts en acier que l'on peut régler à la main.

Botteleuses. — Presses à foin et à paille.

L'industrie des fourrages s'est modifiée depuis plusieurs années en ce sens que l'on a cherché, par une compression modérée, à en diminuer le volume et à rendre, par cela même, leur transport facile à de plus grandes distances. Le rayon d'approvisionnement des grandes villes a été ainsi augmenté considérablement au profit du producteur, en facilitant la vente de ses produits, et en même temps du consommateur.

Les premiers essais de ce genre ont été tentés par l'Administration de la guerre; puis plusieurs constructeurs se sont occupés de la question en cherchant à amener sous une densité de 450 kilogrammes au mètre cube le foin et même la paille et en réduisant ainsi le volume dans la proportion de 1 à 5. Les premiers essais ont consisté à tasser dans une caisse à parois démontables une masse de foin ou de paille plus ou moins considérable, de manière à en diminuer le volume; mais l'on s'est heurté et l'on se heurte encore tous les jours à une difficulté insurmontable : la matière compressible se refuse à transmettre la pression sur une grande distance et il faut, dans tous les appareils basés sur ce principe, exercer une pression très considérable sur les éléments de la surface, pour amener toute la masse à un état moyen de compression suffisant.

C'est au moment de l'Exposition universelle de 1878 que sont apparus deux types différents de machines permettant de comprimer le fourrage par parties.

Le premier, présenté par M. Pilter qui, cette année encore, en exposait plusieurs types, est basé sur une torsion préalable du foin et son enroulement sous forme de cylindre que l'on vient comprimer pour en réduire la hauteur.

Le second représenté par la presse la *Dederick,* de construction américaine et exposée en 1878, par M. Albaret, constituait une presse continue au moyen de laquelle on entassait dans un couloir prismatique, et à l'aide d'un plieur de foin, cette matière sous la forme de plaquettes que l'on comprimait sur la masse emprisonnée

IMPRIMERIE NATIONALE.

dans le couloir, au fur et à mesure de son introduction dans l'appareil. La séparation en bottes de plus ou moins grande longueur se faisait au moyen de planchettes et le liage s'effectuait pendant le cheminement très lent de la masse comprimée dans le couloir horizontal.

Les presses présentées en 1889 peuvent donc se ranger en trois groupes bien distincts :

Nous trouvons dans le premier les appareils de MM. Guitton, Lacoux et Laurent-Vidal, dans lesquels la compression s'effectue dans des coffres à parois amovibles, pour effectuer le liage et retirer la botte comprimée.

M. Guitton avait aussi exposé ses botteleuses simples et ses botteleuses peseuses qui sont bien connues maintenant.

Dans le second groupe :

La presse à bottes cylindriques présentée par M. Th. Pilter.

Enfin, dans le troisième groupe, les appareils basés tous sur le principe de la presse la *Dederick*.

M. Albaret avait exposé la presse la *Dederick* mise en mouvement par une machine à vapeur, et un autre type basé sur les mêmes principes, mais dans lequel le piston presseur était actionné par une sorte de manège à mouvement alternatif.

M. Tritschler avait présenté aussi une presse continue à fourrages, dans laquelle la pression était obtenue par l'action des animaux de trait à l'extrémité d'un levier de grande longueur formant flèche de manège.

Enfin la *Whitman agricultural C°*, des États-Unis, avait exposé des presses continues de Whitman, basées sur les mêmes principes.

Ces différents exposants, y compris M. Albaret, malgré sa position de hors concours, ont participé aux essais de presses de Noisiel, et le rapport très complet de notre regretté collègue, M. Grandvoinnet, rend compte des résultats qui ont été obtenus.

Dans ce rapport, M. Grandvoinnet a tenu à établir une distinction entre les grands appareils mus à la vapeur ou par des animaux, et ne convenant que pour de grandes exploitations, et les appareils mus à bras pour de petites exploitations; les récompenses suivantes ont été proposées :

Objet d'art, la *Whitman agricultural C°*, pour sa presse à fourrage à vapeur;

Premier prix, M. Guitton, pour sa presse à bras;

Deuxième prix, M. Tritschler, pour sa presse mise en action par des animaux;

Troisième prix, MM. Lacoux et Laurent-Vidal.

De son côté, le jury de la classe 49 avait décerné :

A M. Pilter, une médaille d'or pour l'ensemble de ses expositions;

A la *Whitman agricultural C°*, une médaille d'or;

A M. Tritschler, une médaille d'argent;

A M. Laurent-Vidal, une médaille de bronze;

A M. Lacoux, une mention honorable.

Arracheurs de racines.

Parmi les industries qui contribuent à augmenter les débouchés de l'agriculture, il faut placer en première ligne, dans une partie de l'Europe, la fabrication du sucre de betteraves. En France, l'application du système allemand pour la perception de l'impôt, qui se fait maintenant sur le poids de la betterave elle-même, a forcé le cultivateur de devenir, pour ainsi dire, fabricant de sucre lui-même, puisqu'il a un immense intérêt à développer dans la plante la plus grande quantité possible de matières sucrées. Cette nécessité a contribué à propager les modèles les plus perfectionnés pour les façons préparatoires du sol, a engagé le cultivateur à ne se servir que d'engrais choisis, et, comme complément, amène à n'employer que les procédés d'arrachage les plus parfaits, pour ne rien perdre de cette précieuse racine.

Cette question importante a été particulièrement étudiée par les constructeurs français, et le jury est heureux de constater les progrès considérables réalisés par eux depuis 1878 dans la construction des arracheuses de betteraves.

Deux maisons françaises livrent aujourd'hui à l'agriculture d'excellents instruments pour la récolte de la betterave : ce sont les maisons Bajac et Candelier. Les machines de ces constructeurs sont établies sur des principes différents et ont chacune leurs partisans et leurs adversaires.

Les types ont d'ailleurs varié depuis dix ans par suite de la modification qu'a subie la culture de la betterave. Non seulement, les arracheuses doivent pénétrer profondément dans la terre pour aller chercher les racines pivotantes, mais encore elles ne doivent pas blesser la betterave. On a constaté, en effet, que chaque piqûre entraîne un suintement suivi de pourriture qui fait perdre en moyenne à chaque pied de betterave 15 à 20 grammes, ce qui, lorsqu'on emploie des outils blessant un peu chaque racine, correspond à une perte de 1,500 kilogrammes environ à l'hectare, soit, à 30 francs les 1,000 kilogrammes, une différence en moins-value de 45 francs.

Quel que soit l'outil employé, il doit toujours travailler dans la terre dure, et s'enfoncer d'autant plus profondément que le sol supérieur est plus humide. En effet, si la machine travaillait dans le sol ameubli par les pluies, les betteraves se casseraient presque toutes à la limite de la terre trempée, toute la partie de la racine se trouvant dans la partie sèche restant dans le sol.

L'arracheuse Candelier se compose d'un âge de charrue ordinaire, sur lequel se trouve fixée une forte lame de tôle verticale de 0 m. 50 de hauteur environ, terminée à sa partie inférieure par un soc pointu en acier, portant sur le côté une tige courte se relevant obliquement. Cet outil passe aussi près que possible des rangées de betteraves et pénètre profondément dans le sol pour soulever la terre, de telle sorte que les racines puissent être, après son passage, facilement enlevées à la main par des femmes ou des enfants. On reproche à cet instrument, qui a pour avantage de ne pas lé er du tout la betterave, d'exiger un trop grand effort de traction, par suite de l'obligation où il est de pénétrer presque jusqu'à la profondeur où se trouvent les racines, pour permettre un soulèvement du sol suffisant pour l'enlèvement à la main. En outre, les cultivateurs se plaignent que les raies tracées par cet outil, permettant la pénétration de l'eau de pluie très profondément, amènent un détrempage du sol qui rend difficile le charriage et laisse dans les champs des traces et des inégalités défavorables aux semis de blé dans les terres ainsi remuées.

L'arracheuse de M. Bajac porte, sur un corps de charrue renforcé, deux montants verticaux terminés à leur partie inférieure par deux tiges pointues laissant entre elles un écartement horizontal correspondant à la grosseur moyenne des betteraves à 0 m. 15 ou 0 m. 20 du sol. M. Bajac construit des instruments de ce type, non seulement pour un rang de betteraves, mais encore pour l'arrachage simultané de deux ou trois rangs. Mais ces appareils exigent de très bons conducteurs; il faut en outre que le nombre de rangs arrachés soit un sous-multiple des rangs semés par le semoir; car, quel que soit le soin apporté dans la conduite d'un semoir, les lignes de reprises ne sont jamais à des distances exactement semblables à celles de l'écartement entre les pieds du semoir lui-même. On peut cependant se servir d'un arracheur à trois rangs dans les champs où l'on a employé le semoir à cinq rangs en procédant de la manière suivante: on commence par arracher trois rangs sur le côté de chaque train du semoir, puis on enlève un soc à l'arracheuse, et avec cet outil ainsi transformé, on arrache les deux rangs qui restent dans le train du semoir. De toutes façons, les arracheuses à plusieurs lignes ne peuvent fonctionner que dans les champs parfaitement semés avec des instruments perfectionnés.

Quant au prix de l'arrachage mécanique de la betterave, il n'est peut-être pas très inférieur au prix de l'arrachage à la main, mais un bon instrument permet d'exécuter le travail bien plus rapidement et est payé en une campagne par le poids de betteraves que l'on obtient en plus en cassant moins de queues et en faisant moins de blessures aux corps des racines.

Instruments divers concernant le matériel d'extérieur de ferme. — Régénérateurs des prairies. Appareil portatif pour l'ébouillantage des échalas. — Outils divers.

Nous avons à mentionner ici différents appareils ne rentrant dans aucune des catégories précédentes.

Le premier de ces appareils que nous avons eu à apprécier est le régénérateur de prairies de M. Bajac.

Cet appareil se compose d'un certain nombre de lames tranchantes de forme courbe et disposées verticalement dans un châssis analogue à ceux des scarificateurs. Les mêmes moyens de réglage et de déterrage y sont employés.

On peut découper ainsi la prairie en bandes étroites, les couteaux pénétrant à o m. 06 ou o m. 08 dans le sol. On détruit ainsi la mousse en évitant l'emploi de la herse à chaîne et la prairie est transformée sans emploi de nouvelles graines.

M. Mariolle-Pinguet avait exposé un appareil pour la préparation à la vapeur des échalas de vignes pour détruire ainsi le ver de vendange.

Cet appareil, fort bien étudié et construit, est double de manière à pouvoir opérer d'une manière continue, le chauffage à la vapeur s'effectuant dans un des appareils pendant que l'autre est en déchargement ou en chargement. L'appareil est monté sur roues et peut ainsi se transporter facilement d'un point à un autre.

Des expériences faites dans le département de la Marne ont permis de constater que cette préparation des échalas permet la destruction des chrysalides de cochylis.

MM. Arbey et fils avaient exposé dans la classe 49 leurs appareils pour le débitage des bois et, entre autres, une scie à plusieurs lames dont les dentures permettaient un travail utile dans la montée du cadre comme dans la descente.

Les appareils portatifs de ces mêmes constructeurs pour le débitage des bois en forêts étaient réunis dans le pavillon spécial élevé par les soins de l'Administration des forêts dans le parc du Trocadéro. Ces machines ne présentaient qu'une faible partie des appareils exposés par MM. Arbey en 1889. Dans la classe des machines-outils on trouvait en effet les appareils divers employés pour le corroyage des bois.

M. Thoulieux a créé à Saint-Chamond (Loire) une véritable usine pour la fabrication de fourches en acier qui s'est développée depuis 1878, en passant d'une production de 6 à 7 douzaines de fourches par jour à une fabrication de 2,000 à 2,200 outils par jour en se servant d'un fort outillage et en occupant 70 ouvriers.

Cette production pourra atteindre bientôt 3,000 fourches par jour. Cette fabrication, dont M. Thoulieux a pu nous montrer les différentes phases, a intéressé beaucoup le jury de la classe 49 qui a décerné à M. Thoulieux une médaille d'or.

Dans le même ordre d'idées, la maison Batchellor sons and C° (États-Unis), qui peut produire de 20,000 à 22,000 douzaines d'outils par an, dont la réputation est universelle, a été désignée par le jury comme devant mériter la même récompense.

Transports agricoles. — Chariots et charrettes. — Chemins de fer portatifs.

Les appareils destinés à l'engrangement des récoltes et en général aux transports agricoles au moyen de la traction directe des animaux n'ont guère présenté de types nouveaux. Cependant la maison Renaud et la Carrosserie industrielle se recommandaient par la simplicité et la solidité des produits exposés.

C'est dans la construction des rais que de sérieux progrès sont à signaler. M. Champenois-Rambeaux présentait des roues en bois et métal dignes d'être remarquées. Ces roues sont formées par un moyeu en fonte dans lequel sont scellés par la coulée des rais en acier, à sections ovales, renforcés à leur base. La partie enserrée dans le moyeu est aplatie en forme de queue de poisson et percée d'un trou pour que le scellemem soit plus solide. L'autre extrémité, qui a été refoulée, est terminée par un téton qui traverse un cercle en fer U, sur lequel il est fortement rivé à l'intérieur. Le cercle reçoit des jantes en bois injecté, emmanchées à feuillures et recouvertes par un bandage appliqué à chaud comme sur les roues ordinaires. Les jantes en bois sont ainsi pressées très fortement entre deux fers qui en assurent la solidité, et les préservent de l'humidité sur une grande surface. M. Champenois-Rambeaux construit aussi d'excellentes roues fonte et fer pour charrues à vapeur.

On peut signaler aussi le système de roues armées exposées par M. Chambard. Les rais sont emmanchés ou enrayés dans le moyeu comme d'habitude; cet enrayage est seulement complété et consolidé par l'application de deux armatures ou collerettes en fer, ajustées devant et derrière les rais, et destinées à les maintenir solidaires du moyeu et à les relier entre elles. Par ce système, les rais travaillent tous également en se soutenant mutuellement, aussi bien dans les efforts verticaux que dans les efforts latéraux; car entre chaque rais passent des boulons réunissant les deux collerettes que l'on peut resserrer, ce qui permet de rattraper le jeu qui pourrait se produire dans l'enrayage. Il est en outre facile dans ce système de roues de remplacer un rais cassé, sans enlever le cercle ni démonter la roue.

Mais la grande transformation dans les systèmes de transports agricoles apparaît dans l'emploi des petits chemins de fer dont l'idée première revient à un ancien élève de l'École centrale, M. Corbin. C'est ce système qu'a perfectionné M. Decauville qui commencait à fabriquer ces utiles instruments en 1878. Depuis, leur fabrication a pris un immense développement.

La plupart des exploitations importantes exécutent les transports dans l'intérieur de la ferme avec ces outils, et beaucoup les emploient pour la rentrée de leurs récoltes. Aussi un grand nombre de constructeurs avaient-ils exposé des types de ces petits chemins de fer, tant dans leurs applications à l'agriculture qu'à l'industrie. Le jury de la classe 49 a récompensé par un grand prix l'exposition de M. Decauville. Les rails de ce constructeur se distinguent toujours par leur légèreté et leur facilité de pose. Les petits trucs ont été perfectionnés par l'emploi d'essieux mobiles en acier; les civières, à claire-voie pour betteraves, en tôle pour marnage, ont été construites plus légèrement et sont d'un maniement plus facile. Les wagonnets pour transports de fourrages sont munis de ridelles bien disposées. Un type spécial de wagon avec caisse à bascule, dont la partie inférieure est en tôle et la partie supérieure en grillage, est très bien imaginé pour le chargement des matières légères et encombrantes comme la bagasse; en outre, le grillage supérieur peut être démonté et la caisse à bascule servir pour les transports ordinaires. Enfin, pour la rentrée des betteraves, la maison Decauville présentait un wagon avec fond et côtés à claire-voie qui est léger et maniable.

M. Béliard exposait dans la classe 49 des wagonnets pour transports agricoles justement appréciés des cultivateurs des environs de Paris et de la Beauce. La maison Paupier a heureusement transformé et renforcé l'ancien chemin de fer de Corbin.

Plusieurs maisons de Belgique avaient envoyé des voies et wagonnets bien construits; nous citerons entre autres la maison GROULARD frères. Il résulte de ce grand mouvement vers la construction de petits chemins de fer agricoles que les cultivateurs emploieront bientôt d'une manière courante un mode de transport que son bas prix met à la portée de tous.

Instruments de pesage.

Le jury de la classe 49 a été heureux de pouvoir récompenser par deux médailles d'or et une médaille d'argent trois exposants d'instruments de pesage.

M. PAUPIER avait tenu à exposer ses principaux types de balances et de bascules; ses deux expositions de la galerie des machines agricoles et de l'esplanade des Invalides étaient très remarquables, et nous avons pu y rencontrer les différents types d'instruments dont l'introduction dans toute ferme de quelque importance serait bien à désirer.

Les instruments de pesage, bascules et ponts-bascules, sont absolument nécessaires à tout cultivateur pour qu'il puisse se rendre compte de ses dépenses et de ses recettes, pour qu'il puisse apprécier quelle est l'importance d'un perfectionnement quelconque introduit dans son exploitation.

Malheureusement l'on rencontre encore beaucoup de cultivateurs, à la tête d'exploitations de quelque importance, qui hésitent encore à faire l'acquisition d'un pont-bascule qui leur est absolument nécessaire.

Tout perfectionnement de fabrication qui amènera un abaissement sensible du prix de revient de ces appareils peut être considéré comme ayant une grande importance, en permettant de vaincre les hésitations bien peu justifiées d'un grand nombre de cultivateurs.

La maison TRAYVOU et Cie, de La Mulatière, près Lyon, avait aussi une exposition très complète dans laquelle elle n'avait en vue de montrer que des types réellement agricoles.

Les appareils de contrôle de M. CHAMEROY, permettant de laisser une trace durable des opérations faites, ont aussi une réelle importance; le nombre des usines qui en font usage s'est accru dans une grande proportion depuis la dernière Exposition universelle de 1878, époque à laquelle cette invention a été récompensée d'une médaille d'or.

Le jury de la classe 49 a cru devoir consacrer ces nombreuses applications en décernant à M. Chameroy une médaille d'or.

INSTRUMENTS D'INTÉRIEUR DE FERME.

Moteurs agricoles. — Manèges. — Locomobiles à vapeur.

L'emploi de plus en plus répandu des machines à battre dans les fermes, même de faible importance, et surtout l'industrie du battage à façon qui a rendu en agriculture de si réels services, ont fait remplacer de plus en plus le manège ordinaire par les locomobiles à vapeur.

L'entrepreneur de battage arrive avec son personnel et son matériel, locomobile et machine à battre, et en peu de temps termine son travail, en débarrassant le fermier de ce matériel encombrant qui ne sert que pendant peu de jours chaque année et qui est susceptible de se détériorer pendant les longs jours d'arrêt.

Dans les fermes importantes, un moteur un peu puissant devient, au contraire, un outil d'un emploi journalier, servant soit à la marche des instruments de battage, soit à celle des appareils employés pour la préparation des aliments des animaux, etc.

Le manège a encore cependant son utilité pour des travaux de moindre importance, exigeant peu de travail et pour lesquels on peut avec avantage utiliser les journées de mauvais temps.

Le nombre des appareils de ce genre que l'on trouvait à l'Exposition était assez restreint. Ils ne présentaient d'ailleurs rien de bien particulier et nous ne mettrons en évidence qu'un manège exposé par MM. Simon et fils.

Ce manège, du genre de ceux avec arbre au niveau du sol, permettait à cet arbre de prendre différentes positions par rapport aux parties fixes du manège. Le palier par lequel il était maintenu faisait corps avec une sorte de couronne tournant autour du bâti et permettant de disposer l'arbre de couche successivement, suivant différents rayons, de manière à obtenir avec cet appareil l'inverse de ce qu'on réalise actuellement, les différentes machines opératoires pouvant occuper une position fixe dans les granges et l'arbre de couche venant se brancher successivement sur chacune d'elles.

Les manèges à arbre vertical ont tous l'inconvénient de ne fournir qu'une vitesse réduite, à moins d'employer des appareils accélérateurs de mouvement.

C'est pour cette raison que l'on a créé, à côté de ces manèges, d'autres appareils, connus sous le nom de *manèges à plan incliné*.

Ceux-ci ont certainement l'avantage de fournir sur l'arbre moteur un mouvement beaucoup plus rapide, tout en n'exigeant pas du cheval une allure plus vive pendant que le tablier mobile se dérobe au-dessous de lui; mais il est difficile d'admettre que le cheval ne fatigue pas beaucoup plus dans ces conditions.

Des expériences récentes semblent démontrer que le rendement en travail mécanique est analogue à celui des manèges à axe vertical. Mais elles indiquent en même temps que si le travail utilisable paraît supérieur à celui que l'on obtient du cheval circulant sur la piste d'un manège, c'est évidemment en raison d'une fatigue beaucoup plus grande de l'animal qui doit se traduire inévitablement par une ration alimentaire plus élevée.

L'appareil est moins encombrant et convient certainement mieux pour la marche de machines rapides, comme les machines à battre par exemple.

Cette rapidité du mouvement peut conduire à certains accidents auxquels plusieurs constructeurs ont remédié en appliquant sur leur appareil un régulateur à force centrifuge actionnant le collier d'un frein ordinaire. Il peut se faire, en effet, qu'en employant ce manège pour la mise en marche d'une machine à battre, l'engreneur de cette dernière machine suspende son travail, soit pour délier les gerbes, soit que l'insuffisance des manœuvres ne permette pas une alimentation continue de la machine. La résistance opposée à la marche du manège cessant, au moins pour la plus grande partie, le cheval continuant à agir par son poids sur le tablier, celui-ci aurait une vitesse allant en s'accélérant jusqu'à un point dangereux pour l'animal soumis à ce régime.

Le régulateur empêche ces écarts de vitesses, mais en faisant agir un frein qui absorbe inutilement une certaine quantité de travail produit et consommé en pure perte.

Les appareils de MM. Bertin, Fortin frères et Wurtenberger sont munis de ces appareils à force centrifuge agissant soit sur un frein appliqué à la batteuse, soit sur un double frein agissant sur la batteuse et sur le manège, soit enfin sur un frein spécial au manège.

Dans les appareils présentés par M. Girardin et par M. Lecoq, le plan incliné, formé de bandes articulées, était remplacé par des échelons d'assez grande largeur pour que le pied du cheval pose bien à plat.

Les locomobiles à vapeur exposées étaient très nombreuses.

Pour ne parler que des appareils en mouvement installés dans la galerie des machines agricoles, 15 constructeurs avaient exposé un nombre considérable de ces machines locomobiles.

Parmi ces machines, nous citerons celles de M. Breloux qui se distinguaient par un assemblage particulier du gueulard avec la boîte à feu de la chaudière; celles de la *Société française de construction du matériel agricole*, dont l'une d'elles était munie d'un appareil imaginé par le regretté M. Head, de la maison Ransomes et Sims, et permettant de se servir de paille comme combustible. La seule modification apportée consiste dans l'addition de chicanes verticales en tôle dans l'intérieur du foyer pour éviter l'entraînement des matières siliceuses contenues dans ce combustible;

Les locomobiles de MM. Boulet et Cie, de MM. Brouhot et Cie et de M. Hidien, qui se distinguaient par leur excellente construction;

Celles de la maison Pécard frères, rappelant, par leur agencement, des types anglais bien connus, mais se faisant remarquer par une construction très soignée et par une exécution parfaite de pièces de chaudronnerie difficiles.

Enfin, quoique dans la plupart des cas l'eau fasse en partie défaut pour les applications agricoles, MM. Merlin et Cie ont cru devoir ajouter à leur machine un condenseur que l'on peut supprimer au besoin lorsqu'on veut marcher à échappement libre.

La locomobile agricole ne peut rendre de véritables services dans les fermes qu'à la condition d'être robuste, simple de construction et facile de conduite; tous les systèmes compliqués de détente par le régulateur, les appareils de condensation qui permettent d'utiliser la pression de la vapeur, dans des limites plus étendues, et qui rendent de signalés services dans les machines fixes de nos grands ateliers, ne sont certainement pas à leur place dans des appareils transportables, souvent mal conduits et mal entretenus, et pour lesquels la simplicité est, par-dessus tout, le principal mérite.

La maison Lotz, de Nantes, avait exposé, à côté d'une locomobile ordinaire, une locomobile à deux cylindres de diamètres différents, genre Compound, bien construite, mais qui a paru à plusieurs d'entre nous un peu compliquée pour être mise entre les mains de gens peu expérimentés : c'est plutôt une bonne machine de l'industrie qu'une véritable machine agricole.

Machines à battre les grains.

La machine à battre est devenue depuis longtemps un des instruments les plus répandus dans la pratique agricole. Si l'exploitation a quelque importance, le matériel de la ferme se compose d'une machine à battre installée à poste fixe et permettant de battre en grange lorsque les besoins de la culture n'amènent pas le personnel de la ferme au dehors ou par les mauvais temps.

Le plus souvent maintenant, l'appareil est locomobile et vient se placer à côté des meules faites immédiatement après la récolte en attendant l'opération du battage.

Les machines à battre locomobiles sont aussi indispensables lorsqu'on veut se livrer à l'industrie assez fructueuse du battage à façon. Il n'en est pas de même, en effet, pour le battage comme de certaines opérations sur le terrain; la préparation des terres doit s'effectuer dans toute une région à peu près à la même époque, en tenant compte des conditions climatériques favorables. Il en est de même des opérations de la moisson que l'on ne peut retarder lorsque la maturité des céréales est considérée comme assez avancée. Le battage au contraire peut se faire attendre, et la même machine, conduite par le même personnel, peut desservir un assez grand nombre d'exploitations réparties sur une grande étendue. Aussi voit-on, encore trop rarement suivant nous, les cultivateurs se syndiquer pour obtenir, à frais communs, le matériel nécessaire dont ils se serviront à tour de rôle, et, à défaut de cette organisation économique, l'entrepreneur de battage venant faire à façon le travail de ferme en ferme.

La machine à battre étant maintenant d'un emploi général, le battage au fléau et le dépiquage au rouleau ne se rencontrent plus que dans quelques exploitations du midi de la France, les constructeurs de ces machines sont devenus très nombreux, et l'Exposition dernière ne comptait pas moins de 26 exposants qui, pour la plupart, avaient exposé plusieurs types de leur fabrication.

Sur ce nombre, 25 étaient français; un seul, MM. Charles Burrell and sons, a ses ateliers à Thetford. Il exposait une machine à battre à grand travail munie d'un crible à expansion variable de Penny.

Trois exposants seulement MM. Garnier, Japy et Jannel, avaient exposé des machines à battre en bout. Ces machines sont d'un bon emploi dans des exploitations de faible importance situées loin des grandes villes et par conséquent dans lesquelles la paille est consommée sur place sans qu'elle puisse être l'objet d'un certain commerce.

Ces machines, généralement peu encombrantes, ne sont munies d'aucun appareil de nettoyage. La paille est froissée et brisée par l'action du batteur et du contre-batteur, mais peut parfaitement être employée pour la préparation des litières, ainsi que pour être passée au hache-paille.

Lorsque, au contraire, on veut conserver à la paille toute sa valeur, on est obligé d'avoir recours aux machines à battre en travers.

Leur largeur est beaucoup plus grande puisque le batteur doit entraîner la paille en la maintenant parallèlement à son axe. La machine doit être munie de secoueurs pour entraîner la paille et dégager les grains battus qui s'y trouvent d'abord mélangés, puis on complique le plus souvent la machine pour nettoyer le blé, le classer en plusieurs qualités de manière à pouvoir l'ensacher à la sortie même de la machine. Les constructeurs ont même la prétention de pouvoir livrer à la sortie de leur machine du blé absolument marchand. En pratique on est le plus souvent obligé de lui faire subir un nettoyage supplémentaire.

Quelques-unes des machines sont disposées pour battre soit des céréales, soit des graines fourragères, telles que le trèfle, par exemple; nous reviendrons sur ces machines spéciales dans le chapitre suivant.

L'Exposition universelle de 1878 avait mis en lumière un appareil excessivement curieux dû à M. Breloux, qui avait pour effet, par le jeu même des organes employés ordinairement, de repasser dans le batteur les otons de manière à en dégager une certaine quantité de grains de blé non encore séparés de leur enveloppe, opération nécessitant ce repassage.

M. Breloux avait eu l'idée, à cette époque, de profiter de l'aspiration produite par le mouvement rapide du batteur pour en faire un véritable ventilateur aspirant, relevant les otons de toute la hauteur de la machine et les faisant ainsi repasser une seconde fois entre le batteur et le contre-batteur. Cette idée mise en pratique par M. Breloux lui a valu en 1878 une médaille d'or, et nous avons été heureux de voir que cette invention, tombée maintenant dans le domaine public, avait servi à modifier la construction des machines similaires. Presque toutes les machines exposées possédaient un moyen d'aspiration des otons par le batteur, ou employaient l'aspirateur tangentiel qui n'est qu'une forme un peu différente du même principe; dans cette dernière disposition ce n'est plus le batteur seul qui produit l'aspiration nécessaire, mais un véritable ventilateur monté sur le même axe.

Le liage de la paille à sa sortie de la batteuse s'effectue automatiquement, non plus maintenant avec du fil de fer comme cela se passait lors de la dernière Exposition universelle de 1878. C'est avec une ficelle qu'à l'aide d'un appareil dérivé de la disposition Appleby l'on entoure la botte de paille fortement serrée par des griffes robustes, soit par deux liens comme dans la disposition Albaret, soit avec un seul lien dans la disposition de MM. Pécard frères.

Il nous paraît impossible de donner dans ce rapport une description plus ou moins sommaire des machines exposées; nous chercherons seulement à caractériser par un mot les principales de ces dispositions.

MM. Breloux et Cie. — Ces batteuses sont munies de l'aspirateur décrit plus haut, elles sont construites avec panneaux en tôle. Un batteur à trèfle est annexé à l'une d'elles.

MM. Pécard frères. — Dans leurs batteuses, MM. Pécard emploient l'aspirateur tangentiel et un trieur extensible, système Penny, à fil triangulaire.

L'emploi de coussinets sphériques et l'emmanchement à coins des poulies constituent de petits détails de construction qui ont leur importance.

M. Cumming nous a présenté une machine à battre fixe avec aspirateur mis en mouvement par le batteur. Un trieur à alvéoles est appliqué à cette machine; il est à inclinaison variable, la levée de l'une des extrémités est de 0 m. 15 pour une longueur de trieur de 3 mètres. Le même constructeur exposait deux machines à battre locomobiles et une batteuse de trèfle.

La Société française de construction de matériel agricole expose aussi des machines à battre à grand travail; ces machines sont du type dit *anglais* avec un nettoyage spécial. Un aspirateur énergique permet le relèvement facile des otons.

MM. Brouhot et Cie exposent quatre machines à battre à grand travail, de construction soignée.

M. Hidien expose une machine à deux fins: batteuse à blé et batteuse à trèfle. Par l'enlèvement du batteur spécial et son remplacement par des cribles, il constitue ainsi une machine à grand travail pour le battage et le nettoyage complet du blé.

MM. Merlin et Cie. — Dans les machines de ces constructeurs l'aspiration des otons se fait par le batteur; de bonne construction, elles ne présentent aucun caractère particulier.

M. Lotz fils de l'aîné. — Dans son modèle de machine à battre à grand travail M. Lotz fait usage d'un double ventilateur; un ébarbeur est employé pour compléter le battage; il est desservi par une chaîne à godets qu'il suffit de supprimer lorsque le blé n'a pas besoin de ce second passage.

M. Caramija-Maugé expose un ensemble de batteuse fixe avec nettoyage occupant trois étages différents. Un tarare se trouve au-dessous du plancher et un trieur Josse est placé au second étage.

M. Protte avait appliqué à une batteuse son tarare à hélice.

M. Gérardin emploie dans ses batteuses l'aspirateur tangentiel; il constitue l'arbre des secoueurs d'une pièce en fonte malléable.

M. Paradis constitue les bâtis de ses machines de pièces de fonte; ce cadre était fermé par des panneaux en tôle. Les pièces de fonte employées sont très bien fondues. M. Paradis emploie pour les constituer de la fonte additionnée de 15 p. 100 d'acier.

MM. Filoque père et fils emploient des suspensions de cribleurs à couteau et comme supports des tubes creux.

Enfin, M. Froger nous a présenté une machine à battre avec secoueur rotatif au sujet duquel il est nécessaire que l'expérience ait prononcé avant de pouvoir porter un jugement sur ce perfectionnement.

Parmi les accessoires de ces machines il convient de citer ici les appareils lieurs dont étaient munies les machines à battre de MM. Albaret et Pécard frères.

La lieuse de M. Albaret appliquée aux machines à battre présentait cette particularité qu'elle constituait un outil spécial monté sur deux roues que l'on pouvait ainsi détacher de la machine à battre ou l'y fixer suivant les besoins. L'une des machines à battre de M. Albaret était aussi munie d'un appareil engreneur déjà connu.

M. Demoncy-Minelle, qui s'occupe depuis longtemps de cette question des engreneurs pour machine à battre, en avait exposé un nouveau modèle dans lequel il a pu imiter, par le déplacement de râteaux animés de mouvements circulaires de faible amplitude, les mouvements de la main de l'homme, fournissant à la machine les gerbes devant l'alimenter.

Égrenage du trèfle.

Les mérites relatifs des différents appareils proposés pour l'égrenage des plantes fourragères n'auraient pu être décélés que par expériences directes; aussi avons-nous cherché, après avoir examiné sur place les différents appareils présentés, s'il ne serait pas possible d'instituer des expériences spéciales, avant la date fixée pour la distribution des récompenses.

Les exposants eux-mêmes ont cherché à se procurer les matières premières nécessaires; mais on a reconnu bien vite qu'il était impossible de les obtenir dans le délai fixé; nous avons donc dû renoncer à ce moyen d'investigation et nous borner à l'examen fait sur place des machines.

M. Breloux a conservé le tambour tronconique ordinaire; il en a perfectionné seulement son mode de fabrication par un procédé de moulage à la trousse.

M. Cumming, qui s'était occupé, dès 1862, de la construction de ces égreneuses à tambour conique, présentait une batteuse complète composée de deux parties distinctes superposées l'une à l'autre. Le premier appareil, opérant la séparation des bourres des tiges et commençant le décortiquage, se compose d'un batteur cylindrique muni de huit battes en fer cornière, roulant dans un contre-batteur cylindrique en fer et à jour, de quatre secoueurs amenant à l'extérieur les pailles et les bourres, et enfin d'un auget recevant les bourres ayant passé à travers le contre-batteur et les vides des secoueurs.

Ces matières débarrassées des tiges sont amenées dans un projecteur qui les remonte au batteur-égreneur. Ce second appareil est composé d'un batteur conique, muni de battes en fer en U disposées en hélices et roulant dans un contre-batteur plein, en fonte cannelée, dont les rainures hélicoïdales se contrarient avec les lames du batteur. L'appareil est muni d'organes de nettoyage composés de quatre grilles superposées dont chacune reçoit l'action d'un ventilateur.

M. Hidien a employé aussi des battes cylindriques suivies d'un batteur-finisseur tronconique.

M. Lotz exposait un appareil dû à M. Chenel. Dans cet appareil, pour éviter le bourrage que l'on remarque souvent en employant d'autres appareils, M. Chenel emploie un batteur cylindrique tournant horizontalement dans un contre-batteur perforé et excentrique par rapport à l'axe du batteur. Les bourres que l'on veut soumettre à l'action de la machine sont versées dans une trémie, tombent dans le batteur qui les entraîne en les soumettant aux chocs répétés des battes; les grains passent à travers la tôle perforée du contre-batteur et sont soumis à l'action d'un ventilateur.

L'égreneuse de M. Ribotteau-Grangé était à batteur cylindrique, le contre-batteur était fait avec de la toile métallique et de la tôle perforée.

M. Dumont avait exposé, parmi les machines de la Société française de matériel agricole et industriel, de Vierzon, une machine mixte permettant, à volonté, le battage des céréales ou celui des plantes fourragères. Elle se composait d'abord de tous les organes ordinaires d'une machine à battre les grains : batteur, contre-batteur, secoueurs et appareils de nettoyage, puis d'un batteur égreneur avec contre-batteur conique muni de lames hélicoïdales, employé spécialement lorsque la machine devait servir pour le battage du trèfle, par exemple. Ce second batteur, placé au-dessous de la machine, était commandé par une longue courroie inclinée, entourant une poulie spéciale calée sur l'arbre du premier batteur. L'appareil était, en outre, muni de deux ventilateurs.

En ce qui concerne le battage des plantes fourragères, un premier débourrage était effectué par le passage des matières à traiter entre le premier batteur et le contre-batteur correspondant; puis la séparation plus complète de la graine et de la bourre était obtenue par l'action du second batteur conique.

Égrenoirs à maïs.

Ces appareils sont basés à peu près sur le même principe qui consiste à placer la tête de maïs dans une sorte d'entonnoir et à le laisser rouler entre deux plateaux animés de vitesses inégales. Il se produit une sorte de glissement qui oblige les différents grains à se dégager et à tomber en dessous de l'appareil.

La maison Japy, qui, depuis quelques années, s'adonne à la construction de machines agricoles et qui avec ses puissants moyens de production peut, plus que tout autre, faire bon et à bon marché, a présenté plusieurs appareils de ce genre. L'un d'eux est vendu 4 fr. 20.

M. Mailhe a exposé un égrenoir à maïs à batteur rendant le grain nettoyé.

Trieurs. — Décuscuteurs. — Tarares.

Les trieurs de grains ont été représentés en grand nombre lors de l'Exposition dernière.

La maison Marot, de Niort, bien connue pour ses trieurs à alvéoles, nous a présenté deux perfectionnements qui sont les suivants :

1° L'extraction des graines épineuses avait résisté à tous les modes de nettoyage connus; l'emploi de l'alvéole ordinaire ne permettant pas non plus de les extraire; il a suffi de préparer cette alvéole avec une sorte de lèvre pour retenir ces grains de nature particulière;

2° Avec les alvéoles perforées et les différents genres de tôles perforées, des graines restaient engagées dans la paroi extérieure du trieur.

Le successeur de M. Pernollet, M. Cabasson, a soumis à notre appréciation un grand trieur ne mesurant pas moins de 0 m. 80 de diamètre et 5 mètres de longueur, permettant d'y faire passer 40 hectolitres à l'heure s'il s'agit de blé et jusqu'à 60 hectolitres pour les orges et les avoines.

Dans cette même exposition nous avons remarqué un trieur à alvéoles avec ventilateur et émotteur réunissant en une seule opération le travail du tarare et du trieur.

M. Clert a exposé des trieurs à panneau démontable garnis d'alvéoles permettant le nettoyage facile du trieur.

M. Denis nous a présenté un tarare trieur pouvant, par le moyen d'un simple vannage, servir de tarare ou de trieur seulement. Il s'est fait aussi une spécialité dans la construction de tarares tout en fer d'un démontage facile et destinés aux pays chauds.

Enfin, M. Caramija-Maugé nous a présenté un trieur à deux régulateurs ainsi qu'un certain nombre de cribleurs-épierreurs du système Josse, mus à bras ou au moteur.

Il suffit de placer obliquement sur cette surface cylindrique une courroie tendue pour qu'elle fasse office de brosse et dégage les grains ainsi retenus par la paroi métallique.

La maison Dondey et Cie s'occupe de la construction de décuscuteurs à tamis de soie qui paraissent bien construits pour le but à atteindre, mais qu'il faudrait voir à l'œuvre dans une grande exploitation pour en apprécier sûrement la valeur.

Les tarares nous ont été présentés par un grand nombre de constructeurs; ce sont généralement des appareils très simples qui, par cela même, ne peuvent pas être l'objet d'importants perfectionnements.

Nous ne saurions terminer ce chapitre sans dire un mot de la fabrication des tôles perforées de MM. Krieg et Zivy qui, par un outillage perfectionné, peuvent fournir des tôles perforées très régulièrement, quelle que soit la grosseur ou la finesse de ces perforations.

Coupe-racines. — Hache-paille. — Hache-maïs. — Broyeuses d'ajonc.

Les coupe-racines, les hache-paille et hache-maïs sont entrés maintenant d'une manière complète dans la pratique agricole, et l'Exposition de 1889 n'a signalé aucun perfectionnement bien notable dans ce genre d'appareils.

En ce qui concerne les appareils de petite culture, MM. Senet, Japy, Champenois-Raimbeaux présentaient des appareils de bonne construction. Pour la grande culture, et, en particulier, pour le hache-maïs de grande dimension, M. Albaret avait exposé ses grands appareils avec élévateur centrifuge, permettant de diviser et de mettre en silos d'énormes quantités de fourrages verts pour les consommations d'hiver.

M. Texier et M. Garnier présentaient tous deux des broyeurs d'ajoncs dont le fonctionnement paraissait très satisfaisant. C'est dans la Basse-Bretagne que ce produit est surtout employé pour l'alimentation des animaux, et, grâce à ces appareils perfectionnés, la transformation des jeunes pousses d'ajonc en une sorte de mousse bien découpée et écrasée peut s'effectuer maintenant sans exiger la main-d'œuvre considérable qui était nécessaire pour sa préparation par procédés purement manuels.

Compresseurs. — Aplatisseurs. — Moulins agricoles.

Parmi les instruments de cette catégorie nous devons citer un appareil exposé par M. Montandon, et qu'il surnomme *outil universel*. Un même bâti peut recevoir les organes nécessaires pour constituer un brise-tourteau, un aplatisseur, un concasseur et même un moulin agricole. Cette substitution se fait assez facilement, et bien que nous soyons très peu partisan d'instruments à plusieurs fins, nous devons cependant reconnaître que cet appareil peut rendre d'assez grands services dans de petites exploitations.

Dans la section anglaise nous devons signaler la maison Wood-Stommarket pour ses aplatisseurs et concasseurs; ces mêmes constructeurs, pour les moulins agricoles, qui étaient exposés également par MM. Lister et Cie.

Les moulins de petites dimensions étaient présentés en France par M. Albaret, M. Montandon et M. Texier, pour ne citer que les principaux constructeurs de ces appareils au sujet desquels nous avons regretté qu'il n'ait pas été possible de les faire fonctionner concurremment pour juger des mérites relatifs qu'ils pouvaient présenter.

On ne peut pas, en effet, prétendre obtenir, avec ces appareils, des produits préparés et séparés comme dans les grands moulins à meules ou à cylindres; mais, à défaut de ceux-ci, des appareils portatifs à meules d'acier de petites dimensions peuvent rendre de réels services.

Outils et appareils divers.

Parmi les outils et appareils divers, nous devons comprendre une machine à faire les tuyaux de drainage pour une grande exploitation agricole, présentée par MM. Joly et Foucart, de Blois; les différents moyens d'élever l'eau ou de la conduire à distance, et la collection de tuyaux Chameroy, présentée par MM. P. de Singly et Cie, méritent d'être signalés.

MM. Noël, Beaume, Broquet ont présenté leurs types habituels de construction de pompes pour usages agricoles.

Dans cette même catégorie d'appareils divers nous devons signaler aussi deux dispositions relatives à la conservation des fourrages verts à l'air libre.

M. Cochard, président de la Société d'agriculture de Montmédy, obtient une compression de la masse au moyen du rapprochement du plateau supérieur vers le plateau inférieur avec des chaînes et des leviers a bras inégaux permettant, à l'aide d'un seul homme, de produire une compression énergique en agissant à l'extrémité d'un bras de levier de 3 mètres de longueur.

Le procédé Reynolds et Cie, présenté par MM. Carson et Toone, consiste en la construction d'un silo en béton et d'un mode de compression, analogue au précédent, dans lequel des chaînes fortement ancrées dans le sol passent au-dessus de traverses situées au-dessus du plateau supérieur. Au moyen d'un tendeur à vis disposé parallèlement à la traverse on donne une tension suffisante aux chaînes et, par suite, une compression suffisante à la matière enserrée entre les plateaux.

Instruments employés dans la fabrication des boissons fermentées. — Fouloirs. Moulins à pommes. — Pressoirs et presses continus.

La classe 49 comprenait encore les outils et appareils de deux industries essentiellement agricoles : la fabrication des boissons fermentées et la transformation des produits de laiterie.

En ce qui concerne la fabrication des boissons fermentées, la classe 49 ne renfermait qu'une partie des appareils; l'autre partie, traitant spécialement de la fabrication des vins, faisait tout naturellement partie de la classe 75.

Pour éviter tout double emploi nous passerons rapidement en revue les appareils rentrant dans cette catégorie.

MM. Mabille d'une part, M. Savary de l'autre, présentaient une grande variété de ces appareils consistant en fouloirs, fouloirs-égrappoirs et pressoirs.

En ce qui concerne ces derniers appareils, MM. Mabille ont substitué à quelques-uns de leurs appareils la maie en bois par une maie en tôle d'acier emboutie ayant le grand avantage de ne pas subir de détérioration et de rester parfaitement étanche malgré de grandes élévations de température.

MM. Texier, Marmonnier, Ollagnier, David, d'Orléans, avaient exposé leurs types ordinaires de pressoirs, ne présentant pas de modifications importantes aux dispositions connues précédemment.

C'est toujours le système à clavettes reversibles et à course variable qui prévaut maintenant, et par une simple modification du point d'attache des bielles de pression sur le levier principal on modifie facilement l'énergie de la pression.

Tous les pressoirs basés sur le principe de l'action d'un écrou descendant le long d'une vis fixe sur les pièces de pression, et par suite sur la matière maintenue dans la cage du pressoir, sont des appareils à production très limitée. La marche lente du plateau-presseur, l'exagération de la pression sur la portion de la matière située à la surface supérieure de la masse pressée pour atteindre les parties situées plus au centre de la masse, les temps d'arrêts nécessaires pour amener l'écoulement du liquide, le temps passé tant au chargement qu'au déchargement sont autant de causes qui ont conduit les inventeurs à chercher à remplacer cette action discontinue par une action continue.

Deux appareils de ce genre étaient exposés classe 49. Ces appareils, quoique rentrant tous deux dans cette catégorie de pressoirs continus, sont basés sur des principes tout différents.

Le premier, imaginé par M. Gayon, ancien élève de l'Institut agronomique, se compose d'une toile sans fin en fibres végétales qui reçoit d'une trémie les grappes de raisin à pressurer. Un cylindre principal garni de caoutchouc agit au-dessus de la toile sur laquelle agit en même temps et au-dessous un cylindre écraseur ou égrappeur.

Un cylindre entraîneur recouvert par la toile sans fin se trouve d'un côté du cylindre principal et de l'autre côté un cylindre pressureur oblige le jus à s'écouler et à se rendre dans une rigole située au-dessous.

La toile recouvrant ce cylindre-presseur est nettoyée constamment par une brosse rotative en chiendent et est débarrassée des rafles qui tombent sur un plan incliné spécial.

Cet appareil joue donc à la fois le rôle de fouloir, d'égrappoir et de pressoir.

Le second appareil exposé par MM. Simon et fils, de Cherbourg, est basé sur un principe tout différent.

La matière que l'on veut traiter est dirigée par une trémie dans un réservoir annulaire formé par deux cylindres excentrés l'un par rapport à l'autre et animés d'un mouvement de rotation dans le même sens.

Le cylindre du plus grand diamètre est à claire-voie et garni à son pourtour d'une tôle perforée de trous de 4/10 de millimètre; l'autre est à paroi pleine, mais légèrement striée suivant les génératrices du cylindre.

La matière à comprimer est entraînée dans l'espace annulaire compris entre ces deux cylindres, et, à mesure que l'entraînement continue, l'espace réservé diminue de manière que la masse soumise à une pression allant ainsi en augmentant abandonne les parties liquides qu'elle contient qui s'échappent à l'extérieur et qui sont recueillies, tandis que la matière sèche suit son chemin, arrive à sa plus grande compression, pour être ramenée à l'extérieur par un petit élévateur.

Une expérience faite avec des pommes de l'année, ayant passé dans un grand broyeur, faisant partie de la même exposition, a donné les résultats suivants :

40 kilogrammes de pommes broyées ont été passées dans l'appareil en 19 minutes et l'on a recueilli 30 litres de cidre, soit un rendement de 75 p. 100.

La pulpe enlevée était suffisamment sèche, et il aurait été difficile d'en extraire même une faible quantité de liquide supplémentaire.

Ces deux appareils très intéressants n'ont pas encore pu recueillir la sanction de la pratique; mais ils constituent certainement un progrès sérieux dans cette branche du matériel agricole.

Instruments et appareils de laiterie.

Ces appareils ont été l'objet d'une longue série d'essais dont M. Lezé a rendu compte dans le rapport ci-annexé.

Presque tous les exposants y ont pris part, et c'est ainsi que nous avons pu voir fonctionner :

Les écrémeuses de Laval et celles de Burmeister et Wain.

Les premières ont été présentées par M. Th. Pilter, les secondes, par les inventeurs ou par M. Hignette, pour des appareils de plus grandes dimensions construits en France.

M. Watt, représentant de la *London and Provincial Company,* a fait expérimenter une écrémeuse de son invention.

Enfin M. Chaussadent avait aussi présenté une écrémeuse mue à bras de son invention.

Les barattes danoises ont fonctionné dans l'installation de la laiterie suédoise dont l'exposant, M. de Laval, était représenté par M. Pilter, et aussi dans l'exposition de M. Hignette.

Une baratte, système Baquet, de forme tronconique et à axe incliné à 45 degrés, a fonctionné également dans l'installation de Laval-Pilter.

Enfin M. Chapellier a fait fonctionner sa baratte polygonale à régulateur de température.

MM. Simon et fils, qui avaient exposé des barattes normandes de très belle construction, n'ont pas concouru pour cette partie du programme. Ils n'ont présenté aux essais qu'un malaxeur de beurres qui doit être considéré plutôt comme un appareil mélangeur pour le commerce que comme un malaxeur de laiterie.

Dans la laiterie suédoise de Laval-Pilter et celle de la *London and Provincial Company* ont été expérimentés différents appareils servant soit au barattage, soit aux opérations annexes de la fabrication du beurre, et les résultats obtenus sont tous consignés avec grands détails dans le rapport spécial cité plus haut.

CONCOURS DE SEMOIRS

RAPPORT

PAR

M. GRANDVOINNET

PROFESSEUR À L'INSTITUT AGRONOMIQUE

CONCOURS DE SEMOIRS.

La plus complète préparation du sol peut être aujourd'hui obtenue rapidement et économiquement avec les bons modèles de *charrues*, de *scarificateurs*, de *herses* et de *rouleaux* que les mécaniciens français et étrangers offrent aux cultivateurs.

Les progrès de l'outillage de cultivation du sol sont faciles à constater dans les galeries de l'Exposition; mais ce progrès en appelle un autre. A quoi servirait en effet de dépenser une masse de travail pour préparer parfaitement la terre, si la semence y doit être irrégulièrement répandue et si l'enfouissement doit varier en profondeur?

De la préparation complète du sol dépend tout d'abord la réussite du semis; mais il faut en outre que l'ensemencement soit fait avec une régularité mathématique comme *répartition uniforme* en *surface* et comme enfouissement à une seule et même *profondeur* de toutes les graines. On peut, pour fixer les idées, prendre un cas particulier, et dire que le problème du semis parfait peut se poser ainsi pour le froment, dans une terre bien préparée :

Déposer un grain de blé tous les o m. 025 sur des lignes parallèles espacées de o m. 167 en les enfouissant tous exactement à o m. 050. Une opération d'une si grande précision, devant remplacer le semis traditionnel à la volée, peut-elle être faite à la main? Économiquement non, même par la main-d'œuvre la moins coûteuse. L'ensemencement en lignes, qui permet les binages et les sarclages indispensables pour toutes les plantes cultivées, est donc une opération exigeant forcément le secours du mécanicien.

Si, pour certaines plantes, la répartition des graines sur des lignes parallèles ne paraît pas indispensable, leur répartition uniforme en tous sens est en revanche absolument nécessaire. Il en est de même pour l'épandage de tous les engrais pulvérulents ou liquides. Le semis manuel à la volée des graines et des engrais pulvérulents peut-il satisfaire à cette condition de répartition absolument uniforme sur tout un champ? Personne n'oserait le soutenir. C'est à peine si l'on peut admettre qu'un homme, après une pratique de dix ou douze ans, arrive à répandre à la volée le blé à peu près bien dans la proportion traditionnellement admise pour chaque hectare, mais malheureusement les chiffres de notre problème ne sont pas invariables. La quantité d'une même graine à semer par hectare et, par suite, l'écartement des graines comme la profondeur d'enfouissement doivent varier, suivant l'époque du semis, la nature du sol, sa richesse. Bien plus, l'homme n'a pas toujours à épandre toujours la même graine : tantôt des fèves ou des pois; à une autre époque du froment, de l'orge ou de l'avoine; d'autres fois de la graine de luzerne, de raves, de pavots, etc. Il y a donc dans les graines à répandre et dans les quantités par hectare une telle variété depuis la féverolle jusqu'à la graine de pavot-œillette, depuis 15 jusqu'à 300 litres, qu'il n'est pas possible de dire qu'un homme pourra, même après une vingtaine d'années d'apprentissage, arriver à semer toutes les graines, dans toutes les circonstances avec une précision suffisante. Quelques vieux laboureurs arrivent à semer passablement les blés, mais ils sont forcés de répandre beaucoup plus de graines qu'il ne serait nécessaire si la répartition pouvait être parfaite. La *perte de graines* qui en résulte n'est que le moindre inconvénient d'un semis irrégulier et pourtant elle suffirait pour payer l'impôt du sol. Quant à l'enfouissement à la herse, il ne peut être parfait, car les graines plusieurs fois dérangées par les dents des herses sont ou trop enfoncées ou ramenées à la surface. Et si l'épandage a été à peu près régulier, les hersages peuvent détruire l'uniformité en quelques parties du champ, aux extrémités par exemple.

Du reste, pour démontrer la presque impossibilité de bien semer à bras, à la volée, il suffit de lire avec un peu d'attention le travail fait par C. Pichat pour l'instruction des semeurs. Nous nous bornerons à quelques extraits spécifiant ce qu'exige un bon semis. Pour arriver à opérer une répartition égale et uniforme de semence sur toutes les parties du champ... le semeur doit avoir acquis une certaine ADRESSE *de corps, une certaine* HABILETÉ *mécanique pour composer un jet de semence uniforme et aussi disséminée que possible,* .... «qu'il sache combiner un arrangement de ces jets de semence, tel que le champ soit également semé partout, qu'il n'y ait pas plus de semences dans une place que dans une autre..... Pour arriver à semer sur une étendue donnée une quantité donnée de graines, il faut établir un certain rapport entre la quantité de semence à répandre par hectare, le PAS, la poignée et la longueur du jet du semeur.» Ainsi, on demande à un semeur une certaine *adresse du corps* et une *rare habileté mécanique;* il doit en outre combiner un arrangement de ses jets avec un certain rapport entre le volume à semer par hectare, la grandeur de son pas, la capacité de sa poignée et la longueur de son jet. C'est réellement demander au semeur à très peu près l'impossible, car il ne faut pas oublier qu'il n'a pas toujours la même graine à semer, ni la même quantité par hectare, ce qui multiplie les exigences énoncées. Mais ces citations ne comptent que les exigences d'ensemble. Si on les détaille, c'est effrayant. Voyons : «Il y a nécessité que la semence soit le plus possible disséminée dans la projection; on arrive à remplir ce but par beaucoup d'exercice manuel, *mais pour qu'il soit efficace il doit être éclairé par quelques règles et des démonstrations matérielles...... Le semeur ne peut projeter la semence que tous les 2 pas; car il lui faut du temps pour la puiser; ....il importe pour la bonne répartition qu'il acquière une aussi grande habileté tant du bras gauche que du bras droit ......; le semeur doit donc alternativement semer une ligne de la main droite et une ligne de la main gauche; il doit effectuer son jet à mesure que le pied du côté qu'il sème s'avance et appuie sur le sol, pour porter le corps en avant.....habitude bien importante à acquérir....; bien accorder ses pas avec ses jets. La position de la main dans l'action de puiser de la semence n'est pas indifférente.....; les ongles doivent se tenir en l'air.....pour que la graine ne retombe pas..... Pour que celle-ci soit le mieux disséminée, il faut que la poignée soit allongée de manière que la semence ne s'échappe de la main que successivement, par les intervalles laissés entre les doigts. L'index ne doit jamais être fermé, mais au contraire étendu : il coupe ainsi et disperse mieux la poignée de semence dans la projection qui en est faite.*

« *Pour les graines fines, telles que le trèfle, la luzerne, etc., on les projette par pincées tantôt avec deux, tantôt avec trois et même quelquefois avec les quatre doigts, suivant la quantité de semence que l'on veut répandre par hectare. La semence doit décrire une parabole déterminée par le mouvement du bras qui doit frapper l'épaule opposée. Il ne faut lâcher la semence que lorsque la main se trouve en face du semeur; la graine se trouve ainsi lancée plus loin, éprouve un certain obstacle de la part des doigts, s'éparpille mieux et plus également..... Il importe que les jets de semence soient bien égaux.....que le bras ait toujours un égal développement dans son mouvement; les jets doivent être croisés.* »

Toutes ces conditions que le plus habile semeur a peine à satisfaire ne sont rien encore. Si nous pouvions présenter ici le détail des précautions à prendre pour la marche et l'ordonnancement des jets, que n'a pas même compris l'auteur qui voulait l'expliquer avec des figures, nous aurions de quoi remplir de nombreuses pages. Le semeur doit diviser son champ en bandes d'égales largeurs, dites *trains*, se porter tantôt à un demi-écartement, tantôt à deux, placer des jalons-repères, jeter à 6 mètres ou à 3 mètres, croiser les jets, avoir égard au vent, changer le sens du jet si le vent change. Quelque sommaire que soit l'examen que nous venons de faire des conditions exigées du semeur, il est évident que s'il est un travail agricole à confier à une machine, c'est bien le *dosage*, l'*épandage* et l'*enfouissement* des semences. Aussi, dès que la construction mécanique prend place dans l'industrie, c'est-à-dire à la première moitié du XVIIIe siècle, lorsque la machine à vapeur apparaît, les inventeurs font des semoirs mécaniques. Le nouveau système de culture proposé par Tull exigeait le semis en lignes. C'est à cet agronome que revient l'honneur d'avoir porté l'attention des cultivateurs sur les avantages des semoirs mécaniques. Qu'il y ait eu en Chine ou dans l'Inde, dans les temps anciens, quelque chose d'analogue au semoir mécanique, cela se peut. Que dans les XIVe, XVe et XVIe siècles quelque cultivateur ait fixé à sa charrue un distributeur de graines, c'est certain, et cette addition a depuis été proposée et réalisée nombre de fois; mais le *semoir mécanique*, au sens actuel de ce mot, date de Tull. Toutefois, vers 1647, l'essai d'un semoir mécanique porté par la charrue et inventé par Lucatello fut fait en présence du roi d'Espagne avec un succès qui dépassa toute espérance. Sur la portion du champ semé à la volée par un paysan, on récolta 5,125 mesures de grains, tandis que sur une même surface semée en lignes, le produit fut de 8,175 mesures ou presque 60 p. 100 de plus. Le semoir J. Lucatello avait un distributeur à cuillers prenant chacune un seul grain et le jetant par un étroit entonnoir dans le sillon ouvert par la charrue du pays (un pur araire romain), dite *de Castille*. Les oreilles de cet araire, de simples chevilles obliques, recouvraient les semences, ainsi régulièrement répandues et enfoncées à la même profondeur, à 5 ou 6 pouces, en terres fortes, et 7 à 8, dans les terres légères. Pour de telles profondeurs, le semis doit être avancé de huit jours; malgré cette précaution, ces profondeurs sont notablement trop grandes pour notre climat français. Le semoir Lucatello présente toutes les pièces essentielles des semoirs à cuillers modernes, c'est-à-dire : 1° un distributeur à cuillers fournissant la graine, en volumes égaux pour des parcours égaux; 2° une boîte alimentaire; 3° une boîte où puisent les cuillers; 4° un entonnoir ou tube conducteur de la semence; 5° un rayonneur ouvrant le sillon; 6° des chevilles racleuses recouvrant le grain. On peut donc reporter l'invention d'un semoir pratique, d'une disposition rationnelle, à 1647, et en accorder le mérite à l'Espagnol Joseph Lucatello. Cependant, en 1889, la proportion des cultivateurs employant généralement le semoir n'est pas en France aussi forte qu'elle le devrait être. Comment se fait-il qu'une amélioration si importante, applicable aussi bien à la petite qu'à la grande culture n'ait pas fait plus de progrès depuis plus de deux cent quarante ans? Cela tient à des causes très diverses, mais il faut rendre justice aux savants, aux agronomes et aux écrivains. Ils ont, dès les premiers jours, fait les plus grands efforts pour faire adopter la nouvelle méthode de culture, les semis en lignes en terre bien préparée, et suivis de nombreux binages et sarclages. Sans parler de ce qui se fit en Angleterre, à la fin du dernier siècle, voici notre savant *Duhamel du Monceau* qui, dès 1750, écrit six volumes sur la nouvelle méthode de culture. Il y décrit les procédés et les nouveaux appareils qu'ils exigent : charrues, bineurs et semoirs. Il invente lui-même un semoir propre à semer trois lignes de blé. Le distributeur était à *soupapes* à ressort qui ne s'ouvraient que par la pression des fuseaux de pignons à lanternes. Dès 1752, M. Lublin de Chateauvieux imagine un cultivateur, puis un semoir dont le distributeur est un cylindre à alvéoles d'une capacité et d'une forme d'accord avec la graine et la quantité à semer. Ce semoir n'est pas inférieur à nombre de nos modernes instruments. M. de Montesui améliore le semoir Duhamel de 1755 à 1761. Le nombre des inventeurs de semoirs se multiplie et les divers systèmes de distributeurs font leur apparition. Le mouvement en faveur du progrès agricole et surtout de l'outillage prend à cette époque, dans les hautes classes de la société et chez les agronomes, une intensité remarquable.

Qu'est-il résulté de tous ces efforts d'un grand nombre d'hommes intelligents? Très peu de choses. Il faut arriver jusqu'à 1831 pour revoir un mouvement en avant de l'outillage d'ensemencement en France. La culture en lignes des racines avait fait surgir quelques semoirs mécaniques, lorsque M. Hugues prit en main la généralisation de cette méthode de semis permettant le sarclage de toutes les plantes cultivées. Il imagina un appareil dit *sarclo-semoir*. Le distributeur était, comme celui du semoir de Lublin de Chateauvieux, un cylindre à alvéoles facilement réglable suivant les espèces de graines et les quantités à répandre. Dans ses mémoires au Gouvernement, l'inventeur Hugues avance que le moindre des résultats de l'adoption de la culture en lignes serait tout d'abord une économie de semences plus que suffisante pour acquitter les cultivateurs, et au delà, de tous les impôts qu'ils payent à l'État. Il résume ensuite les avantages de l'emploi de son semoir par ces trois lignes :

« D'abord une économie de moitié sur la semence.

« Ensuite une économie notoire sur les frais de culture.

« Et enfin des récoltes plus abondantes, un cinquième, terme moyen. »

Une société en commandite, autorisée par le Gouvernement, fut organisée pour la propagation et la vente du semoir Hugues. Elle eut pour fondateurs-actionnaires des notabilités du temps, et il semble qu'elle eut un certain succès dans les premières années de son fonctionnement. Mais bientôt tout le bruit fait de 1831 à 1837 s'apaisa insensiblement, et les cultivateurs revinrent à leur mode traditionnel d'ensemencement. Dans l'intervalle de 1837 à 1855 quelques restes des anciens essais subsistèrent et la culture en lignes prit de plus en plus d'extension; de sorte que les semoirs en lignes se répandirent quelque peu dans le Nord de la France. Mais ce n'est guère qu'en 1856 qu'un nouveau mouvement se prononce en faveur de la généralisation des semis en lignes. On pouvait disposer, à cette époque, des semoirs français dits de « Jacquet-Robillard » et de ses imitateurs, à rayonneurs fixes ou solidaires du bâti, ou, de préférence, du semoir dit « de Norfolk », à cuillers et rayonneurs indépendants, que construisaient plusieurs mécaniciens en Angleterre, depuis le commencement du XIXe siècle, et plus spécialement MM. James Smyth et fils, de Peasenhall. Ce fut M. Piednue qui se fit, en Normandie, avec passion, le propagateur de l'excellent semoir Smyth. Depuis cette époque, les bons semoirs anglais se sont assez répandus en France pour que nombre de constructeurs les fabriquent aujourd'hui avec des perfectionnements divers. Mais, tout en constatant ce succès relatif, il est essentiel de remarquer qu'un appareil capable de produire d'énormes avantages aux cultivateurs, bien qu'inventé de toutes pièces, dès 1647, ne se trouve, en 1889, en France, que dans un assez petit nombre d'exploitations. Cependant il n'en est pas du semoir mécanique comme des moissonneuses qui ne semblent faites que pour de très grandes fermes. Un constructeur au courant des conditions du semis en lignes peut faire des semoirs pour les plus petites exploitations, pour le jardinier même.

En Angleterre, la culture des racines fourragères, plus répandue qu'en France, dès le XVIIIe siècle, a familiarisé au plus tôt les cultivateurs avec les semoirs en lignes, qui y ont toujours été plus nombreux que chez nous. Au point de vue de la construction, nous pouvons aujourd'hui marcher de pair avec l'Angleterre et toute autre nation; mais malheureusement la généralisation de la culture en lignes n'est admise en France que par un nombre trop restreint de cultivateurs.

L'utilité du concours des semoirs divers annexé à l'Exposition internationale de 1889 est donc parfaitement justifiée. Il était bon d'établir par de nouvelles expériences qu'en continuant à semer à la main comme dans l'antiquité on gaspille la semence, on restreint son rendement en laissant aux récoltes toutes les chances de verse, de gelée, de sécheresse, etc., qui font le désespoir des cultivateurs.

L'économie de semence est réelle et d'autant plus grande que la préparation du sol avant l'ensemencement est plus complète et le semoir mécanique plus près de la perfection. Le raisonnement et l'expérience prouvent la réalité de cette économie. Lorsqu'un champ est ensemencé à la volée, à la main, et que la semence est enfouie par un labour ou par un hersage, il est facile de remarquer, par la suite, que, quelque bonne que soit la semence employée, la levée de ces graines et le développement des plantes se font très diversement d'une place à l'autre, même lorsque tout le champ a reçu la même fumure et les mêmes façons. Tandis qu'en certaines places les plantes, après quelques semaines, ont des racines qui se développent en tous sens, tout à côté on ne voit que des plantes chétives, à peine levées. Ici les plantes sont très espacées, fortes et rigides, là elles sont serrées, effilées et peu développées. Plus tard, avant la récolte, on voit, par places, de hautes et fortes tiges portant de forts et longs épis bien pleins de grains gros et ronds à côté de tiges courtes terminées par de courts épis n'ayant que des grains petits et ridés. En telles places, les épis sont absolument mûrs, tandis qu'en d'autres, les tiges sont encore vertes et le grain à l'état laiteux. Pourquoi ces inégalités qui produisent les effets les plus fâcheux sur la quantité et la qualité du grain et de la paille récoltés?

Ces inégalités proviennent de deux causes : l'inégale répartition des semences et la diversité des profondeurs d'enfouissement. Partout où les semences sont trop serrées, les tiges sont frêles et les plantes entières restent faibles jusqu'à leur maturation rapide, parce que chaque plant n'a pas une nourriture suffisante dans le sol et manque de place et d'air. Dans les places où les semences sont très écartées, chaque plante lève et végète vigoureusement; sa tige est forte et rigide, et si elle mûrit tard c'est qu'elle trouve assez d'aliments pour développer sa partie herbacée plus longtemps. Dans les places où la graine a été peu enfouie, elle lève trop tôt et peut souffrir des intempéries. Si elle a été trop enfouie en certaines places, la levée est très tardive ou ne peut même se faire.

Les diverses combinaisons de ces deux irrégularités de répartition et d'enfouissement donnent aux plantes les apparences les plus diverses. Les inégalités de l'ensemencement se traduisent :

1° Par une masse de graines perdues parce qu'elles restent à la surface ou sont trop enfouies;

2° Par une inégalité de végétation et par suite de maturation;

3° Par une inégalité de résistance des tiges aux vents qui tendent à les verser.

Quand toutes les tiges sont également fortes, aucune ne cède ou toutes s'inclinent sous le même effort en le partageant. Dans le cas contraire, les plus frêles cèdent et entraînent ensuite les plus fortes. Nous ajouterons sans crainte que toutes les récoltes, racines, céréales, légumineuses à graines farineuses, fourrages légumineux et autres plantes sont avec avantage semées en lignes.

Le semoir en lignes, ou en poquets, est donc, dans la culture moderne, un instrument indispensable. En avançant que l'adoption de la culture en lignes du froment seulement accroîtrait notre production de 3 hectolitres de grains par hectare ou d'un cinquième au moins, nous sommes au-dessous de la vérité.

Pour avoir tous les avantages de la culture en lignes, il faut que le semoir satisfasse d'abord à deux conditions essentielles :

1° Répartir uniformément la graine sur chaque mètre parcouru et sur toute l'étendue du champ ensemencé en faisant varier, à volonté, la densité du semis ou le nombre des grains par mètre carré. C'est le rôle de la partie travaillante du semoir habituellement nommée *le distributeur;*

2° La seconde condition indispensable, c'est d'enfouir la graine partout à la même profondeur, avec la possibilité de faire varier à volonté cette entrure suivant les circonstances diverses qui peuvent se présenter, pour la saison, le sol, les semences, etc. Cette partie travaillante est *le rayonneur, contre-rayonneur, pied-rayonneur, soc-rayonneur,* etc. Il y en a autant que de lignes à ensemencer d'un coup, et ils doivent être indépendants l'un de l'autre.

Les diverses autres parties d'un semoir, travaillantes ou dirigeantes, sont :

3° Le conducteur de la semence depuis le distributeur jusqu'au fond des sillons ouverts par le rayonneur ou jusqu'à l'épandeur, si le semoir mécanique sème à la volée ; 4° le recouvreur, chargé de ramener la terre sur les graines enfouies dans les sillons. Cet appareil ne se trouve que dans quelques semoirs. En sols bien préparés avant l'époque du semis, bien friables, la terre retombe naturellement sur les graines, après le passage des rayonneurs; sinon, on passe, après le semoir, une herse très légère sur le champ ensemencé : elle ne dérange aucune graine. Lorsque le semoir comporte des recouvreurs, ce sont des fourches racleuses traînant des rouleaux ou même des traîneaux à poids variables, etc. Les parties dirigeantes sont, suivant l'importance des semoirs, des mancherons, des leviers de gouverne mus de l'arrière, des avant-trains-gouvernails, parfois des mécanismes de règlement pouvant porter d'un coup les rayonneurs plus ou moins à droite ou à gauche pour assurer le parallélisme et l'équidistance des lignes de deux trains contigus. Les pièces de conduite sont des limons, des flèches, des roues porteuses d'arrière et même d'avant.

Le jury ne s'est pas borné à faire ensemencer, dans des conditions données et égales pour les divers concurrents, une notable étendue de terrain, avec diverses graines ; il a, de plus, examiné soigneusement les dispositions permettant de varier : 1° la quantité à semer, 2° les écartements, 3° le degré d'enfouissement, etc.

Les tableaux suivants donnent les résultats des essais :

Le jury avait classé les semoirs à soumettre aux épreuves en quatre catégories :

1° Semoirs à toutes graines en lignes de huit rangs et au-dessus pour la grande culture;

2° Semoirs à toutes graines de 7 rangs au plus pour la moyenne et petite culture;

3° Semoirs à betteraves;

— Semoirs à poquets;

4° Distributeurs d'engrais.

Les semoirs à toutes graines devaient successivement semer :

1° Du blé, à raison de 150 litres par hectare, en lignes distantes de 0 m. 15 environ;

2° De l'orge, en lignes espacées de 0 m. 20, à raison de 150 litres par hectare;

3° Du maïs, à raison de 50 kilogrammes seulement (soit 67 lit. 567) à l'hectare, en lignes distantes de 0 m. 30;

4° Des graines de prairies artificielles à l'écartement de 0 m. 18 et à raison de 10 kilogrammes à l'hectare.

Les jurés assistaient aux épreuves et constataient les particularités de la marche du travail avec l'aide de commissaires spéciaux. Dans la première épreuve, les semoirs devaient ensemencer en lignes une surface donnée, ou plutôt faire un certain nombre d'allers et retours complets.

La deuxième épreuve, dite *des petits sacs*, avait pour but de constater la régularité de distribution de la graine sur toute la largeur du semoir. La troisième épreuve devait constater, par l'examen des plantes levées, la régularité du semis, comme rectitude des lignes d'un même passage, comme accord de la reprise entre passages successifs, l'uniformité d'enfouissement ou l'égalité de développement des plantes sur les diverses lignes, les interruptions de distribution prouvées par le manque de plants sur les lignes. En outre, comme nous l'avons déjà dit, le jury tenait compte des particularités de la construction en ce qui concerne la facilité de régler la quantité de graines distribuées, de changer les écartements, etc. L'ensemble des diverses notes sur les épreuves et les examens a seul décidé l'octroi des récompenses.

Tableau A

SEMOIRS DE GRANDE CULTURE.

Première épreuve. — Quantités réellement distribuées.

(Le jury demandait 150 litres pour le blé et l'orge et 67 lit. 567 pour le maïs ou en poids respectivement 117,96 et 50 kilogrammes.)

ESPÈCE de SEMENCES.	NOMS DES EXPOSANTS.	NOMBRE		QUANTITÉS DE SEMENCES réellement répandues par hectare		DIFFÉRENCES ENTRE LES POIDS DEMANDÉS et les poids distribués.				SURFACE ENSEMENCÉE		LARGEUR SEMÉE		POIDS DES GRAINES		CLASSEMENT.
		de SOCS ou contres.	de LIGNES semées.	en litres.	en kilogrammes.	absolues		relatives ou p. o/o		en totalité en mètres.	par chacun des contres.	en TOTAL.	par rayon.	restant en caisse.	semées.	
						en trop.	en moins.	en trop.	en moins.							
Froment..	Smyth (Angleterre)...	10	40	190.5	148.580	31.580	″	26.992	″	908.6	90.86	6.53	0.16325	11.5	13.5	4ᵉ
	Liot (France).......	14	56	220.2	171.746	54.746	″	46.791	″	1.135.4	81.10	8.10	0.14464	5.5	19.5	5ᵉ
	Hurtu (France).....	12	48	170.2	132.784	15.784	″	13.491	″	1.092.0	91.00	7.82	0.16292	10.5	14.5	3ᵉ
	Robillard (France)...	10	40	142.6	111.232	″	5.968	″	4.930	917.0	91.70	6.58	0.16450	14.8	10.2	2ᵉ
	Japy (France).......	8	32	156.8	122.333	5.332	″	4.558	″	735.7	91.96	5.22	0.16312	16.0	9.0	1ᵉʳ
Orge.....	Smyth............	7	28	162.81	104.198	8.198	″	8.540	″	868.8	123.40	6.14	0.21930	16.0	9.00	2ᵉ
	Liot..............	10	40	205.41	131.464	35.464	″	36.941	″	1.141.4	114.10	8.15	0.20375	10.0	15.00	5ᵉ
	Hurtu.............	10	32	128.61	82.312	″	13.688	″	14.258	1.192.0	109.30	7.81	0.19525	16.0	9.00	3ᵉ
	Robillard..........	8	28	140.65	90.020	″	5.980	″	6.230	922.0	115.25	7.30	0.22816	15.8	9.20	1ᵉʳ
	Japy..............	7	″	122.95	78.692	″	17.308	″	18.030	826.0	118.00	5.60	0.20000	18.5	6.50	4ᵉ
Maïs	Smyth............	5	10	111.681	82.645	32.645	″	66.290	″	423.5	84.70	2.96	0.29600	21.5	3.5	2ᵉ
	Liot..............	7	14	172.566	127.700	77.700	″	155.400	″	587.3	83.90	4.20	0.30000	17.5	7.5	5ᵉ
	Hurtu.............	6	12	98.999	73.260	23.260	″	46.520	″	546.0	91.00	3.88	0.32300	21.0	4.0	1ᵉʳ
	Robillard..........	5	10	118.130	87.417	37.417	″	74.834	″	434.7	86.94	3.30	0.33000	21.2	3.8	3ᵉ
	Japy..............	4	8	127.006	93.985	43.985	″	87.970	″	372.4	93.10	2.43	0.30375	21.5	3.5	4ᵉ
Petites graines de prairie artificielle.	Smyth............	8	16	″	6.360	″	3.640	″	36.40	267.30	33.412	2.970	0.186	4.830	0.170	4ᵉ
	Liot..............	12	24	″	9.145	″	6.855	″	8.55	366.30	30.525	4.070	0.170	4.665	0.335	1ᵉʳ
	Hurtu.............	10	20	″	7.145	″	2.855	″	28.55	356.85	35.685	3.965	0.198	4.765	0.255	2ᵉ
	Robillard..........	8	16	″	13.400	3.40	″	34.00	″	299.25	37.406	3.325	0.208	4.599	0.401	3ᵉ
	Japy..............	8	16	″	17.226	7.226	″	72.26	″	286.20	35.775	3.180	0.199	4.507	0.493	5ᵉ

Cette première épreuve avait surtout pour but de mettre en terre la semence pour constater les particularités de cette opération et permettre l'examen des résultats de cet ensemencement.

Le règlement du distributeur dépend surtout de l'homme qui en est chargé; la plupart des semoirs ayant assez de moyens de varier la quantité de graines à semer par hectare pour que l'on puisse toujours approcher de la quantité demandée.

Si pour le blé, certains semoirs ont répandu en trop jusqu'à 46 p. 100 de la quantité demandée par le jury, cela ne dépend pas des semoirs, qui sont certainement bons, mais des conducteurs qui ont pu faire une erreur d'engrenage. Deux concurrents seulement ont répandu la quantité voulue, à 4.5 ou 4.9 p. 100 près.

Pour l'orge, le plus grand écart est de près de 37 p. 100 et pour le même semoir donnant le maximum de blé. Un seul concurrent a mis la quantité voulue à 6 p. 100 près. La quantité de maïs répandue par les cinq concurrents a été de beaucoup supérieure à la quantité demandée. Le concurrent qui s'est le moins éloigné du chiffre voulu a mis 46.5 p. 100 de trop; l'un des concurrents a fourni 155 p. 100 en trop. Le même semoir pour les trois espèces de graines a présenté les plus grands écarts. Il est hors de doute que le cultivateur doit lui-même faire, pour le semoir qu'il emploie, des essais propres à lui permettre d'établir un tableau de règlement précis. — Le constructeur doit, il est vrai, disposer les transmissions et les cuillers du distributeur de son semoir de façon à permettre un *très grand nombre* de changements de quantités. — Nombre de semoirs à toutes graines pèchent en ce point, sous le prétexte de simplification.

Bien que le classement, au point de vue de la quantité semée par rapport à celle demandée, n'ait qu'une importance très secondaire, il résulte du tableau précédent que l'on peut ranger ainsi les semoirs, *par ordre de mérite:* Robillard, Hurtu, Smyth, Japy et Liot.

Les résultats de la deuxième épreuve sont consignés dans le tableau B.

Cette épreuve a une certaine importance et par suite le classement des semoirs à ce point de vue doit être pris en grande considération.

TABLEAU B.

GRANDS SEMOIRS, SEMIS DE FROMENT, ORGE ET MAÏS.

Deuxième épreuve dite *des petits sacs*.

ESPÈCES DE SEMENCE.	NOMS des EXPOSANTS.	POIDS DES SACS RECEVANT LE GRAIN DES TUBES. 1	2	3	4	5	6	7	8	9	10	11	12	13	14	POIDS DES SACS pleins. TOTAL.	Moyenne.	TARE DES SACS. Ensemencés.	Moyenne.	POIDS DE SEMENCES. TOTAL.	Moyenne.	MAXIMA REÇUS. Bruts.	Nets.	MINIMA REÇUS. Bruts.	Nets.	DIFFÉRENCE PAR RAPPORT à la moyenne. En plus.		En moins.		SOMME des diffé-rences.	ORDRE DE RÉGULARITÉ.	SURFACE ENSEMENCÉE.	GRAIN SEMÉ.	PAR HECTARE.
Blé.	Smyth..	540	528	557	527	529	524	530	498	528	522	»	»	»	»	5k283	528.30	414	41.40	4k869	486.90	557	515.60	498	458.60	28.70	5.89	30.3	6.22	12.11	3e	463	105	135
	Liot....	689	690	727	657	675	690	699	668	615	637	672	634	671	594	9,318	665.57	570	40.71	8.748	624.86	727	686.29	594	553.29	61,43	9.83	71.75	11,45	21.28	4e	639	137	176
	Hurtu...	598	615	605	606	620	610	614	634	594	614	604	593	»	»	7,307	608.90	485	40.42	6.822	568.50	634	593.58	593	552.58	28.08	4.40	15.92	2.80	7.20	1er	537	127	163
	Robillard	620	600	592	534	602	600	490	610	550	568	»	»	»	»	5,766	576.60	405	40.50	5.361	536.00	670	629.50	490	449.50	93.40	17.40	86.60	16.10	33.50	5e	479	112	143
	Japy....	625	639	619	582	585	590	618	»	»	»	»	»	»	»	4.258	608.30	285	40.70	3.973	567.60	639	598.35	582	541.30	30.70	5.40	26.30	4.60	10.00	2e	540	98	120
Orge.	Smyth..	820	875	875	860	845	810	795	»	»	»	»	»	»	»	5,880	840.0	281	40.14	5.599	799.85	875	834.86	795	754.86	35.00	43.75	45.00	5.625	10.00	3e	223	250	330
	Liot....	830	865	874	872	870	870	852	»	»	»	»	»	»	»	6,033	861.9	278	39.70	5.575	822.10	874	834.30	830	790.30	12.10	1.47	31.90	3.880	5.35	1er	»	213	280
	Hurtu...	600	615	628	598	588	595	577	»	»	»	»	»	»	»	4,193	599.0	280	40.00	5.391	559.00	620	580.00	577	537.00	21.00	3.75	22.00	3.930	7.68	2e	»	175	230
	Robillard	728	738	725	780	820	810	792	»	»	»	»	»	»	»	5,443	777.6	280	»	5.173	737.60	820	780.00	728	688.00	42.40	5.78	49.60	6.700	12.48	5e	»	231	331
	Japy....	480	480	485	472	450	460	499	»	»	»	»	»	»	»	3,326	475.4	280	»	3.046	435.14	499	459.00	450	410.00	23.86		25.14	5.777	11.277	4e	»	137	180
Maïs.	Smyth..	570	568	580	577	580	»	»	»	»	»	»	»	»	»	2,875	575	204	40.8	2.671	534.20	580	539.2	568	527.20	5.00	0.936	7.0	1.31	2.246	1er	»	»	»
	Liot....	934	914	942	»	835	934	»	»	»	»	»	»	»	»	4,549	909.8	239	39,8	4.340	870.00	934	894.2	835	795.20	24.20	2.781	74.8	8.60	11,381	5e	»	»	»
	Hurtu...	573	603	592	603	580	550	»	»	»	»	»	»	»	»	3.501	583.5	235	39.16	3.066	544.33	603	563.84	550	510.86	19.51	3.58	33.49	6.15	9.73	3e	»	»	»
	Robillard	860	840	870	813	833	»	»	»	»	»	»	»	»	»	4,216	843.2	201	40.2	4.015	803.00	870	829.8	813	772.80	26.80	3.33	30.2	3.76	7.09	2e	»	»	»
	Japy....	553	559	578	525	»	»	»	»	»	»	»	»	»	»	2,215	553.75	160	40.0	2.055	513.75	578	538	525	485.00	24.25	4.70	28.75	5,60	10.3	4e	»	»	»

IMPRIMERIE NATIONALE.

Tableau C.

SEMOIRS DE PETITE CULTURE.

Premières épreuves. — Ensemencement.

ESPÈCES de GRAINES.	NOMS DES EXPOSANTS.	NOMBRE de coutres ray.	NOMBRE de lignes sem.	QUANTITÉS DE SEMENCES réellement répandues en litres.	QUANTITÉS DE SEMENCES réellement répandues en kilogr.	DIFFÉRENCES ENTRE LES POIDS DISTRIBUÉS et les poids demandés. Absolues. en trop.	Absolues. en moins	Relatives. en trop.	Relatives. en moins	SURFACE ENSEMENCÉE en tot. mètres.	SURFACE ENSEMENCÉE par coutre	LARGEUR SEMÉE totale	LARGEUR SEMÉE par coutre	POIDS DES GRAINES. restant en caisse	POIDS DES GRAINES. semée	CLASSEMENT.	LONGUEUR DES RAIES.	OBSERVATIONS.
Blé	Perret	4	8	101,650	78,270	"	37,230	"	32,234	772.80	193.20	2.40	0.300	"	6k050	5e	322	
	Pellot-Schung	7	14	44,450	34,226	"	81,274	"	70,367	672.00	96.00	2.10	0.150	"	2.300	8e	320	
	Magnier	7	14	38,652	29,762	"	85,738	"	74,232	672.00	96.00	2.10	0.150	"	2.000	9e	320	
	Japy	6	12	71,868	55,338	"	60,162	"	52,088	614.40	102.40	1.92	0.160	"	3.400	7e	320	
	Hurtu	6	12	106,682	82,145	"	33,355	"	28,879	572.16	95.36	1.92	0.160	"	4.700	4e	298	
	Robillard	7	14	170,309	131,138	15,638	"	13,539	"	716.80	102.40	2.24	0.160	"	9.400	1er	320	
	Maréchal	7	14	80,625	62,081	"	53,419	"	46,250	716.80	102.40	2.24	0.160	"	4.450	6e	320	
	Prat	4	8	107,549	82,813	"	32,687	"	28,300	640.00	160.00	2.00	0.250	"	5.300	3e	320	
	Lhermite	2	2	"	"	"	"	"	"	"	"	"	"	"	1.200	"	"	
	Smyth	6	12	128,940	99,284	"	16,216	"	14,039	614.40	102.40	1.92	0.160	"	6.100	2e	320	
Orge	Perret	4	8	101,595	65,021	"	30,979	"	32,270	753.60	188.40	2.40	0.300	"	4.900	3e	314	
	Pellot-Schung	7	14	50,802	39,180	"	56,820	"	59,187	663.60	194.80	2.10	0.150	"	2.600	6e	316	
	Magnier	6	12	132,695	84,925	"	11,075	"	11,536	753.60	125.60	2.40	0.200	"	6.400	1er	314	
	Japy	5	10	64,603	41,346	"	54,654	"	56,931	624.00	124.80	2.00	0.200	"	2.580	5e	312	
	Hurtu	5	10	56,912	36,424	"	59,576	"	62,058	604.00	120.80	2.00	0.200	"	2.200	7e	302	
	Robillard	5	10	124,250	79,520	"	16,480	"	17,167	666.5	133.30	2.15	0.215	"	5.300	2e	310	
	Maréchal	9	10	86,741	55,514	"	40,486	"	42,173	666.5	133.30	2.15	0.215	"	3.700	4e	310	
	Prat	4	8	51,925	33,228	"	62,772	"	65,387	632.0	158.00	2.00	0.250	"	2.100	8e	316	
	Lhermite	2	2	"	"	"	"	"	"	"	"	0.30	0.150	"	1.400	"	316	
	Smyth	5	10	48,403	27,778	"	68,222	"	71,065	612.0	122.40	2.00	0.200	"	1.700	9e	306	
Maïs	Perret	4	8	80,169	59,326	9,326	"	18,652	"	724.8	"	2.40	0.300	"	4.300	2e	302	
	Pellot-Schung	4	8	144,566	106,908	56,908	"	113,816	"	729.60	"	2.40	0.300	"	7.800	8e	304	
	Magnier	5	10	202,239	164,458	114,458	"	228,916	"	906.00	"	3.00	0.300	"	14.900	9e	302	
	Japy	3	6	46,001	34,041	"	15,959	"	31,918	587.52	"	1.92	0.320	"	2.000	5e	306	
	Hurtu	3	6	52,641	38,966	"	11,034	"	22,068	597.96	"	1.98	0.330	"	2.330	3e	302	
	Robillard	4	8	108,476	80,273	30,273	"	60,546	"	797.28	"	2.64	0.330	"	6.400	6e	302	
	Maréchal	4	8	112,713	83,408	33,408	"	66,816	"	"	"	2.64	0.330	"	6.650	7e	302	
	Prat	4	8	87,749	64,935	14,935	"	29,870	"	616.00	"	2.00	0.250	"	4.000	4e	308	
	Lhermite	2	2	"	"	"	"	"	"	"	"	0.30	0.150	"	2.150	"	"	
	Smyth	3	6	55,759	41,262	"	8,738	"	17,476	605.88	"	1.98	0.330	"	2.500	1er	306	
Graines de prairies artificielles.	Perret	4	4	"	26,389	16,389	"	163,89	"	108	"	1.20	0.300	"	0.285	"	90	Assez bon travail.
	Pellot-Schung	7	7	"	19,577	9,577	"	95,77	"	94.5	"	1.05	0.150	"	0.185	"	90	Conducteur forcé d'appuyer sur les manches.
	Magnier	7	7	"	7,055	"	2,945	"	29.45	113.4	"	1.26	0.180	"	6.080	"	90	
	Japy	3	6	"	35,185	25,185	"	251,85	"	81.0	"	0.90	0.180	"	0.285	"	90	
	Hurtu	6	6	"	24,306	14,306	"	143,06	"	86.4	"	0.96	0.600	"	0.210	"	90	Coutres parfois hors terre, roues trop petites.
	Robillard	7	7	"	6,542	"	3,458	"	34 58	103.95	"	1.155	0.165	"	0.068	"	90	
	Maréchal	7	7	"	24,050	14,050	"	140,50	"	"	"	1.155	0.165	"	0.250	"	90	
	Prat	4	4	"	25,000	15,000	"	150,00	"	90.00	"	1.000	0.250	"	0.225	"	90	
	Lhermite	2	8	"	17,140	7,140	"	71,40	"	108.00	"	1.200	0.150	"	0.185	"	90	
	Smyth	6	6	"	5,787	"	4,213	"	42,13	86.40	"	0.960	0.160	"	0.050	"	90	

Pour la régularité de la distribution sur toute la largeur des semoirs, on peut les ranger ainsi :

1er, Hurtu; 2e, Smyth; 3e, Liot et Japy; 4e, Robillard. Les plus grands écarts ont été de 17.4 en plus et 16.1 en dessus et en dessous de la moyenne, et ce chiffre est si exceptionnel que l'on peut l'attribuer à un accident qui n'a pu être constaté. A part cette exception, les plus grands écarts pour les distributeurs à cuillers sont 9.83 au-dessus et 11.45 au-dessous de la moyenne.

L'examen des parcelles ensemencées de diverses graines par les cinq semoirs concurrents a fait reconnaître une réussite parfaite pour le blé, pour les cinq concurrents : les différences étaient à peine appréciables et pouvaient tenir à quelques inégalités dans la préparation du sol, labouré en planches. Un terrain labouré à plat eut mieux convenu à cette épreuve. La même observation peut être faite sur les parcelles d'orge. Les quelques petits espaces où manquent des plants se remarquent dans les parcelles ensemencées par un distributeur en vis d'Archimède. Ils sont, du reste, très peu importants.

Pour le maïs, 3 concurrents seulement ont un semis assez bien réussi. Les petites graines ont peu ou mal levé dans toutes les parcelles.

Enfin, on peut, pour la troisième épreuve, résultant des deux premières, ranger ainsi les semoirs :

1er, Hurtu; 2e, Smyth; 3e, Liot; 4e, Robillard; 5e, Japy; mais il faut reconnaître que les différences entre les deux premiers sont à peine sensibles; et que même les 2e et 3e ne diffèrent, dans les notes, que de 5 p. 100 au plus.

En tenant compte, en outre, des particularités de la construction des diverses parties, le jury conclut que, pour les semoirs de grande culture, il n'y a pas lieu d'accorder un objet d'art, les appareils concurrents ne présentant ni invention ni perfectionnement notable depuis 1878; il accorde les récompenses suivantes :

Médailles d'or....... { M. Smyth.
M. Hurtu.
M. Liot.

Médailles d'argent.... { M. Robillard.
M. Japy.

La grande culture peut, sans crainte, adopter ces semoirs.

Les résultats des essais des semoirs de petite ou moyenne culture sont résumés dans le tableau C.

D'après la précision avec laquelle les semoirs ont approché de la quantité demandée par hectare, les semoirs se rangent ainsi :

1er, Robillard; 2e, Perret, Smyth, Hurtu, Prat, Japy, Maréchal, Magnier et enfin Pellot-Schung. Ce classement d'une très faible importance donne lieu aux observations précédemment faites pour les grands semoirs.

Les résultats de la seconde épreuve sont résumés dans le tableau D et permettent de classer ainsi les semoirs :

1er, Smyth; 2e, Hurtu; 3e, Japy; 4e, Prat; 5e, Maréchal et Robillard; 6e, Perret, et 7e, Magnier.

Les résultats de la troisième épreuve (levée des plants et aspect des semis) sont très incertains pour le maïs, dont beaucoup de lignes présentent des manquants dont la cause est difficile à déterminer. A un moindre degré, la même observation peut être aite pour le semis de froment.

Les parcelles d'orge sont en général très bien levées sans manques et plants réguliers.

La somme de cette troisième épreuve avantage sensiblement les semoirs de MM. Robillard, Maréchal et Perret. Cependant, MM. Smyth et Hurtu ont de bons semis et ne sont que très peu différents des précédents. Le semis de M. Japy approche beaucoup de ces derniers. En tenant compte de ces diverses épreuves et des dispositions de détail et d'ensemble des semoirs, le jury propose les récompenses suivantes :

SEMOIRS À TOUTES GRAINES :

Médailles d'or...... M. Smyth, de Peasenhall (Angleterre).
M. Liot (France).
M. Hurtu, à Nangis (France).

Médaille d'argent : M. Maréchal.

Tableau D.

SEMOIRS DE MOYENNE ET PETITE CULTURE.

Deuxième épreuve dite *des petits sacs.*

(Longueur : 200 mètres.)

ESPÈCES de GRAINES.	NOMS des EXPOSANTS.	POIDS BRUTS des sacs recevant la graine des tubes.								POIDS des sacs pleins.		POIDS NET de la semence. (40 gr. par sac.)		DIFFÉRENCES entre les quantités à semer et les quantités semées.				ÉCARTS entre le débit moyen et les extrêmes.			PRÉCISION.	RÉGULARITÉ.	DÉBIT.	VITESSE.	DÉFINITIF.
														Absolues.		Relatives ou p. 0/0.									
		1	2	3	4	5	6	7	TOTAL.	Moyenne.	TOTAL.	Moyen.	Par hectare.	En trop.	En moins.	En trop.	En moins.	Maximum.	Minimum.	TOTAL.					
Blé à un minimum de 100 litres ou 77 kilogr. par hectare.	Smyth	287	285	285	300	289	302	"	1k748	291g333	1k506,586	251g098	78,468	1k468	"	1k906	"	3,661	2,174	5,835	1er	1er	1er	1er	1er
	Maréchal	202	195	188	195	191	200	232	1,403	200,430	1,121,351	160,193	50,060	"	26,940	"	34,987	15,751	6,202	21,953	4e	6e	2e	6e	4e
	Magnier	150	138	138	202	183	191	175	1,177	168,143	895,351	127,907	39,971	"	37,029	"	48,063	20,136	17,927	38,063	6e	7e	8e	8e	7e
	Hurtu	380	390	363	409	350	382	"	2,274	379,000	2,032,586	338,764	105,864	28,864	"	37,486	"	7,916	7,652	15,068	5e	4e	3e	4e	3e
	Robillard	450	462	443	405	489	440	433	3,122	446,000	2,840,351	405,000	126,801	49,801	"	64,677	"	9,641	9,193	18,834	8e	5e	6e	5e	5e
	Prat	280	305	270	315	"	"	"	1,170	292,500	1,009,058	252,264	78,832	1,832	"	2,379	"	7,692	7,692	15,384	2e	3e	4e	3e	2e
	Perret	330	310	325	420	"	"	"	1,385	346,250	1,224,058	306,014	95,629	18,629	"	24,193	"	21,300	10,469	31,769	3e	8e	7e	7e	6e
	Japy	443	390	437	410	435	"	"	2,115	423,000	1,913,822	382,614	119,614	42,614	"	55,343	"	4,728	7,801	12,529	7e	2e	5e	2e	3e
Blé à un maximum de 300 litres ou 231 kilogr. par hectare.	Smyth	812	800	790	812	780	812	"	4,806	801,000	4,564,586	760,764	237,738	6,738	"	2,917	"	1,373	2,621	3,994	1er	1er	1er	1er	1er
	Maréchal	580	593	690	690	661	638	562	4,414	630,571	4,132,351	590,336	184,480	"	46,520	"	20,138	9,424	10,874	20,298	4e	5e	6e	6e	4e
	Magnier	800	940	935	1,150	1,225	1,025	1,185	7,260	1,037,143	6,978,351	996,907	377,533	80,533	"	34,863	"	18,113	22,865	40,978	6e	8e	7e	8e	6e
	Hurtu	680	635	705	630	660	660	"	3,970	661,667	3,728,586	621,431	194,107	"	36,803	"	15,932	6,548	4,786	11,334	2e	2e	2e	2e	2e
	Robillard	615	648	650	670	702	710	590	4,585	665,000	4,303,351	614,764	192,114	"	38,886	"	16,834	8,397	9,924	18,321	3e	4e	5e	5e	3e
	Prat	615	400	605	568	"	"	"	2,188	547,000	2,027,058	506,764	158,364	"	72,636	"	31,444	12,468	26,874	39,342	5e	7e	8e	7e	5e
	Perret	1,500	1,682	1,438	1,502	"	"	"	6,122	1,530,500	5,961,058	1,490,264	465,707	234,707	"	101,605	"	9,898	6,043	15,941	8e	6e	3e	4e	4e
	Japy	485	475	500	450	525	"	"	2,435	487,000	2,274,058	434,811	142,128	"	88,872	"	38,473	7,803	7,597	15,400	7e	3e	4e	3e	3e

TABLEAU E.

SEMOIRS À POQUETS OU PLANTEURS.

(La quantité indiquée était de 70 litres à l'hectare, soit 55 kilogr. pour le froment, 100 kilogr. pour les fèves et 70 au plus ou 125 litres pour les pois.)

ESPÈCES DE GRAINES.	NOMS DES EXPOSANTS.	NOMBRE DE COUTRES.	NOMBRE DE GRAINS par poquet.	POIDS SEMÉ réellement.	DIFFÉRENCES ENTRE LE POIDS SEMÉ ET LE POIDS DEMANDÉ. Surface ensemencée (2 tours.)	Poids semé par hectare.	Absolues. En trop.	Absolues. En moins.	Relatives ou p. o/o. En trop.	Relatives ou p. o/o. En moins.	CLASSEMENT.	OBSERVATIONS.
					m.							
Froment..	Smyth..................	4	16 à 18	1k700	432	39k352	//	15,648	//	28,450	2e	Poquets bien ramassés à 0 m. 27, 1/5 de grain cassé, 88 au mètre carré de 17 grains.
	Brichard..................	1	8 à 17	0,460	60	76,667	21,667	//	39,394	//	3e	Poquets mal ramassés à 0 m. 20, 1/20 de grain cassé.
	Robillard................	3	6 à 12	1,050	216	48,611	6,389	6,389	//	11,616	1er	Poquets bien ramassés, à 0 m. 20, pas de cassage, 16 2/3 au mètre carré de 9 grains.
Féveroles.	Smyth..................	4	//	2,500	432	57,870	//	42,130	//	42,130	1er	L'épreuve un peu incomplète permettrait de classer ainsi les 3 semoirs : 1er Robillard, 2e Smyth, 3e Brichard.
	Brichard................	1	//	1,300	60	216,667	116,667	//	116,667	//	2e	
	Robillard................	3	//	4,700	216	117,592	117,592	//	117,592	//	3e	
Pois ou vesces.	Smyth..................	4	//	1,400	432	32,407	//	37,593	//	53,704	3e	
	Brichard................	1	//	0,330	60	55,000	//	15,000	//	21,429	2e	
	Robillard................	3	//	1,350	216	62,500	//	7,500	//	10,714	1er	

TABLEAU F.

SEMOIRS À BETTERAVES.

(Les lignes doivent être à 0 m. 30 avec 25 kilogr. de grains à l'hectare. Longueur de lignes : 120 mètres. Poids de graines fourni 5 kil. 800.)

NOMS DES EXPOSANTS.	NOMBRE DE COUTRES.	ÉCARTEMENT.	LARGEUR PAR TRAIN.	ENSEMENCÉ EN TOTALITÉ.	SURFACE ENSEMENCÉE en totalité.	SURFACE ENSEMENCÉE par coutre.	POIDS DE GRAINS SEMÉ par hectare. En tout.	POIDS DE GRAINS SEMÉ par hectare. Par hectare.	DIFFÉRENCES ENTRE LA QUANTITÉ SEMÉE ET CELLE INDIQUÉE. Absolues en trop.	Absolues en moins	Relatives en trop.	Relatives en moins.	CLASSEMENT.	OBSERVATIONS.
Maréchal	4	0m33	1m32	3m96	475.2	118.8	0k850	17,887	//	7k113	//	28,452	3e	Distributeur à palettes et agitatrices.
Pellot-Schung	3	0m40	1m20	3m60	432.0	144.0	1k350	31,250	6,250	//	25,000	//	2e	*Idem.*
Robillard	4	0m33	1m32	3m96	475.2	118.8	1k150	24,200	//	0k800	//	3,200	1er	*Idem.*

NOTA. — Ce classement ne présente pas une grande importance, car les trois semoirs ont travaillé d'une façon presque identique.

TABLEAU G.

SEMOIRS À ENGRAIS AYANT PRIS PART AU CONCOURS.

(Le tableau G donne le signalement des semoirs concourants.)

Nos D'ORDRE.	NOMS DES EXPOSANTS.	VOIE des ROUES.	CAPACITÉ de la caisse.	LARGEUR d'épandage.	ÉPANDEUR.	POIDS D'ENGRAIS ÉPANDUS par hectare. Maximum	Minimum	POIDS DU SEMOIR. TOTAL.	par mètre de largeur.	PRIX. TOTAL.	par mètre d'épandu.
			litres.			kilog.					
1	Caramija-Maugé	2,40	210	2,000	Chaine racleuse	2,500	400	200	100,00	300	150 00
1 *bis*	Caramija-Maugé	2,40	210	2,000	Chaine double	3,500	700	200	100,00	350	175 00
2	Hurtu	3,20	150	2,820	Hérisson et caisse ascend.	1,500	80	400	141,84	450	159 57
3	Faul	3,20	120	2,820	*Idem.*	1,200	65	400	141,84	500	177 30
4	Fortin	2,90	150	2,500	A lamelles, fond ascendant.	1,260	90	500	200,00	450	180 00
5	Billy	2,15	120	2,000	Malaxeurs	1,000	50	300	150,00	385	192 50
6	Mahot	3,25	150	3,000	Palettes et chevilles	1,200	100	300	100,00	350	116 66
7	Smyth	2,16	200	2,160	Cylindres cannelés indép.	1,200	125	420	194,40	550	254 60
8	Magnier	2,50	//	2,250	*Idem.*	1,500	50	325	144,40	600	266 60

Les semoirs à engrais présentaient une grande variété de disposition. Il est regrettable que le système de M. Strawson n'ait pu arriver à temps pour ce concours. Il a été essayé plus tard et examiné par le jury de la classe 49.

Tableau H.

ESSAIS DES SEMOIRS À ENGRAIS.

(Les concurrents devaient répandre par hectare 600 kilogr. de plâtre, 100 kilogr. de nitrate de soude et 1,000 kilogr. de superphosphate.)

ESPÈCE D'ENGRAIS.	Nos D'ORDRE DES SEMOIRS.	NOMS DES EXPOSANTS.	LARGEUR D'ÉPANDAGE.	SURFACE SEMÉE pour 230m 115m,460m, de long.	POIDS D'ENGRAIS FOURNI	POIDS D'ENGRAIS RENDU.	POIDS D'ENGRAIS SEMÉ réellement.	POIDS D'ENGRAIS SEMÉ par hectare.	DIFFÉRENCES ENTRE LES POIDS RÉPANDUS ET LE QUANTUM FIXE. Absolues en trop.	Absolues en moins.	Relatives en trop.	Relatives en moins.	CLASSEMENT.	OBSERVATIONS.
Plâtre. (600k.)	1	Caramija-Maugé	2.00	230.0	25	16.00	9.0	391,304	″	″	″	34,783	7e	
	1 bis	Caramija-Maugé	2.00	230.0	25	9.00	16.0	695,652	95,652	″	″	″	2e	
	2	Hurtu	2.82	324.3	50	35.00	15.0	462,534	″	137,466	15,942	22,911	5e	
	3	Faul	2.82	324.3	25	13.50	21.5	662,966	62,966	″	″	″	1er	
	4	Fortin frères	2.80	287.5	25	13.50	11.5	400,000	″	200,000	10,494	33,333	6e	
	5	Billy	2.00	230.0	25	13.50	11.5	500,000	″	100,000	″	16,678	3e	
	6	Mahot	3.00	345.0	50	33.50	16.5	478,261	″	121,739	″	20,290	4e	
	7	Smyth	2.16	248.4	50	42.50	7.5	301,932	″	298,068	″	49,678	8e	
	8	Magnier	2.25	258.75	50	26.00	24.0	927,536	54,589	″	″	″	9e	
Nitrate de soude. (100k.)	1	Caramija-Maugé	2.00	920.00	40	24.50	15.50	168,478	68,478	″	54,589	″	6e	
	1 bis	Caramija-Maugé	2.00	620.00	40	8.25	31.75	512,097	412,097	″	64,478	″	8e	A cessé de fonctionner après avoir parcouru 310 mètres.
	2	Hurtu	2.82	555.54	40	12.50	27.50	495,014	395,014	″	412,097	″	7e	
	3	Faul	2.82	1,297.20	20	11.00	9.00	69,380	″	30,620	395,014	″	4e	
	4	Fortin frères	″	″	″	″	″	″	″	″	″	30,620	4e	N'a pas fonctionné.
	5	Billy	2.00	920.00	20	8.50	11.50	125,000	25,000	″	″	″	3e	
	6	Mahot	3.00	1,380.00	40	30.50	9.50	68,840	″	31,160	25,000	″	5e	
	7	Smyth	2.16	993.60	40	32.50	7.50	75,483	″	24,517	″	31,160	2e	A cessé de fonctionner après avoir parcouru 197 mètres.
	8	Magnier	2.25	1,035.00	40	31.00	9.00	86,956	″	13,044	″	24,517	1er	
Superphosphate. (100k.)	1	Caramija-Maugé	2.00	460.0	110	99.00	11.00	239,130	″	760,870	″	13,044	8e	
	1 bis	Caramija-Maugé	2.00	460.0	110	88 00	22.00	478,260	″	521,740	″	76,087	5e	
	2	Hurtu	2.82	648.6	110	40.00	70	1,079,247	7,925	″	″	52,174	2e	
	3	Faul	2.82	648.6	110	38.50	71.5	1,102,374	112,374	″	7,925	″	3e	
	4	Fortin frères	″	″	110	″	″	″	″	″	10,237	″	3e	
	5	Billy	2.00	460.0	110	95.00	15.00	326,087	″	673,913	″	67,391	7e	
	6	Mahot	3.00	618.0	110	11.50	98.5	1,593,851	593,851	″	59,385	″	6e	N'a parcouru que 206 mètres.
	7	Smyth	2.16	496.8	110	67.50	42.5	855,475	″	144,525	″	11,452	4e	
	8	Magnier	2.25	517.5	110	57.50	52.5	1,014,493	14,493	″	1,449	″	1er	

L'ensemble des trois essais permettrait donc de classer ainsi les semoirs à engrais au point de vue de la précision de la quantité semée sur demande.

1er, Faul; 2e, Magnier; 3e, Billy; 4e (*ex æquo*), Hurtu et Smyth; 5e (*ex æquo*), Caramija-Maugé et Mahot (double chaîne), et 6e, le même constructeur pour le semoir à simple chaîne.

Mais il convient de remarquer que le règlement dépend au moins autant du conducteur que de l'instrument qu'il est chargé de conduire.

Des notes données par les divers jurés sur la marche de l'appareil pendant l'épandage et en ayant égard à la précision de la quantité répandue, on conclut au classement suivant :

1er, Faul; 2e, Hurtu; 3e, Smyth; 4e, Magnier; 5e, Mahot; 6e, Billy; 7e, Caramija-Maugé, pour les deux semoirs.

Le semeur à engrais dit *le Hérisson*, importé en France par M. Faul, a montré, dans ces essais, une supériorité marquée sur les autres systèmes d'épandeurs.

Voici la liste des récompenses accordées par le jury :

SEMOIRS À ENGRAIS PULVÉRULENTS :

Médailles d'or.........
{ M. Faul, à Paris.
{ M. Hurtu, à Nangis.

Médaille d'argent : M. Smyth, de Peasenhall (Angleterre).

CONCOURS DE PRESSES À FOURRAGES

RAPPORT

PAR

M. GRANDVOINNET

PROFESSEUR À L'INSTITUT AGRONOMIQUE

CONCOURS DE PRESSES À FOURRAGES.

Le jugement d'ensemble d'une catégorie quelconque de machines présente toujours d'énormes difficultés que peut seule résoudre l'analyse de ses divers éléments mécaniques, appuyée sur des expériences bien faites.

Les presses à fourrages, malgré l'apparente simplicité du problème qu'elles doivent résoudre, ne font pas exception à cette règle. L'analyse doit même porter non seulement sur les divers organes de ces machines, mais aussi sur les conditions variables du problème à résoudre : *la compression des fourrages.*

Les avantages de la compression des fourrages varient, en effet, beaucoup avec les circonstances de leur production et de leur consommation. L'alimentation des animaux de ferme, des chevaux de troupe, de ceux des grandes entreprises de transport du commerce et des particuliers, a pour principale base le foin des prairies naturelles et artificielles. Bien que disséminées sur toute l'étendue du territoire, les prairies sont en partie localisées. Leurs groupements constituent les pays d'élevage et ceux d'embouches ou laitiers, suivant leurs richesses. La consommation principale se fait ainsi au lieu même de la production. Ce serait l'idéal, si la production était toujours au niveau de la consommation, et réciproquement. Malheureusement, l'herbe des prairies est peut-être de toutes les récoltes la plus dépendante des influences atmosphériques. Dans chaque localité, les années d'abondance alternent avec celles de disette de fourrages. Si le nombre d'animaux d'élevage ou d'engrais a été fixé pour la production moyenne, il y aura excès de nourriture en certaines années; on sera porté à l'employer mal ou même à le gâcher. En d'autres années, la pénurie sera telle, que l'on sera forcé de restreindre le nombre de bouches à nourrir en vendant à perte, naturellement, une partie des jeunes animaux d'élevage ou des bêtes d'engrais encore maigres. Cependant, en un pays comme la France, si tels départements manquent de fourrages, d'autres simultanément sont dans l'abondance. Les inconvénients que nous venons de signaler pourraient donc être facilement évités si les départements qui récoltent plus de foin que ce qui leur est actuellement nécessaire pouvaient le vendre dans les départements où la disette se fait sentir. Cet échange, si avantageux, ne peut se faire, parce que le foin est une marchandise encombrante et d'une valeur relativement trop faible pour pouvoir supporter les frais de transport élevés. Aussi peut-on, dans le même moment, constater en France, du Nord au Midi et de l'Est à l'Ouest, des prix de fourrages très différents sur les marchés. Ces différences, qui se sont élevées parfois à 100 p. 100, sont souvent de 40 p. 100 au moins du prix le plus bas. Avant le développement des moyens de transport, il en était de même pour le blé, la principale base de la nourriture de l'homme. Aujourd'hui, les disettes sont impossibles, parce que le blé a partout son approvisionnement assuré. Il a une grande valeur et n'est pas encombrant. Une tonne valant 236 francs n'occupe dans un wagon que 1,300 décimètres cubes d'espace, et, par suite, chaque wagon peut être chargé au maximum, c'est-à-dire de 10 à 12 tonnes. Le tarif par wagon est donc supporté par 10 à 12 tonnes de blé valant de 2,360 à 2,832 francs. Il en est tout autrement pour le foin en vrac ou bottelé à la main ; chaque mètre cube de wagon n'en pourra guère contenir que 90 kilogrammes, et, par suite, le wagon ne portera que 3 tonnes de foin valant à peine 270 francs, soit huit à dix fois moins que le wagon de blé.

Le fourrage sec ne peut donc être transporté économiquement au loin que s'il est assez comprimé pour permettre d'en charger un wagon au maximum établi, 5 ou 10 tonnes suivant les compagnies de chemins de fer. Le premier avantage de la compression des fourrages, la réduction au tiers des frais de transport, est particulièrement important, mais il n'est pas le seul. Pour que le commerce d'échange ait ses coudées franches et que l'approvisionnement d'un pays soit assuré, il est nécessaire non seulement que le transport soit économique, mais il faut aussi que le fourrage puisse être emmagasiné et conservé pendant un ou deux ans. La compression seule permet de le faire économiquement, soit par les commerçants en fourrages, soit par les administrations de la guerre, des omnibus, des voitures de place, soit même par les particuliers. Le foin à consommer sur le lieu même de la production peut être mis en meules sans trop grand frais, et il ne subit là que le minimum de déchet. Lorsque le foin est bottelé à la main et emmagasiné dans les greniers, il supporte des frais notables et subit des déchets importants. Il se dessèche, devient cassant, poussiéreux, et, à chaque déplacement subit un nouveau déchet. La compression mécanique s'impose donc dès que le fourrage doit subir quelque transport et un long emmagasinage. On réduit ainsi au minimum les déchets de manipulation et de route, et les chances d'incendie ou de détérioration. Des balles de foin fortement comprimées sont à peu près incombustibles et supportent la sécheresse et l'humidité sans en souffrir sensiblement. Ce qui précède établit suffisamment les avantages de la compression des fourrages, pour que la nécessité des presses ne puisse être mise en doute dans la presque généralité des cas. On comprend toutefois que les frais de compression et la complication des machines croîtront avec l'intensité de cette compression. Il s'agit donc d'établir, comme base de l'appréciation des machines, le degré de compression convenable. Comprimer au delà du nécessaire, c'est pousser à la complication des mécanismes de compression et accroître la dépense de l'opération, et même détériorer le fourrage. Il faut donc limiter la compression au strict nécessaire imposé par les circonstances diverses. Pour le transport par le chemin de fer, il faut qu'un wagon d'une capacité d'environ 36 mètres cubes puisse recevoir de 5 à 6 tonnes de fourrage ou de 10 à 12 suivant les tarifs des compagnies. Dans le premier cas, il faut une densité de 0.138 à 0.167, et, dans le second cas, le volume du foin doit être réduit à la moitié, au tiers et même au quart de celui qu'il occupait avant la compression. Pour les transports par navires, le fret est, par mètre cube, sans limite de densité. Il faudrait donc réduire le volume de foin autant que possible. Nous ne croyons pas qu'il soit avantageux de dépasser 450 kilogrammes au mètre cube. C'est la densité pratique maxima.

Le Ministère de la guerre exige 170 kilogrammes au mètre cube.

Le transport à 200 kilomètres de 2,360 francs de blé ne coûtera que 60 francs ou 2 1/2 p. 100 de sa valeur, tandis que le foin non comprimé sur le même wagon payera le même prix pour une valeur de 324 francs; c'est presque 20 p. 100. En réduisant par la compression le volume du foin au tiers, on réduit le prix du transport dans la même proportion. Les frais de compression doivent naturellement être notablement moindres que le bénéfice à faire sur le transport. Cette condition doit engager à choisir des machines exigeant peu de main-d'œuvre et de force motrice par tonne de foin, construites assez rationnellement pour avoir une grande durée sans trop de frais d'entretien, ce qui implique le bas prix relatif de l'appareil. Ainsi, en résumé, les qualités à rechercher dans une presse à foin sont les suivantes :

1° *Possibilité de comprimer* le foin à la densité nécessaire : soit à 200, 250, 300 et même, en certains cas, à 450 kilogrammes au mètre cube ;

2° *Réduction de la main-d'œuvre* au minimum compatible avec l'importance de la production journalière ;

3° *Solidité, durabilité, facilité des réparations, économie d'entretien, bas prix.*

Les essais faits à Noisiel avaient donc pour but de constater :

1° Les dimensions des balles faites par les diverses presses, et leur poids, permettant de déterminer leur densité ; 2° le nombre d'hommes nécessaires pour le service de la machine ; 3° la force du moteur (vapeur ou manège) ; 4° le temps employé, ou la production par heure de travail ; 5° le poids et le prix de la machine ; 6° les chances de rupture, d'usure, etc.

Les résultats des essais permettent de déterminer approximativement le prix de revient de la mise en balles comprimées d'une tonne de foin. L'élément le plus incertain de ce prix de revient, c'est la part de frais à mettre aux comptes de l'intérêt du prix d'achat, de l'amortissement et de l'entretien. Cette part dépend en effet du nombre de jours pendant lesquels la presse à foin peut être utilisée chaque année. Le foin, on le comprend, ne doit être mis en balles comprimées que lorsqu'il est dans un état de siccité convenable, sans être cassant. La conservation du foin dépend en effet essentiellement de son état hygrométrique au moment de la mise en balles comprimées. La manipulation devra tenir compte des diverses espèces de foin et de leur état actuel. Si le foin vient de prairies mal soignées, il contient force mauvaises herbes venues à maturité avant les bonnes. Les premières ont donc cessé de végéter lorsque l'on coupe la prairie ; mortes, elles conservent de l'humidité que la *vie* seule peut évaporer. Si elles reçoivent la rosée, elles apportent dans la balle des germes de pourriture ou de moisissure qui se développeront. Il convient donc, avant de comprimer le foin, de constater avec soin son état et, au besoin, de lui faire subir quelques préparations. Si l'on est forcé de mettre en balles comprimées du foin trop jeune ou fraîchement coupé, il faut d'abord le mettre en tas de façon que la masse s'échauffe, ce qui se voit aux vapeurs se dégageant du tas. On surveille ce tas, et dès que la température intérieure atteint le degré voulu, on le défait rapidement. Avec deux ou trois de ces tas ouverts, on refait un meulon plus gros dans lequel l'échauffement se maintient ou continue sans danger. On peut alors procéder à la compression.

Lorsque cela est possible, on mélange au foin neuf partie égale de foin vieux. Pour avoir du foin dans l'état convenable pour être mis en balles comprimées, il faut, en France, n'employer les presses que du 1er juillet à la fin d'octobre, soit quatre mois de bon travail. Si l'on a des raisons de reprendre le foin des balles comprimées, soit pour assurer leur conservation, soit pour les presser à nouveau pour avoir une plus forte densité, on peut le faire à partir de mars, pendant deux mois environ; soit au maximum six mois de travail ou cinq en moyenne. Lorsque le foin est en meules bien faites ou dans des *fenils* parfaitement abrités, le travail de la presse à foin peut être continué pendant un ou deux mois de plus; soit 200 jours par année. Lorsque l'on met le foin nouveau en bottes devant peser, sèches, 5 kilogrammes, on prend 6 kilogrammes de foin, parfois un peu plus, jusqu'à 6 kilogr. 5. Un botteleur habile lie, à trois liens, de 250 à 350 bottes par jour lorsque, bien entendu, il travaille à tâche. C'est, par jour, de 1,800 à 2,100 kilogrammes de foin récemment coupé, ou 1,500 à 1,750 kilogrammes secs à la vente. Un homme à tâche devant actuellement gagner 4 fr. 50 en moyenne, le prix de revient de ce *bottelage* ressort à 3 francs la tonne. Le liage des balles de foin comprimé peut se faire avec de la ficelle, du fil de fer simple ou en câble et enfin en fer feuillard. Les liens doivent être préparés à l'avance en général. Dans les essais faits à Noisiel, le jury ne tenait compte que des dispositions prises dans la machine pour faciliter le liage, puisque la plupart des machines peuvent choisir entre les diverses espèces de liens connus. Une dernière observation préliminaire doit être faite ici. Elle a trait à la forme, aux dimensions et au volume des balles comprimées. En premier lieu, les balles d'un faible volume sont plus aisément amenées à la densité voulue que des balles de grandes dimensions. Si l'on adopte un trop petit volume, on accroît sensiblement la main-d'œuvre et le temps nécessaire par tonne de fourrage. Les balles de trop grand poids sont difficiles à manier. Il est donc probable qu'un poids modéré compris entre 10 et 60 kilogrammes est le plus convenable: le poids de 40 kilogrammes paraît le plus pratique pour le commerce. Un seul genre de presse fait des balles cylindriques. La forme parallélépipédique est généralement préférée, comme n'entraînant aucune perte de place dans les magasins et les wagons. Pour la stabilité des tas, il convient de donner aux balles l'apparence d'une brique dont les dimensions sont comme 1 à 2 et à 4 ou comme 1 à 1 et à 2. On peut ainsi monter les tas à la façon d'un mur en briques. S'il s'agit de pailles à comprimer, on doit les laisser dans toute leur longueur, ce qui détermine la plus grande dimension

(1 m. 40) des balles et exclut de la compression de la paille certains systèmes. Par suite, si la presse doit comprimer la paille et le foin à volonté, la balle doit avoir, dans les deux cas, 1 m. 40 de long.

La plus forte balle aurait donc pour dimensions 1 m. 40 sur 0 m. 70 et 0 m. 35, soit un volume de 343 litres, et, pour la moyenne densité de 250 kilogrammes au mètre cube, un poids de 85 kilogr. 75 d'une manipulation difficile. On devrait donc, pour la paille et surtout le foin, réduire la seconde dimension et adopter par exemple 1 m. 40 sur 0 m. 35 et 0 m. 35, soit 171 lit. 5 et 42 kilogr. 875. Les plus petites balles faites par les presses à foin de petit modèle ont environ 0 m. 50 sur 0 m. 283 et 0 m. 283, soit 40 litres et un poids de 10 kilogrammes. Quelques commerçants croient nécessaire que chaque balle ait un poids multiple de 5 kilogrammes, poids de la botte courante, qui sert en quelque sorte d'unité de rationnement. Si l'on adopte cette idée, la plus petite balle pourrait être de 10 kilogrammes ou 0 m. 50 sur 0 m. 283 et 0 m. 283, et la plus forte de 40 kilogrammes. La première aurait comme dimensions : 0 m. 543 sur 0 m. 27 et 0 m. 27, soit un cube de 40 litres; la dernière 0 m. 862 sur 0 m. 431 et 0 m. 431, et un cube de 160 litres.

Ces préliminaires étaient nécessaires pour montrer que, dans les essais de Noisiel, le jury a dû tenir compte de tous les éléments capables d'influer sur le prix de revient réel de la mise du foin ou de la paille en balles comprimées, soit en causant une détérioration du fourrage, soit en élevant les diverses dépenses de main-d'œuvre, de force motrice et de frais généraux, par tonne de foin ou de paille, soit en donnant des balles de formes, de dimensions ou de poids peu en rapport avec les exigences du commerce ou du transport.

Le tableau de la page 78 renferme les résultats des essais faits sur les presses concourantes.

L'ensemble des classements permettrait donc de ranger ainsi les presses :

En masse :

1re, Whitman; 2e, Albaret; 3e, Pilter; 4e, Tritschler; 5e *ex æquo*, Vidal (verticale à treuil) et Guitton (horizontale); 6e, Guitton (n° 7); 7e, Vidal (horizontale centrale); 8e *ex æquo*, Guitton (n° 2) et Lacoux (n° 1).

Ou séparément :

Marchant à vapeur : 1er, Whitman; 2e, Albaret; 3e, Pilter, et 4e, Vidal.

Marchant avec 2 bœufs : 1er, Tritschler.

Marchant à bras : 1er *ex æquo*, Guitton et Vidal; 2e, Guitton (horizontale); 3e, Guitton (n° 7); 4e *ex æquo*, Guitton et Lacoux.

L'examen des presses, au point de vue de leur construction et de leur prix, change peu ce classement.

IMPRIMERIE NATIONALE.

TABLEAU DES RÉSULTATS DES ESSAIS DE PRESSES À FOURRAGES.

N° du catalogue de la classe 49.	Genre ou noms des presses.	Noms des constructeurs ou exposants.	Matière à comprimer.	Moteur employé.	Temps par balle (en minutes).	Nombre d'hommes employés : au moteur.	au chargement.	à la compression.	au liage.	en totalité.	Dimensions des balles : Largeur ou diamètre.	Épaisseur.	Longueur.	Volume en litres.	Poids : d'une balle.	du mètre cube.	par heure de travail.	Caractères des presses : Poids.	Prix.	Nombre de vendues.	Maximum du chargement sur un wagon.	Classement au point de vue : de la densité obtenue.	du temps employé.	du prix de revient probable.	Prix de revient probable.	Observations.
141	Presses à levier simple, système de M. Lacoux n° 1	Lacoux (Joseph), à Bessine (H.-V.).	Foin..	Homme.	8′	"	2	2 ou 4	2	4	0.45	0.53	0.95	226.6	41k5	183k163	311k25	600	900	"	8	7e	8e	10e	5f500	
				Homme.	8′	avec 6 hommes pour 2 presses.				3	"	"	"	"	"	"	"	"	"	"	"	"	"	9e	4 215	
141	*Idem*, n° 2	*Idem*	Paille.	Homme.	11′	"	2	2	2	2	0.50	0.50	1.40	350.0	42k5	121k429	231k80	600	1,200	20	6	1er	2e	2e	3 890	Paille.
124	Presse à levier du système Guitton, n° 2.	Guitton, à Corbeil.	Foin..	Homme.	5′	"	2	2	2	2	0.40	0.41	0.82	134.48	20k5	152k440	246k00	200	250	160	7.0	9e	9e	7e	3 350	
124	*Idem*, n° 7	*Idem*	Paille.	Homme.	7′	"	2	2	2	2	0.50	0.50	1.40	350.0	40k5	115k714	347k14	400	550	55	5.0	2e	1er	1er	2 097	Paille.
124	*Idem*, n° 7	*Idem*	Foin..	Homme.	7′	"	"	"	"	"	0.50	0.53	1.45	384.5	49k0	127k521	420k00	400	550	55	5.5	10e	6e	3e	2 450	
124	Presse horizontale (engrenages)	*Idem*	Foin..	Homme.	6′	"	2 ou 1	2	2	2 ou 3	0.49	0.50	1.03	252.35	39k0	156k000	290k00 390k00	1,500	1,700	?	5.5	8e	8e	2e	2 400 2 280	
276 *bis*	Presse verticale à treuil et engrenages	Vidal (Laurent).	Foin..	Hommes	11′	"	2	2	2	2	0.60	0.60	1.10	396.0	89k96	227k100	337k35	3,000	2,500	?	9.5	5e	7e	6e	2 960	
Idem	Presse horizontale à pression centrale	*Idem*	Foin..	Vapeur.	7′	1	2	1	2	3	0.56	0.60	1.02	342.7	74k0	216k000	634k18	4,000	3,000	?	9.0	6e	5e	9e	4 046	
Idem	*Idem*	*Idem*	Foin..	Homme.	37′	"	1 ou 2	2	2	3	0.56	0.60	1.02	"	74k0	216k000	634k18	4,000	3,000	?	9.0	6e	"	10e	12 97	L'essai n'a pu être fait.
213	Presse Piller, dite A.	Pilter, à Paris	Foin..	Vapeur.	8′	1	2	1	1	4	0.65	"	1.10	365.0	195k0	342k453	937k50	3,000	3,300	160	12.0	1er	2e	8e	3 430	
269	Genre Dédérick, à pression directe	Tritschler, à Limoges	Foin..	Bœufs.	5′	1	1	"	1	2	0.50	0.50	0.78	195.0	50k5	258k974	606k00	1,400	1,800	93	10.0	4e	4e	5e	2 904	
4	Genre Dédérick, continue	Albaret (Liancourt)	Foin..	Vapeur.	3′	1	1	"	1	2	0.36	0.47	0.91	154.4	43k0	278k500	860k00	2,600	2,200	60	11.5	3e	3e	4e	2 536	
27 États-Unis.	Genre Dédérick, continue perfectionnée.	Whitman (Ét.-U.).	Foin..	Vapeur.	1′30″	1	1	"	1	2	0.35	0.46	1.00	161.0	45k0	279k500	1,800k	"	3,100	?	11.5	2e	1er	1er	1 593	

Mais, en définitive, le jury reconnaît qu'il y a lieu d'accorder à M. Whitman, un objet d'art; à MM. Tritschler, Pilter et Guitton, une médaille d'or; à MM. Vidal et Lacoux, une médaille de bronze.

Pour les presses à paille : 1er, Guitton, et 2e, Lacoux.

Les onze presses présentés au concours de Noisiel peuvent être rangées en deux grandes classes, très distinctes :

1° Les presses à chargement, pressage, liage et décharge intermittents;

2° Les presses dans lesquelles ces opérations sont continues et simultanées. Le fourrage est présenté à l'état divisé à l'un des bouts de la machine et sort à l'autre à l'état de balles liées.

La seconde classe ne compte pas de restriction. Une presse peut être à alimentation continue automatique et à pressage continu sans appartenir à cette seconde classe par cela seul que la balle ne peut être liée sans arrêter l'alimentation et le pressage. C'est le cas de la belle presse présentée par M. Pilter. On pourrait ainsi la ranger dans une classe intermédiaire.

La première classe comporte un grand nombre de genres :

1° Les presses devant être mues à bras par un simple levier par chaque homme nécessaire. On peut dire qu'elles sont simples ou à pression directe, puisqu'un seul organe est interposé entre le moteur et la résistance à vaincre;

2° Les presses devant être mues à bras par l'intermédiaire de manivelles ou de leviers agissant : *a.* sur un autre levier; *b.* sur un treuil; *c.* sur une vis, simplement ou après une ou deux paires d'engrenages. La pression se fait comme on voit par l'emploi d'organes multipliant l'effort en réduisant de plus en plus la vitesse de la compression.

PRESSES À LEVIER, SIMPLES.

Les cinq presses de M. Lacoux sont faites sur le même principe mécanique de compression. La caisse qui reçoit la matière à comprimer a sa plus grande dimension dans la direction verticale. Le foin y est mis en couches par un homme qui le piétine, ou, dans les petits modèles, le tasse à la main. Dès que la caisse est pleine, on recouvre le fourrage par un *piston* ou *tampon* entrant exactement. A pas égaux et à frottement doux dans cette caisse, le piston descend par intermittence; il est actionné par deux leviers s'appuyant sur les bords supérieurs horizontaux, plus ou moins inclinés ou même concaves, des crans de deux crémaillères fixées verticalement sur les petits côtés de ce piston. Un fort ressort en acier rond et en forme de très long maillon accroche les crans des crémaillères, pour retenir le piston après chaque descente de celui-ci. C'est une simplification par rapport à d'autres presses à levier plus anciennes. La presse à foin n° 1 de M. Lacoux est faite pour être servie par 4 hommes, tour à tour *chargeurs, presseurs* et *lieurs*. Les quatre ouvriers n'agissent ensemble par les quatre leviers que pour terminer la pression. Pendant le liage et même le chargement, un ou deux hommes sont à peu près sans fonction. Six hommes pourraient aisément entretenir deux presses, en organisant bien leur travail. La caisse à compression recevant le fourrage par couches piétinées a 1 m. 70 de hauteur, 0 m. 95 de longueur et 0 m. 45 de largeur. De 726 lit. 75 de capacité, elle peut recevoir de 48 à 50 kilogrammes de foin ayant alors une densité de 66 kilogrammes par mètre cube. Sur chaque face sont deux leviers, dont les axes de rotation sont dans des fourches terminant un long tourillon allant aboutir à la semelle en bois portant la caisse. On amène ces leviers contre les faces verticales et latérales de la caisse lorsqu'ils doivent fonctionner et faire descendre le tampon. On les ramène perpendiculairement à ces faces dès qu'il s'agit de lier, dégager la balle, soulever le tampon hors la caisse et remplir à nouveau celle-ci. Ces leviers sont du second genre et leur grand bras a 2 m. 80 de longueur extrême. Le petit bras est de 0 m. 075 pour l'un, celui d'arrière, dit *de la double force,* employé seulement pour terminer la pression. L'autre levier a 0 m. 090 de petit bras. A chaque coup de levier, on fait descendre les crémaillères du tampon, d'un seul cran de 0 m. 090 de hauteur verticale. Comme il y a 15 dents ou crans, on peut au maximum faire descendre le tampon de 1 m. 35. Toutefois, pratiquement, on ne doit compter que sur 14 crans ou sur une descente totale de 1 m. 26.

Le foin qui, dans la caisse, occupait une hauteur de 1 m. 70, n'occupe donc à la fin de la pressée que 0 m. 44. Dans l'essai fait à Noisiel, on n'a fait descendre que 13 crans sur 15; ce qui a laissé une épaisseur de balle de 0 m. 53 sur 0 m. 95 de long et 0 m. 45 de largeur ou un cube de 226 lit. 75 pour un poids de 41 kilogr. 50, soit par mètre cube 183 kilogr. 163. En admettant que, dans le travail courant, la main de l'homme agisse sur le levier à une distance de l'axe de rotation égale à 2 m. 70, les deux leviers de premières pressions multiplient par 22 2/9 l'effort exercé par les deux ouvriers; si cet effort s'élève à 100 kilogrammes, c'est une pression de 2,222 kilogrammes. Les deux ouvriers, en agissant sur les leviers de seconde force, ont leur force multipliée par 26 kilogr. 2/3; c'est donc 2,666 kilogr. 2/3. Si les quatre hommes agissaient ensemble, on aurait l'énorme pression de 4,888 kil. 8/9 sur la surface du tampon de 0 m. 95 de long sur 0 m. 45 de large ou sur 4,275 centimètres carrés. C'est une pression de 1 kilogr. 1436 par centimètre carré. Si les hommes se suspendaient simultanément aux quatre leviers, leur effort étant égal à leur poids, ou au moins à 60 kilogrammes, la pression exercée serait de 10 p. 100 plus forte ou de 1 kilogr. 258. Si, au contraire, les quatre hommes se suspendent aux deux leviers dits *de double force,* ils peuvent exercer une pression de 6,400 kilogrammes, ou par centimètre carré près de 1 kilogr. 5.

Si, au lieu de s'arrêter à 13 crans, on avait enfoncé complètement le tampon, on aurait réduit l'épaisseur de la balle à 0 m. 35. Son cube, pour le même poids de 41 kilogr. 50, étant alors réduit à 150 litres au plus, la densité eût été de 276 kilo-2/3. C'est le maximum possible, à la rigueur avec cette presse, comme la pression de 1 kilogr. 5 par centimètre carré.

Ce modèle n° 1, dans l'essai fait à Noisiel, a exigé 8 minutes au moins, dont près de 5 pour la compression, ou 13 coups de levier. C'est 23 secondes par coup de levier, la main parcourant en première force 22 fois 2/9 les 0 m. 090, et en seconde force, 26 fois 2/3, soit 2 mètres et 2 m. 40 de parcours en arc de cercle de 0.16 de la circonférence ou 57° 36'. La corde verticale de cet arc étant de 2 m. 601 pour un levier de 2 m. 70 ne peut être obtenue. On réduit forcément la longueur d'action du levier moteur à 2 mètres, soit une multiplication de 22 2/9 et 26 2/3, et un parcours vertical de la main égal à 1 m. 92, possible pour l'homme de moyenne taille.

Le prix de revient pourrait être établi ainsi, les liens non compris:

Frais d'outillage. — Intérêt du prix d'achat (5 p. o/o), entretien et petites réparations (5 p. o/o), réparations et amortissement (4 p. o/o), soit 14 p. 100 de 1,200 francs ou 168 francs pour 150 jours, soit par jour de travail..	1f 12
Main-d'œuvre. — 4 hommes, à 0f 40 l'heure, pour 10 heures..........	16 00
Total............	17f 12

pour 75 balles de 41 kilogr. 60 ou 3,112 kilogr. 5, et par tonne 5 fr. 50, non compris les liens.

Six hommes serviraient parfaitement deux de ces presses mises côte à côte. On ferait alors, par journée et par presse, 3,112 kilogr. 5 avec trois hommes ou pour 13 fr. 12, soit par tonne, 4 fr. 215 seulement, liens non compris. Ces chiffres sont déduits des essais de Noisiel.

Avec des ouvriers habitués à ces machines, on pourrait, en chargeant avec soin la caisse, obtenir des balles de 48 à 50 kilogrammes dans le même temps, soit 75 balles de 49 kilogrammes en moyenne, ou 3,675 kilogrammes. Le prix de revient, par tonne, avec une presse et quatre hommes, s'abaisserait ainsi à 4 fr. 66 et à 3 fr. 57 même, si l'on travaille avec 2 presses et six hommes.

La presse n° 2, faite spécialement pour la paille, a été essayée avec cette matière. Il a fallu un peu plus de 11 minutes pour faire une balle de 42 kilogr. 5, d'un volume de 350 litres, et, par suite, de 121 kilogr. 429 seulement par mètre cube.

La capacité de la caisse est de 787 lit. 5; elle peut recevoir de 40 à 45 kilogrammes de paille tassée; c'est une densité initiale de 50 kilogr. 994 à 57 kilogr. 143.

Le prix de revient s'établirait ainsi:

Frais du matériel. — 14 p. o/o de 900 francs pour 150 jours ou par jour.	0f 84
Main-d'œuvre. — 2 hommes à 4 francs..................................	8 00
Total...........	8f 84

pour 54 balles de 42 kilogr. 5 ou 2,318 kilogr. 16, soit par tonne, 3 fr. 89.

Les crémaillères ont dix crans de 0 m. 09 environ de hauteur; le bord supérieur est incliné sur l'horizon d'environ 16 degrés, afin que le ressort en maillon ne puisse échapper Il y a deux leviers sur chaque face : celui de première force saille en avant et son petit bras a 0 m. 072; le levier de seconde force est à l'opposé et a un petit bras de 0 m. 06. Pour les raisons indiquées précédemment, on ne peut guère compter, comme bras de levier moteur, que 2 mètres de distance pour la longueur totale de 2 m. 80. Le levier de première force multiplie donc par 27 7/9 et l'autre par 33 1/3.

L'effort, en première pression, par les 2 hommes, est donc égal à 2,777 kilogr. 7/9, et en deuxième force, de 3,333 kilogr. 1/3, sur un piston de 1 m. 40 de long et 0 m. 45 de large ou 6,300 centimètres carrés; c'est, par centimètre carré, 0 kilogr. 4409 et 0 kilogr. 529 seulement. Si les 2 hommes se suspendent après les leviers de seconde force pour terminer la pressée, on peut obtenir 20 p. 100 de plus ou 0 kilogr. 529 et 0 kilogr. 6348 par centimètre carré; aussi, la densité n'a-t-elle pas dépassé 121 kilogr. 429. Il est vrai que l'on n'a fait descendre le piston que de 8 crans de 0 m. 090 ou de 0 m. 72 sur la hauteur de caisse de 1 m. 25. La botte avait donc une épaisseur de 0 m. 53 environ (au mesurage 0 m. 50). On eût pu certainement abaisser un cran de plus ou réduire la balle à une épaisseur de 0 m. 41, et la densité se serait élevée à 148 kilogr. 08.

La presse n° 4, qui n'a pas été essayée, est faite pour 2 hommes. Sa caisse a une hauteur de 1 m. 15, une longueur horizontale de 0 m. 92 sur une largeur de 0 m. 31. Les crémaillères ont 7 crans de 0 m. 119 de hauteur chacun; ils sont en forme de crochet à bord supérieur creux pour maintenir énergiquement le ressort. Si l'on remplit exactement la caisse de foin et que par 7 coups de levier on descende le tampon, on réduit la balle à une épaisseur de 0 m. 317. La capacité de la caisse est de 327 lit 98, pour recevoir tassé 20 à 25 kilogrammes de foin; c'est une densité initiale de 61 à 76 kilogrammes par mètre cube. Il n'y a qu'un levier de chaque côté de 2 m. 80 de longueur extrême, dont le petit bras n'est que de 0 m. 04. Ce serait une multiplication de l'effort de l'homme par 70 si la main de l'homme pouvait parcourir l'arc de cercle trop développé pour l'extrémité d'un si long levier. En admettant que la main de l'homme puisse agir à 1 m. 60, ce qui nous paraît le maximum pratique, son effort sera multiplié par 40. Ce sera donc pour les deux hommes 4,000 kilogrammes sur un piston de 0 m. 92 de long sur 0 m. 31 de large ou sur 2,862 centimètres carrés; c'est par centimètre carré une pression possible et probable de 1 kilogr. 4. Et même si les deux hommes se suspendent après les leviers, on peut obtenir 20 p. 100 en plus ou 1 kilogr. 68 par centimètre carré. La balle réduite à 0 m. 317 de hauteur peut peser 20 à 25 kilogrammes, suivant l'énergie du tassement dans le remplissage.

Dans les presses de 1 m. 70 de profondeur, on peut tasser de façon à mettre 57 à 60 grammes de foin par litre. Dans les petites presses de 1 m. 15 seulement de hauteur, comme le n° 4, on peut tasser à raison de 68 gr. 5 par litre en moyenne. Dans ce cas, les balles de la presse n° 4 pèseraient 22 kilogr. 5; c'est une densité de 0,254, très suffisante pour les plus forts chargements de wagon. On peut donc admettre que pour avoir 250 kilogrammes de foin au mètre cube, il faut une pression de 1 kilogr. 40 par centimètre carré au moins. Tassé sous les pieds, la densité du foin ne dépasse guère 62 kil. 5, bien que dans la petite caisse du n° 4 elle puisse atteindre 76 kilogrammes.

La densité des balles faites par les presses à bras dépend donc en grande partie des soins pris par le chargement serré dans la caisse. La presse n° 5 de M. Lacoux, la plus petite, est faite pour être servie par un seul homme. La capacité de la caisse est de 138 litres; elle peut recevoir de 10 à 12 kilogr. 5 de foin, à une densité initiale de 72 kilogr. 5 ou même 90 kilogr. 67, suivant le soin pris pendant le chargement et le tassement. On réduit le foin à chaque coup de levier d'une hauteur de 0 m. 090, et comme il y a 7 crans et même 8 à faire passer, on peut réduire la botte, à la rigueur, de 0 m. 28 d'épaisseur, soit une balle de 0 m. 46 sur 0 m. 30 et 0 m. 28, ou de 38 lit. 64 pour un poids de 10 à 12 kilogr. 5. C'est une densité de 258 kilogr. 8 à 323 kilogr. 5, qui ne pourrait être obtenue qu'avec un très grand soin dans le chargement et dans le tassement, et par un homme très fort agissant sur les deux leviers en s'y suspendant pour terminer la pression. On aurait alors un poids de 75 kilogrammes à l'extrémité d'un levier moteur de 1 m. 60, dont le petit bras n'a que 0 m. 045; c'est un effort théorique de 2,666 kilogr. 2/3 sur un piston, de 0 m. 46 de long et 0 m. 30 de largeur, c'est 1 kilogr. 932 par centimètre carré. Si la capacité, comme sur le modèle, est de 1 m. 00 × 0 m. 6 × 0 m. 25, ou 150 litres pour 10 à 12 kilogr. 5 de foin, c'est une densité initiale de 66 kilogr. 2/3 à 83 1/3. Si la balle est réduite à une épaisseur de 0 m. 28, elle cube 42 litres et a une densité de 238 à 297 kilogr. 6. Il est évident que ces chiffres de densité et de pression sont des chiffres théoriques qui doivent être corrigés à l'aide de ceux que nous ont donnés les essais de Noisiel, *c'est-à-dire réduits* de 25 p. 100 environ.

De l'essai de la grande presse n° 1, on peut conclure qu'avec quatre hommes forts aux leviers, on peut compter sur la pression réelle de 1 kilogr. 4 par centimètre carré de piston donnant une balle d'une densité de 200 kilogrammes. Dans l'essai, on n'a pu obtenir que 183 kilogrammes. Le chargement n'avait pas été fait avec tout le soin désirable et la compression n'avait pas été poussée à la limite qu'elle pourrait atteindre à la rigueur.

De l'essai de la presse n° 2, spécialement faite pour la compression de la paille, on peut conclure qu'avec de grands soins dans le chargement et avec des hommes forts aux leviers, on peut obtenir des balles de paille de 150 kilogrammes au mètre cube. Mais, dans l'essai, pour les causes indiquées ci-dessus, on n'a pas dépassé 121 kilogr. 4. La pression, par l'intermédiaire du piston, ne dépassant pas alors 0 kilogr. 6, on eût pu l'élever à 0 kilogr. 675 et approcher de la densité désirable de 150 kilogrammes par mètre cube. En général, les commerçants tiennent à ce que la paille ne soit pas comprimée au point d'être aplatie; 125 kilogrammes au mètre cube peuvent en conséquence être adoptés. En résumé, les presses à levier et crémaillères de M. Lacoux sont capables de fournir des balles de foin comprimées à la densité exigée par le Ministère de la guerre (170 kilogrammes au mètre cube) et même, avec des ouvriers très forts et très exercés, elles peuvent faire des balles de 225 kilogrammes au mètre cube, densité permettant de charger des wagons à 9 tonnes au moins. Mais ces presses ne présentent ni principe nouveau, ni supériorité sur les autres presses à leviers. Elles exigent de la part des ouvriers beaucoup de soins et de grands efforts.

M. Guitton, constructeur à Corbeil (Seine-et-Oise), a une longue expérience des presses à fourrages à bras. Il présentait au concours de Noisiel trois appareils de deux systèmes différents. Les deux premiers sont des presses verticales à levier simple. Le constructeur fait sept modèles de ce système, numérotés de 1 à 7. Les quatre premiers sont expressément faits pour le foin seulement, et les trois derniers pour la paille; leurs caisses ont pour cela 1 m. 40 de longueur horizontale, afin de pouvoir recevoir la paille étalée dans toute sa longueur.

Les dimensions des caisses de ces sept numéros sont, respectivement :

Numéros des presses...	1	2	3	4	5	6	7
Longueurs horizontales.	0,7	0,8	0,9	1,0	1,4	1,4	1,4
Largeurs............	0,35	0,4	0,45	0,5	0,4	0,45	0,5
Hauteurs............	1,00	1,10	1,20	1,30	1,10	1,20	1,30
Surfaces de compression	2,450	3,200	4,050	5,000	5,600	6,300	7,000
Capacité de la caisse...	245 lit.	352	486	650	616	756	910
Cube de la balle......	85,75	128	182,25	250	224	283,5	350
Poids des balles minimum....	15 kg.	25	30	35	//	//	//
Poids des balles maximum...	20 kg.	30	35	40	//	//	//
Poids des balles moyen......	17kg 5	27,5	32,5	37,5	30	40	50

ESSAI DE LA PRESSE N° 2.

Dès qu'une balle liée est enlevée, pour en faire une nouvelle on ferme la porte verticale qui clôt les deux tiers inférieurs de la hauteur de la caisse, le tiers supérieur restant toujours clos. On retire directement avec les mains le tampon supérieur et on le pose sur les supports horizontaux disposés à cet effet sur le haut de la caisse. On remplit la caisse en foulant le fourrage déposé par couches plus ou moins fortes, jusqu'à ce qu'il ne reste plus d'espace libre au-dessous des bords. On pose alors sur le fourrage le tampon qui, par son poids, exerce assez de pression pour descendre de quelques centimètres dans la caisse et la clore entièrement. Ce chargement fait, les deux ouvriers servant la presse saisissent chacun un levier et le soulèvent aussi haut que possible pour accrocher le premier ou le deuxième goujon des crémaillères en échelle aux saillies en fer du tampon. Cela fait, ils rabattent en même temps les leviers en entraînant le tampon, jusqu'à ce que les saillies de ce tampon soient venues se loger sous un des crans d'une crémaillère à dents de scie, librement suspendue à la partie supérieure de la caisse Cette crémaillère *d'arrêt* empêche ainsi le tampon de remonter. Les deux ouvriers soulèvent de nouveau les leviers, jusqu'à ce qu'ils puissent accrocher un nouveau goujon des crémaillères en échelle ; ils abaissent alors les leviers, jusqu'à ce qu'un nouveau cran de la crémaillère d'arrêt soit dépassé et retienne le tampon. On continue ainsi à faire descendre le tampon, cran par cran (60 millimètres environ chacun) jusqu'à ce qu'on atteigne le dernier goujon de la crémaillère échelle et le dernier cran d'arrêt. La compression possible est achevée, on rabat alors la porte, sur le sol, et l'on procède au liage. L'un des ouvriers, placé en avant, accroche, au bout d'une grande aiguille spéciale, un lien à deux boucles préparé à l'avance à la longueur convenable (un peu inférieure au contour de la balle) et le fait passer au travers de la caisse ; l'autre ouvrier, placé sur la face opposée, saisit le lien et le renvoie par-dessous la balle au premier qui alors, avec un levier spécial, saisit les deux boucles et agit pour les rapprocher jusqu'à ce qu'un S en acier pendu à l'une des boucles s'accroche à l'autre. On passe ordinairement les deux ou trois liens nécessaires au liage avant de les fermer. L'aiguille servant à passer les liens par-dessus et par-dessous la balle est une longue tige cylindrique aplatie à son extrémité et fendue par le sommet pour saisir le lien en fil de fer sous la boucle et le *pousser* de l'avant à l'arrière de la caisse; sur le côté, une fente en arc ou en retour d'équerre sert à accrocher le fil sous la boucle pour le tirer de l'arrière vers l'avant. Le levier qui sert à rapprocher les boucles l'une de l'autre est en acier en forme de long S très ouvert. Sa pointe arrondie est passée dans l'une des boucles et son sommet terminé en gorge qui se continue sur la partie concave avec une rentrée brusque accrochant l'un des bouts de l'S. Lorsque en appuyant le dos de ce levier sur la balle on la soulève avec force, on attire les boucles l'une contre l'autre et l'S s'y accroche juste au moment où, en abaissant davantage le levier, on voit l'S s'en dégager et saisir la seconde boucle. Cet accrochage se fait avec une précision et une simplicité merveilleuses. Un simple levier, portant à son bout aplati une fente comme un arrache-clou, permet de décrocher l'S lorsqu'on veut délier la botte, sans gâter les liens qui peuvent resservir. Le liage terminé, on exerce avec les leviers une légère pression pour dégager les saillies du tampon engagées sous les crans de la crémaillère de retenue ou d'arrêt. Le tampon enlevé, on retire la botte en la faisant basculer. — On recommence ensuite la même suite d'opérations pour faire une nouvelle balle.

Deux hommes suffisent au service de la presse : ils sont tour à tour *chargeurs*, *presseurs* et *lieurs*. En circonstances favorables, ils peuvent faire de 10 à 15 balles à l'heure; soit de six à quatre minutes pour la totalité des opérations exigées par une balle du poids de 20 kilogr. 5. Dans l'essai fait à Noisiel, il a fallu cinq minutes, soit 12 balles en une heure ou 246 kilogrammes, et en dix heures 2,460 kilogrammes.

Le prix de revient de la compression par tonne de fourrage peut s'établir comme suit :

Frais d'outillage : 14 p. 100 de 250 francs, ou 35 francs pour 150 jours, ou par jour	0f 233
Main-d'œuvre : 2 hommes à 4 francs	8 000
Total	8f 233

pour 120 balles de 20 kilogr. 5 ou 2,460 kilogrammes, soit, par tonne, 3 fr. 3467.

La seconde presse verticale présentée par M. Guitton est le n° 7 de son catalogue. La caisse est assez longue horizontalement pour recevoir de la paille couchée entière. Essayée d'abord à Noisiel avec du foin, comme la précédente, elle a donné des balles de 0 m. 53, 0 m. 50, 1 m. 40 pesant 49 kilogrammes. C'est une densité de 127 kilogr. 521 par mètre cube. Avec plus de soin dans le chargement on eut facilement dépassé ce chiffre. Le système mécanique étant absolument le même que celui de la précédente presse, il est inutile de le décrire. Il a fallu sept minutes par balle. Le prix de revient de la compression peut s'établir comme suit, liens non compris :

Frais d'outillage : 14 p. 100 de 550 francs, ou 77 francs pour 150 jours, soit par jour	0f 5133
Main-d'œuvre : 2 hommes à 4 francs	8 0000
Total	8f 5133

On n'a fait que 8 balles 57 à l'heure, soit, par journée de dix heures, 85,7 balles de 49 kilogrammes, ou 4,119 kilogrammes; c'est par tonne 2 fr. 027.

M. Guitton admet que l'on peut faire 100 balles par jour. Il suffit, en effet, pour cela que les deux hommes soient habitués à la presse. Le prix de revient s'abaisserait alors à 1 fr. 73 environ. La même presse essayée avec de la paille a exigé sept minutes pour une balle de 40 kilogr. 5 seulement, et un cube de 350 litres; c'est moins de 116 kilogrammes par mètre cube. Les frais d'outillage et de main-d'œuvre étant les mêmes que ci-dessus, et les balles moins lourdes (40 kilogr. 5 au lieu de 49 kilogrammes) on ne fait par jour que 3,470 kilogr. 85; c'est donc par tonne de paille 2 fr. 45.

Voici les caractères des presses verticales de M. Guitton pour le foin seul. Le n° 1 a un levier de 1 m. 40; le petit bras a 0 m. 09 ou au moins 0 m. 086. La caisse a 1 mètre de hauteur, 0 m. 70 de longueur horizontale et 0 m. 35 de largeur. C'est une capacité de 245 litres. Le foin remplissant la caisse est réduit par la pression à une épaisseur de 0 m. 35, soit 35 p. 100 de son volume initial. Ces bottes, suivant la qualité du foin et le mode de chargement, pèsent 15 à 20 kilogrammes. C'est une densité initiale de 61 kilogr. 224 à 81 kilogr. 632 (moyenne 71 kilogr. 428).

Si pour terminer la pressée, les hommes, comme cela se pratique généralement, exercent un effort peu au-dessous de leur poids, soit 50 kilogrammes chacun au moins, c'est 100 kilogrammes sur un levier de 1 m. 40 quand la résistance n'agit que sur 0 m. 09. On peut donc vaincre une résistance s'élevant à 1,555 kilogr. 5/9 sur un tampon de 0 m. 70 de long sur 0 m. 35 de largeur ou 2,450 centimètres carrés de surface; c'est par centimètre carré 0 kilogr. 635. Même en admettant que chaque homme agisse avec tout son poids de 66 kilogr. 2/3, on n'arriverait qu'à une pression de 2,074 kilogrammes ou à 0 kilogr. 84656 par centimètre carré. La presse n° 7 pouvant mettre en balles le foin ou la paille a sa caisse de 1 m. 40 de longueur horizontale, sa hauteur de 1 m. 30 et sa largeur de 0 m. 50. La capacité est donc de 910 litres pour un poids de foin de 50 kilogrammes, c'est une densité initiale de 54 kilogr. 945, notablement plus faible que pour le n° 1, les leviers de 2 m. 07 de longueur totale avec un petit bras qui peut varier par le glissement des goujons de la crémaillère de 0 m. 045 à 0 m. 071. Admettant que, pour terminer la pressée, les hommes pèsent de presque tout leur poids à l'extrémité des leviers, on aurait une pression motrice de 120 kilogrammes avec un bras de levier de 2 mètres, lorsque la résistance n'agit qu'à une distance de 0 m. 045 à 0 m. 071 de l'axe de rotation. La résistance qui peut être ainsi équilibrée s'élève donc à 5,333 kilogr. 2/3 ou 3,380 kilogr. 28. La surface comprimante du tampon est celle d'un rectangle de 1 m. 40 de long sur 0 m. 50 de large et comprend 7,000 centimètres carrés : la pression par centimètre carré ne pourra donc pas dépasser 0 kilogr. 761 9 et pourra même être réduite à 0 kilogr. 843. En admettant 66 kilogr. 2/3 pour chaque homme on atteindrait 5,926 à 3,756 ou par centimètre carré 0,84656 ou 0,53657. Cette presse ne pourra donc pas donner une densité plus grande que le n° 1 dans l'hypothèse la plus favorable. On voit que toutes les presses verticales de M. Guitton ont été faites pour obtenir des balles d'une densité de 187 kilogrammes au mètre cube. Les caisses ayant des tampons d'une surface croissante de 2,450, 3,200, 4,050 et 5,000 centimètres carrés, pour obtenir avec deux hommes la pression de 0 kilogr. 762 par centimètre carré, il a fallu adopter des leviers de longueurs croissantes: 1 m. 40, 1 m. 60, 1 m. 80 et 2 mètres avec des petits bras décroissants : 0 m. 09, 0 m. 08, 0 m. 07 et 0 m. 063.

Pour les trois presses à paille n°s 5, 6 et 7, on aura la même pression avec des leviers de 1 m 60, 1 m. 80 et 2 mètres de long ayant pour petits bras 0 m. 045 uniformément. La densité de 187 kilogrammes permet de charger les wagons à 6,000 kilogrammes; sur certaines lignes, il n'y a pas d'avantages à charger au-dessus de 4,000 ou 5,000 kilogrammes. Dans ce cas, il ne faut pas chercher à obtenir une densité supérieure à 125 kilogrammes, puisque ce serait une dépense inutile de travail et de temps et plus de déchet de mise en balles sans nécessité.

Dans les localités où la main-d'œuvre rurale ne dépasse pas 0 fr. 40 l'heure de travail effectif, les presses à levier de M. Guitton rendraient de grands services. La mise en balles (le prix des liens non compris) pourrait être donnée à tâche aux ouvriers, en leur fournissant les presses, au prix de 3 francs la tonne, avec les petites presses, et à 1 fr. 75 avec les grandes (n° 7). En donnant à tâche, il doit être entendu que le patron n'adoptera que les balles ayant la densité minima exigée par l'administration de la guerre, c'est-à-dire 170 kilogrammes, ou toute autre densité nécessaire. Lorsque la densité doit dépasser notablement 170 kilogrammes il est juste d'élever un peu le prix de la tâche.

PRESSE HORIZONTALE.

M. Guitton présentait au concours une troisième presse horizontale, qu'il appelle *continue*. C'est le n° 6. Elle peut à la rigueur être servie par deux hommes seulement. Sa caisse a deux compartiments égaux chacun à celui de la caisse verticale de la presse n° 4 à levier simple. La face extérieure verticale de chacune des caisses est une porte à charnières supérieures; elle tombe par son propre poids et est retenue par deux loquets automatiques. Lorsque la balle est expulsée, cette porte est ouverte et rabattue contre des supports fixés sur la caisse. On peut alors opérer le remplissage. Un des hommes lance le fourrage dans la caisse et le second l'enfonce, en le pilonnant ou le tassant à l'aide d'une espèce de longue massue en bois. Dès que la caisse est absolument pleine de foin un peu serré, on rabat la porte qui est maintenue par un double loquet à levier commun articulé, formant poignée et contrepoids en même temps. La seconde face verticale de la caisse est commune aux deux compartiments. C'est un piston solidaire de deux crémaillères, commandé par deux manivelles par l'intermédiaire de deux paires d'engrenages multipliant la force motrice. Les roues servant au transport de la presse d'une ferme à l'autre, ou de meule en meule, sont, pour le travail, relevées et servent de volants moteurs. Chacune d'elles porte sur un de ses rais une manivelle de 0 m. 286 de rayon. Sur l'arbre de ces roues porteuses est calé un pignon de 14 dents en chevrons, commandant une roue de 64 dents. Sur l'arbre de cette roue dentée, est calé un pignon de 14 fortes dents ordinaires conduisant une roue de 72 dents. Sur l'arbre de cette dernière sont deux pignons qui commandent les crémaillères solidaires du piston. Dès que l'un des compartiments de la caisse est rempli et sa porte fermée, deux ouvriers se placent aux manivelles et tournent aussi uniformément que possible. Le rayon de la manivelle étant d'environ 0 m. 286 le chemin parcouru par la main, dans un tour de roue, est de 1 m. 797. Or il faut 23 tours et demi de manivelle pour que le pignon commandant les crémaillères fasse un tour, ou fasse avancer la crémaillère de 14 dents, ou de 14 fois un pas de 0 m. 029, soit 0 m. 406. La force motrice de chaque manivelle peut s'élever à 20 kilogrammes facilement; le travail moteur des deux ouvriers ensemble est donc de 71 kilogrammètres 88 par tour et de 1,689 kilogrammètres 18 pour un parcours de 0 m. 406 de la pression P exercée par le piston sur le fourrage. On a donc l'équation 1,989 kilogr. 18 = 0 m. 406 × P; d'où P = 4,160.54. Cette pression théorique s'exerce sur une face ayant 1 mètre de long sur o m. 50 de large ou sur 5,000 centimètres carrés; c'est par centimètre carré o kilogr. 8321086 seulement. Il est vrai que pour terminer la pressée les deux hommes aux mamanivelles peuvent accroître leur effort jusqu'à 30 kilogrammes et plus même. Avec 30 kilogrammes c'est 50 p. 100 de plus ou 1 kilogr. 248, pression brute paraissant suffisante pour donner au foin la densité obtenue dans l'essai (150 kilogrammes au mètre cube). Comme le rendement d'une presse à crémaillère à deux paires d'engrenages ne peut pas dépasser 80 p. 100 de la pression théorique, ce serait en réalité à peu près 1 kilogramme de pression par centimètre carré pour une densité de 150 kilogrammes.

Dès que la pression est terminée, on le reconnaît par un arrêt placé sur les longues faces verticales de la caisse. On cesse alors d'agir sur les manivelles. On procède immédiatement au liage qui se fait de la même façon que dans les presses verticales à levier.

On n'a plus alors qu'à ouvrir la porte en soulevant le levier des loquets. On la rabat sur la caisse et l'on peut recommencer une nouvelle balle de l'autre côté de la caisse.

Grâce à cette disposition de la caisse en deux compartiments on n'a pas à ramener le piston à vide.

Pour faire une balle, il faut que le piston parcoure environ o m. 80 ou que le pignon des crémaillères fasse deux tours. C'est donc 47 tours de manivelle, ou près de deux minutes de rotation pour la pressée. Le chargement exige tout autant; le liage, l'ouverture de la porte et le retrait de la balle autant; soit en tout six minutes, comme dans l'essai à Noisiel. La balle obtenue avait à très peu près les dimensions de la caisse ou o m. 5 sur o m. 5 et 1 mètre, soit un cube de 250 litres pour un poids de 39 kilogrammes, soit 156 kilogrammes. Ainsi, malgré la complication de cette presse, son travail n'est pas supérieur à celui des presses verticales à simple levier du même exposant, qui ont donné des densités de 127 à 152 kilogrammes dans les essais.

On peut, il est vrai, faire servir cette presse par trois hommes, comme l'indique l'exposant, de façon à charger d'un bout un des compartiments pendant que la pressée de l'autre s'effectue : le foin est alors poussé par le pilon à main contre le piston qui s'éloigne et le chargement peut être fait par un ouvrier pendant que les deux autres agissent sur les manivelles. On peut gagner ainsi deux minutes sur six et faire au lieu de 10 bottes de 39 kilogrammes à l'heure 15 bottes ou 585 kilogrammes.

Le prix de revient peut s'établir ainsi dans les deux hypothèses :

Frais d'outillage : intérêt du prix d'achat (5 p. o/o), petites réparations et entretien, graisse, etc. (3 p. o/o), grosses réparations et amortissement (4 p. o/o), soit 12 p. 100 de 1,700 francs, ou 204 francs pour 150 jours de travail, ou par jour	1f 36
Main-d'œuvre : 2 hommes à 4 francs	8 00
TOTAL	9f 36

pour un poids de 3,900 kilogrammes par journée, ou 2 fr. 40 par tonne.

Avec trois hommes on a :

Frais d'outillage, comme ci-dessus	1f 36
Main-d'œuvre : 3 hommes à 4 francs	12,00
Total	13f 36

pour 5,850 kilogrammes, soit par tonne 2 fr. 283.

PRESSE VERTICALE À DOUBLE TREUIL DE M. LAURENT VIDAL, AU PONTET D'AVIGNON.

Cette presse se compose d'une caisse verticale dans laquelle un homme se tient debout pour recevoir le foin, le ranger par couches en le piétinant; on obtient ainsi un chargement sous une pression naturelle énergique. Dès que la caisse est remplie, on ramène le tampon sur le foin et on peut commencer la compression mécanique. Elle se fait par deux treuils coniques à deux paires d'engrenages, absolument identiques et symétriquement placés aux flancs de la caisse,

Le tampon est muni d'une poutre de fer en I qui est attirée à chaque bout par la chaîne d'un des deux treuils. Cette chaîne a un bout accroché à la caisse et passe sur une poulie à chape mobile, puis sur une seconde à chape fixe accrochée à la poutre. De là, la chaîne va s'enrouler sur le treuil. Ce treuil est commandé à volonté par une ou deux paires d'engrenages et même par un levier *déclic* commandant l'arbre de l'une des paires d'engrenages. On peut avoir ainsi des vitesses décroissantes de marche au fur et à mesure que la résistance à la compression augmente. C'est la seule marche rationnelle pour toutes les presses sans exception.

On peut exercer la pression avec 4 vitesses décroissantes :

1re vitesse. — Pour commencer, on embraye le grand pignon de 21 dents, qui conduit une roue de 40 dents; sur l'arbre de cette dernière, un pignon de 15 dents conduit une roue de 50 dents solidaire du corps du treuil. Pour que celui-ci fasse un tour, il faut donc que la manivelle fasse 6 tours 1/3, la chaîne de treuil étant à la grande base du cône de 0 m. 40 de diamètre. Lorsque la manivelle, qui n'a que 0 m. 36 de rayon, fait 6 tours 1/3, la main parcourt 14 m. 318 et la chaîne du treuil 1 m. 257 seulement. Donc, la traction de la chaîne hors du treuil est égale à l'effort de l'homme sur la manivelle, multiplié par le rapport entre les chemins parcourus ou par 11.4 sensiblement. La chaîne passe sur une poulie fixée à la poutre, puis sur une poulie à chape fixe, pour aller enfin s'accrocher à la caisse. Il en résulte que si la chaîne est tirée d'un mètre, par le treuil qui l'enroule, la poulie à chape mobile de la poutre ne descend avec celle-ci que d'un demi-mètre. Donc, pour un tour de treuil, la poutre ne descend que de 0 m. 6285. L'effort sur la poutre à chaque extrémité est donc égal à 22.4 fois celui fait par l'homme sur la manivelle. Cet effort pouvant être estimé à 15 kilogrammes au moins, la poutre, par l'action des deux hommes, descend sous un effort total de 672 kilogrammes.

Le piston ayant 1 mètre de long sur 0 m. 60 de large présente 6,000 centimètres carrés; la pression dans cette première vitesse de descente n'est donc que de 0 kilogr. 112, en négligeant le poids du tampon et de la poutre.

2ᵉ vitesse. — Dès que les hommes aux manivelles éprouvent trop de résistance, on prend la seconde vitesse. Pour cela, on désengrène le grand pignon de 21 dents pour engrener celui de 15 qui conduit une roue de 60 dents. Pour faire un tour au treuil, il faut que la manivelle en fasse 7.6 : c'est un chemin de 17 m. 191 parcouru par la main. Or le corps du treuil conique n'a plus que 0 m. 333 de diamètre et, par suite, il n'enroule que 1 m, 0471. La descente de la poutre est la moitié ou 0 m. 52355. L'effort de 18 kilogrammes à la manivelle se traduit donc sur la poutre par 591 kilogr. 4 de chaque côté, soit en totalité 1,182 kilogr. 8 pour la même surface de piston de 6,000 centimètres carrés : c'est par centimètre carré 0 kilogr. 1971. Il est facile de comprendre qu'en conservant la même transmission, les hommes peuvent exercer sur les manivelles un effort croissant de 18 à 27 kilogrammes environ, accroître ainsi la pression jusqu'à près de 0 kilogr. 30, et élever l'effort sur le piston à 1,774 kilogrammes.

3ᵉ vitesse. — Dès que la résistance est devenue assez forte pour excéder la fatigue des ouvriers agissant sur les manivelles, ils abandonnent celles-ci et placent dans la douille à cliquet du rochet solidaire de l'arbre moteur un levier quatre fois plus grand environ que la manivelle. Par des oscillations successives de ce levier, on fait tourner le gros pignon que l'on vient d'embrayer. Quelque faibles que soient ces oscillations, il faut que la main de l'ouvrier parcoure, par fractions, un cercle quatre fois plus grand que celui de la manivelle, pour que le pignon fasse un tour. Le chemin moteur parcouru par la main étant quatre fois plus grand pour un tour de treuil, l'effort sur la chaîne sera quadruple et même un peu plus grand, parce que le diamètre du treuil a diminué pendant la deuxième vitesse. Il est de 0 m. 24 environ au lieu de 0 m. 36, soit les 2/3 ; on multiplie donc de ce fait par 1.5 et par suite en tout par 6, à nouveau. Comme la première vitesse donnait un effort total d'au moins 672 kilogrammes sur le piston, bien que chaque homme n'exerçât sur la manivelle que 15 kilogrammes, on a déjà 6 fois l'effort de 672 kilogrammes ou 4,032 kilogrammes, en admettant qu'au levier l'homme n'exerce que 15 kilogrammes. Or il est certain qu'il peut porter cet effort à son poids au besoin; mais en supposant que cet effort ne dépasse pas en moyenne 45 kilogrammes dans la descente du levier, on multiplierait encore la pression par 3, soit donc 12,096 kilogrammes, ou par centimètre carré 2 kilogr. 016.

4e vitesse. — Si l'on embraye le petit pignon au lieu du grand, la main motrice doit faire, avec le levier, double chemin pour un tour du treuil. Ce serait donc sur le piston en totalité, et pour terminer la pressée, 4 kilogr. 032 par centimètre carré. Il convient de remarquer que ces pressions sont théoriques, c'est-à-dire ne tiennent pas compte des frottements des tourillons et de celui des engrenages.

Or on peut admettre qu'avec deux paires d'engrenages, un levier et un treuil avec poulie mouflée, interposés entre la force motrice et la résistance, on perd en frottements divers 30 p. 100 de la force motrice. Les pressions seraient donc réellement à peu près 0.7 des pressions calculées, soit, pour la quatrième vitesse, 2 kilogr. 822, et, pour la troisième vitesse, 1 kilogr. 411.

Dans l'essai, on a terminé la pressée par cette troisième vitesse; c'est-à-dire que le piston n'a exercé qu'une pression de 1 kilogr. 4 environ par centimètre carré : la balle obtenue avait 1 m.10 de longueur sur 0 m. 60 de largeur et d'épaisseur, ou un volume de 396 litres pour 90 kilogrammes. C'est une densité de 227 kilogrammes par mètre cube. En employant la dernière vitesse, on eût certainement obtenu une densité de plus de 280 kilogrammes sans peine, mais en employant beaucoup plus de temps. Voici quelle est la marche d'une opération:

Une balle liée est renversée sur le sol.

On doit alors, d'abord, soulever le tampon à l'aide d'une chaîne spéciale, et le placer de côté, sur des supports; il a fallu environ *une* minute. Le chargement, avec des bottes de foin du commerce en partie déliées, a duré six minutes, à 2 hommes.

Une minute a été employée pour amener le tampon sur le foin emplissant la caisse, et préparer les chaînes du treuil (des câbles pendant l'essai). A la première vitesse, on a consacré 1′ 30″ et autant pour chacune des deux suivantes, soit 4′ 30″. Le liage, faute de liens convenablement préparés, a exigé 3 minutes; 1/2 minute a suffi pour dégager la botte et la verser au dehors de la caisse: soit en tout 16 minutes pour une balle de 89 kilogr. 960. En dix heures, on ferait donc 37.5 balles, ou 3,373 kilogr. 5. Le prix de revient de l'opération de la mise en balles peut alors s'établir comme suit :

Frais d'outillage : intérêt du prix d'achat (5 p. 0/0), entretien et petites réparations, huile etc. (3 p. 0/0) et amortissement (4 p. 0/0); en tout 12 p. 0/0 de 2,500 francs ou 300 francs pour 150 jours, soit par jour	2f 00c
2 hommes à 4 francs	8 00
TOTAL	10f 00c

pour un poids de 3,373 kilogr. 5, ou par tonne 2 fr. 96, soit 3 francs.

Des hommes habitués au maniement de cette presse auraient employé beaucoup moins de temps dans les diverses opérations: chargement, pose du tampon, serrage aux 3 ou 4 vitesses, liage, décharge de la balle et soulèvement du tampon.

On peut admettre 4 minutes pour le chargement, 1/2 minute pour placer le tampon,

4 minutes 1/2 pour le serrage aux 4 vitesses, 1 minute 1/2 pour le liage, et 1/2 minute pour l'enlèvement de la balle et le soulèvement du tampon : soit 11 ou au plus 12 minutes au lieu de 16, pour une balle de 90 kilogrammes, à 40 grammes près. On aurait alors :

Frais d'outillage, comme ci-dessus	2f 00c
2 hommes à 4 francs	8 00
Total	10f 00c

pour un poids de 4,500 kilogrammes, ou par tonne 2 fr. 22.

L'essai de cette presse n'a pu être terminé à Noisiel. Il a été refait à l'esplanade des Invalides devant une délégation du jury.

PRESSE HORIZONTALE À VIS ET À ENGRENAGES.

La presse horizontale, dite *à pression centrale,* de M. Vidal (Laurent), est à vis conduite à chaque bout par deux paires d'engrenages réduisant respectivement par 2,72727 et 10 2/3, la vitesse communiquée par la main aux deux manivelles, ou par la vapeur à une poulie.

Il y a en réalité trois vis distinctes d'environ 0 m. 09 de diamètre et 0 m. 024 de pas; elles sont placées horizontalement dans le prolongement l'une de l'autre, dans l'axe longitudinal de la caisse double reposant sur deux trains à roues inégales, comme les chariots ordinaires (1 m. 40 de diamètre à l'arrière, 0 m. 85 à l'avant). Chaque vis repose dans le moyeu taraudé d'une roue d'engrenage lui servant d'écrou fixe. La vis intermédiaire, qui a ses filets inclinés en sens contraire de ceux des vis extrêmes, porte à chacune de ses extrémités un piston rectangulaire guidé par les quatre parois de la caisse. Les vis extrêmes ne portent qu'un piston chacune à leur extrémité intérieure.

Lorsque l'on fait tourner l'une ou l'autre des manivelles, ou les deux ensemble, on commande par une première paire d'engrenages le long arbre, qui porte trois pignons de 9 dents, commandant chacune une roue-écrou de 96 dents.

Pour 29 tours 0917 de manivelle, les roues-écrous font un tour, et par suite les vis avancent chacune d'un pas de 0 m. 024. Le piston de la vis de gauche s'avance à droite de 0 m. 024, tandis que le piston de gauche de la vis intermédiaire vient à la rencontre du précédent avec une vitesse égale.

Simultanément, le piston de la vis de droite marche de 0 m. 024 vers la droite, tandis que le piston de droite de la vis intermédiaire s'écarte du précédent avec la même vitesse. Ainsi tandis qu'à gauche, deux pistons se rapprochent pour serrer le foin d'une caisse, les deux autres s'écartent pour laisser libre la balle qui vient d'être serrée et liée. On fait basculer cette balle et l'on charge immédiatement la caisse de droite pendant que le foin de celle de gauche commence à subir la pression. Lors-

IMPRIMERIE NATIONALE.

qu'elle est terminée, on passe les liens, on opère le liage et on fait basculer la balle. Le temps nécessaire pour chaque balle comprend donc seulement celui que nécessitent le serrage, le liage, l'ouverture et la fermeture des portes, soit de 7 à 7 minutes 1/2, lorsque le mécanisme est commandé par une machine à vapeur. Le plus grand écartement de deux pistons étant de 2 m. 36, et leur plus grand rapprochement de 0 m. 41, ils ont à faire chacun 0 m. 975 pour opérer la compression d'une balle, à raison d'un pas de 0 m. 024 par tour de l'écrou, ou de 29 tours 0917 de l'arbre de la manivelle. On voit que chaque écrou doit faire 40 tours 625 ou chaque manivelle 1,181 tours 810 pour une pressée. Comme un homme ne peut guère faire plus de 40 tours de manivelle par minute au commencement de la pression, et à peine 16 à la fin, lorsque la résistance du fourrage approche de son maximum, on voit que le nombre de tours serait à peine en moyenne de 30 et qu'il faudrait par suite, à deux hommes, 37 minutes pour faire une pressée, ou 40 minutes par balle, ou 15 balles en dix heures avec trois hommes, l'un employé constamment au remplissage des caisses. Voici comment pourrait s'établir le prix de revient de la mise en balles (liens non compris) :

Frais d'outillage : intérêt du prix d'achat, entretien, réparation et amortissement, 12 p. 0/0 de 3,000 francs ou 360 francs pour 150 jours, soit par jour	2f 40c
Main-d'œuvre : 3 hommes à 4 francs pour dix heures	12 00
TOTAL	14f 40

pour 15 balles de 74 kilogrammes (d'après l'essai), ou 1,100 kilogrammes, soit par tonne 13 francs ou 12 fr. 97.

En admettant même 40 tours de manivelle par minute, il faudrait 28 minutes, soit moins de 22 balles de 74 kilogrammes ou à peine 1,628 kilogrammes, soit près de 9 francs par tonne.

En admettant, avec l'exposant, que l'on puisse faire, avec quatre hommes, 100 balles de 50 à 100 kilogrammes par jour, les frais seraient de 17 fr. 40 pour 5 à 10 tonnes, ou de 3 fr. 48 à 1 fr. 74 par tonne : ce maximum de production nous semble irréalisable, par cela même que l'énorme pression dont est capable cette presse ne permet pas aux hommes placés aux manivelles (même deux par deux) de faire une balle en moins de 25 minutes. Dans l'essai fait, *en prenant comme moteur une locomobile à vapeur,* il a fallu quatre minutes pour serrer une balle de 74 kilogrammes ; avec les trois minutes exigées par le liage, l'ouverture et la fermeture des portes, c'est au moins sept minutes : soit, par journée moyenne de dix heures, 85.7 balles pesant 6,341 kilogr. 8. On pourrait, avec une locomobile de 5 à 6 chevaux, aller plus vite et économiser une minute environ sur le temps du serrage. On atteindrait ainsi le maximum de production, soit 10 balles de 75 kilogrammes à l'heure ou 7 tonnes 1/2 en dix heures.

Le prix de revient de la mise en balles pourrait donc s'établir comme suit :

Frais du moteur : charbon brûlé, 90 kilogrammes, à 4 francs les 100 kilogrammes à raison de 3 kilogrammes par cheval et par heure........	3f 60c
1 chauffeur..	5 00
Intérêt, entretien et amortissement de 4,000 francs, 10 p. 0/0 ou 400 fr. pour 150 jours, soit par jour..............................	2 66
Frais d'outillage : comme précédemment........................	2 40
3 hommes à 4 francs....................................	12 00
TOTAL........................	25f 66c

pour 6,341 kilogr. 8, ou par tonne, 4 fr. 046 ; pour la production maximum, 7.5 tonnes, le prix de revient serait réduit à 3 fr. 40 environ.

Cette presse, en raison de la force même de son mécanisme de compression, ne peut donc économiquement être mue autrement que par une machine à vapeur. A la main, la compression serait trop lente et trop coûteuse. Les balles faites dans l'essai de l'esplanade des Invalides ont pesé de 71 kilogr. 54 à 76 kilogr. 50. Elles avaient 1 m. 02 de longueur, 0 m. 56 de largeur et 0 m. 60 d'épaisseur ; c'est un cube de 342 lit. 7, et une densité de 208 kilogr. 64 à 223 kilogr. 23 par mètre cube. Pour obtenir cette densité, comme nous l'avons précédemment établi par nos études, il faut exercer sur le fourrage, très probablement, une pression de 1 kilogr. 333 au moins par centimètre carré. La surface étant ici de 1 mètre de long et de 0 m. 50 de large, c'est 5,500 centimètres carrés exigeant 7,333 kilogr. 1/3 sur chacun des deux pistons comprimant la balle en s'avançant l'un contre l'autre. Comme il faut 29 tours de la poulie de 0 m. 52 de diamètre pour que la vis fasse un tour et s'avance de 24 millimètres, l'effort moteur du brin conducteur de la courroie motrice est à la pression contre les deux pistons ou à 14,666 kilogr. 2/3 comme 0,000505145 est à 1. Cet effort moteur est donc égal à 7 kilogr. 4066. Mais une presse à *vis* conduite par deux paires d'engrenages (surtout lorsqu'elle doit, pendant la pressée par deux pistons, entraîner les deux autres pistons en desserrage, comme ici) ne peut guère rendre que 25 p. 100 de la force motrice. En réalité, donc, il faut à la circonférence de la poulie un effort moteur au quadruple ou égal à 29 kilogr. 626. Pour le serrage, le parcours de chaque piston est égal à 0 m. 88, nécessaire pour réduire la masse de foin de 2 m. 36 à 0 m. 6. Or la compression a exigé *quatre* minutes à la vitesse de 256 tours à la petite poulie de 0 m. 25 de diamètre. Le chemin décrit par la courroie motrice a donc été de 418 m. 21 quadruplé ou de 1,672 m. 84. C'est un travail moteur, sur le volant, égal à 12,390 kilogrammètres 6, par minute ou près de 3 chevaux-vapeur (2.7547). En chargeant fortement les caisses et poussant la compression au maximum de rapprochement, on peut à la rigueur faire des balles de 100 kilogrammes, n'occupant qu'un espace de 1 m. 02 sur 0 m. 56 et 0 m. 41, soit un cube de 234 lit. 2 ;

c'est une densité de 427 kilogrammes, inutilement trop forte le plus souvent, car elle n'a sa raison d'être que dans les transports par navire.

PRESSE PILTER.

Cette presse est montée sur deux paires de roues. Le train d'arrière porte le mécanisme de pression définitive qui a pour but de donner la densité voulue et aussi de faciliter le liage.

Le canal d'alimentation a son fond en bois légèrement incliné de l'extérieur (entrée du foin) à l'intérieur, distants, à l'extérieur ou entrée, de 1 m. 350; ses parois latérales vont en se rapprochant à 0 m. 52 devant une enveloppe cylindrique qui constitue la partie fixe, véritable bâti de la machine. Dans l'intérieur de l'enveloppe fixe sont deux *cônes opposés* par le sommet, et ayant leurs axes de rotation inclinés sur l'horizon de 45 degrés dans un plan vertical.

En avant, est une couronne doublement dentée : elle roule sur 3 galets dont les paliers comme ceux des axes des cônes sont venus de fonte avec l'enveloppe fixe. Le foin jeté par des hommes à l'entrée du canal alimentaire est saisi, soulevé et poussé par 4 râteaux articulés contre les deux cônes tournant, de façon à attirer le foin de l'extérieur à l'intérieur. Voici comment cette alimentation automatique se produit. Chacun des 4 râteaux est articulé d'un bout à l'un des coudes d'un arbre à vilebrequin, de façon que deux *montent* pendant que les deux autres *descendent*. L'autre bout passe dans une mortaise ménagée dans une cloison verticale en bois, fixée sous le fond. Chaque barre porte 6 dents de longueur décroissante et son mouvement de rotation de bas en haut et en avant soulève et lance le foin contre les cônes. Les dents passent dans des rainures du fond du canal alimentaire. D'abord tout à fait cachées au-dessous dun fond elles s'élèvent peu à peu et poussent le foin par secousses rapides Le vilebrequin reçoit son mouvement de la denture extérieure de la couronne qui conduit, par ses 50 dents, un pignon de 9 dents. Sur l'arbre de ce pignon est calé un pignon conique d'environ 18 dents conduisant une roue conique clavetée sur l'extrémité de l'arbre à vilebrequin. La couronne qui reçoit son mouvement de rotation par un pignon de 13 dents solidaire d'un arbre faisant 90 tours fait donc seulement 23.4 tours. L'arbre à vilebrequin fait alors 78 tours. Les cônes alimentaires font environ 2 tours pour 1 de la couronne ou 46.8 par minute. Leur diamètre moyen étant de 0 m. 18, c'est par chaque tour un avancement de foin de 0 m. 565; et pour 46 tours, 8 par minute, c'est 26 m. 45 sur une section d'environ 3 décimètres carrés, soit un volume de 793.5 décimètres cubes qui, à une densité de 45 kilogrammes au mètre cube, donne un poids d'au moins 36 kilogrammes (35 kilogr. 7076 par minute). Comme l'alimentation est forcément intermittente on comprime à peine 16 kilogr. 2/3, c'est-à-dire que la première compression emploie un peu moins de la moitié du temps nécessaire pour faire une balle. La dernière compression, le liage et la remise en marche, emploient le reste. Avant de faire marcher l'alimentation, on a amené tou contre les cônes qui poussent le foin en avant un plateau porté au bout d'une barre carrée serrée entre les mâchoires d'un frein à vis. Cette barre glisse ainsi dans le frein à frottement aussi dur que l'exige le degré de compression voulu et à frottement doux dans l'axe creux d'une vis servant à terminer la compression. D'autre part, ce plateau est rendu solidaire de la rotation de la couronne dentée par 2 fers à T fixés normalement à cette couronne d'une part et à une pièce enfilée sur l'écrou et formant un diamètre, dont les bouts en retour d'équerre supportent les fers à T. Le plateau porte, au droit des fers à T, deux ergots le forçant de glisser le long de ces fers à T par l'effet de de la pression du foin qui avance continuellement. Ce plateau présente au fourrage quatre fortes pointes saillantes qui arrêtent les brins de foin, tandis que le plateau tourne, et les forcent à s'enrouler en une espèce de très grosse corde sans fin qui se range en spires successives au fur et à mesure que le plateau, tout en tournant, est forcé d'avancer.

Pour mettre en marche la machine, dès qu'une balle liée est abandonnée, on s'assure si le talon du frein qui le maintient sur la tête de la vis ne touche pas au support de la machine. On amène alors à la main le plateau vers les cônes alimentaires. On serre ensuite la vis du frein avec la grande tige, de façon à amener la petite aiguille au point de repère que le travail précédent a fait adopter. Il faut en effet faire quelques balles, en augmentant ou diminuant la pression, c'est-à-dire la résistance de la tige carrée dans les mâchoires du frein, pour arriver à déterminer la résistance donnant la densité voulue. Et, comme chaque jour l'usure insensible de la tige carrée du plateau diminue la résistance et, par suite, la densité des balles, il faut chaque jour resserrer un peu la vis et dépasser le repère primitif. Cela fait, on embraye : 1° la couronne dentée en poussant un levier d'embrayage qui saisit le pignon par ses crans et le fait tourner; 2° l'engrenage en attirant un second levier d'embrayage. Ces embrayages faits, la couronne dentée tourne, en entraînant dans sa rotation le vilebrequin, les râteaux et les cônes d'alimentation, ainsi que le plateau. On commence alors à jeter du foin dans le canal alimentaire; ce foin est amené contre le plateau et s'entortille autour des pointes d'arrêt; arrivant continuellement, il presse bientôt contre le plateau en rotation, et de plus en plus.

Dès que la pression du foin contre le plateau est suffisante pour forcer la tige carrée du plateau à glisser dans les mâchoires du frein, le plateau s'avance et la résistance qu'il éprouve reste constante si l'alimentation en foin par les deux hommes chargés de ce soin est régulière. Dès que le plateau n'est plus qu'à 0 m. 02 ou 0 m. 03 du frein, il faut arrêter l'alimentation en désembrayant le pignon de commande, c'est-à-dire en poussant l'un des leviers d'embrayage. Pour dispenser de ce soin l'ouvrier conducteur de la machine, on a disposé, près de l'extrémité de la tige carrée, une buttée tournant autour du petit axe et tirant une tringle qui désembraye l'alimentation en dégageant une partie du manchon à griffes qui entraînait, par le mouvement de l'arbre, le pignon de commande. Il faut d'ailleurs que cet arrêt se fasse de façon que la tête de la vis du frein se trouve en haut, afin que les rainures du plateau dans lesquelles on doit passer les liens soient en face des rainures de la bouche *cylindrique* fixe.

Comme le plateau ne tourne plus, la vis de pression avance et le plateau de même sans tourner. On obtient ainsi une compression nouvelle que l'on prolonge plus ou moins à volonté. Mais c'est pendant cette compression que le liage doit se faire. Le second ouvrier fait d'abord glisser en arrière dans sa rainure la séparation verticale qui se trouve dans la trémie. Il tient en main les deux liens, en passe un des bouts à l'ouvrier conducteur qui l'introduit par l'ouverture ménagée à cet effet dans la bouche cylindrique de son côté jusqu'au tiers de la balle environ. Il maintient ce bout pendant que le second ouvrier passe le bout opposé dans la rainure correspondante. Cela fait, le même ouvrier passe un des bouts du second lien dans la rainure du haut de l'enveloppe ou bouche cylindrique, et le bout opposé, dans la rainure du bas. Il prend ensuite le bout du premier lien, qui se trouve de son côté, le passe dans la rainure correspondante du plateau où l'ouvrier conducteur le saisit et le joint au bout qu'il possède déjà. Pendant ce temps le second ouvrier a fait passer le deuxième bout du second lien dans la rainure par le haut du plateau, l'a saisi en dessous et joint, par-dessus la balle, à l'autre extrémité de ce lien.

Lorsque l'ouvrier conducteur juge que la deuxième pression par la vis est suffisante, il la fait cesser en désembrayant la roue de commande, c'est-à-dire en repoussant le second levier d'embrayage jusqu'à son cran d'arrêt. C'est alors que chacun des ouvriers place une agrafe ou S à l'un des liens : la botte est comprimée et liée. Il reste à la dégager et à la laisser tomber sur le sol. Pour cela, il suffit que l'ouvrier conducteur pousse le même levier jusqu'à ce que le manchon d'embrayage engage ses crans dans ceux du pignon de recul qui conduit, par un engrenage intermédiaire, une roue dentée clavetée sur l'écrou. Ayant par cet embrayage changé le sens de la rotation, le plateau avec la vis recule et abandonne la balle qui tombe. Si le liage n'a pu être terminé quand la deuxième pression est achevée, on arrête néanmoins la rotation de la vis, et pour cela un repère est marqué sur le longeron du bâti; il indique le point que le plateau avançant avec la vis pour la dernière pression ne doit pas dépasser. Ce repère est placé de telle sorte que la balle sous *pression* a environ 0 m. 05 ou 0 m. 06 de moins que sa longueur définitive.

La balle enlevée ainsi, on desserre le frein, on pousse le plateau contre les cônes alimentaires, on resserre le frein jusqu'au point voulu et on recommence la série des opérations précédentes.

Il est à peu près impossible de calculer l'effort de compression exercé sur le plateau puisqu'il dépend de la pression inconnue que subit la tige carrée entre les mâchoires du frein. Si nous admettions, en nous basant sur nos observations, que, pour avoir la densité obtenue dans l'essai fait à Noisiel (342 kilogr. 453 au mètre cube), il faille une pression de 2 kilogr. 2 par centimètre carré du plateau compresseur, ce serait 4,744 kilogr. 25 puisque l'aire du plateau est de 21,565 centimètres carrés, pour la presse B, décrite ici. Mais, pour le modèle A essayé à Noisiel, le diamètre du plateau étant de 0 m. 65, son aire était de 3,318 centimètres carrés et la pression supportée 7,300 kilogrammes; cette pression n'était exercée que pendant la moitié du temps total, soit 3 minutes, puisqu'on a fait une balle de 125 kilogrammes en 6 minutes : elle avait 0 m. 65 de diamètre et 1 m. 10 de long.

L'exposant admet qu'il faut une machine à vapeur de 4 chevaux pour conduire la grande presse essayée à Noisiel; en supposant que la puissance motrice dépensée a été de 3 chevaux-vapeur, le prix de revient de la mise en balles peut s'établir ainsi, non compris les liens :

Frais de moteur : consommation de charbon pour 3 chevaux effectifs, 90 kilogrammes à 4 fr. 50 les 100 kilogrammes	4f 05c
Un chauffeur à 5 francs	5 00
Intérêt du prix d'achat (5 p. 0/0), amortissement (3 1/2 p. 0/0), entretien (3 1/2 p. 0/0); ensemble : 12 p. 0/0 de 4,200 francs, soit 504 francs pour 150 jours par année, ou par jour	3 36
Frais d'outillage : intérêt du prix d'achat (5 p. 0/0), amortissement (4 p. 0/0), entretien (4 p. 0/0); en tout : 13 p. 0/0 de 3,100 à 3,300 francs ou 403 à 429 francs pour 150 jours, ou par jour en moyenne	2 77
Main-d'œuvre : deux hommes pour présenter le foin à la machine, un conducteur et un aide : soit trois hommes à 4 francs	12 00
et un à 5 francs	5 00
TOTAL	32f 18c

pour 9,375 kilogrammes par jour, soit par tonne 3 fr. 43.

L'exposant estime les deux liens d'une balle à 0 fr. 35; pour une tonne il faudrait donc ajouter pour liens 8 fois 0 fr. 35 ou 2 fr. 80.

La torsion légère que subit le foin dans cette presse ne le brise pas, comme on le pourrait croire au premier abord. Les balles cylindriques ne présentant pas d'arête, la perte dans le chargement peut être moindre que celle que l'on constate pour les balles parallélépipédiques. Comme avec les presses continues mettant le foin en paquets pliés successifs, on ne peut ici mettre à l'intérieur des balles du foin médiocre ou de qualité inférieure, sans que cela se voie extérieurement. Les balles cylindriques de 100 à 125 kilogrammes sont maniables à la façon de tonneaux pleins, tandis que des balles parallélépipédiques de plus de 40 kilogrammes sont difficiles à manier. Dans la classe des presses à alimentation intermittente, cette presse occupe donc un très bon rang.

PRESSE À FOURRAGES DE TRITSCHLER.

Cette presse comprime le foin d'après le même principe que la presse Dédérick; mais l'alimentation est intermittente et faite entièrement à la main.

Autour de la cheville ouvrière de l'avant-train tourne un long bras de levier à l'extrémité duquel on attelle une paire de bœufs. Le levier est en bois ordinairement et fixé dans une tête en acier fondu terminée à l'intérieur par une forte douille et latéralement par deux saillies ou oreilles percées chacune d'un trou pour le passage d'une cheville d'articulation. Cette tête peut, en effet, s'articuler avec une des saillies d'une pièce triangulaire, semblable et presque symétrique, et ayant la forme d'un chapeau à trois cornes. Quand une des oreilles du grand levier est réunie par une cheville avec la pièce triangulaire, et que le levier marche dans le sens convenable, on enfonce le piston en exerçant un effort environ vingt fois égal à celui de la paire de bœufs à l'extrémité du grand levier ou 4,000 kilogrammes, si les bœufs exercent ensemble un effort de 200 kilogrammes. Cet effort est facile à obtenir, puisqu'un bœuf, en s'arc-boutant, peut donner une traction égale aux 2/3 au moins de son poids ou 400 kilogrammes. Marchant ainsi en décrivant 1/3 de cercle d'environ 3 mètres de rayon, ils développent un travail moteur de 1,200 kilogrammètres pour faire marcher le piston de quelques décimètres seulement; la pression exercée sur ce piston peut donc être très considérable. La première partie de la caisse peut être dite *de chargement*. Un ouvrier, debout sur la machine, y tasse le foin et le comprine avec les pieds jusqu'à ce qu'il ne puisse plus en ajouter. Il ferme alors la porte et fait décrire à l'attelage 1/3 de cercle. Jusqu'à ce que la porte s'ouvre automatiquement, l'attelage décrit le même arc de cercle en sens inverse pour ramener le piston; on a dû naturellement relier pour cela l'une des oreilles de la tête du levier avec l'oreille correspondante de la tête triangulaire de la bielle du piston, à l'aide d'une cheville disposée pour cet emploi.

L'ouvrier chargeur place alors contre le fourrage refoulé dans la seconde partie de la caisse, où des crochets à contrepoids le retiennent, une planche ou séparation spéciale, et charge à nouveau la caisse. L'attelage fait une nouvelle oscillation. Comme à la précédente, il y a eu refoulement de foin, ouverture automatique de la caisse, puis retour du piston. Cette opération se répète trois ou quatre fois et alors l'ouvrier place une seconde planche séparative et il recommence le chargement comme précédemment.

Lorsque les deux planches séparatives paraissent dans la troisième partie de la caisse, ouverte sur ses faces latérales, il y a une balle que l'on peut lier et qui forme un fond ou appui propre à supporter l'effort de pression. Car la seconde partie de la caisse, dite *de refoulement*, a une section décroissante en hauteur, ce qui fait éprouver au foin en refoulement une grande compression. La troisième partie de la caisse ou conduit de décharge a de même une hauteur décroissante de sorte que la pression acquise par le foin dans la caisse de refoulement se maintient et s'accroît même pendant le liage. La difficulté qu'éprouve le foin à s'écouler est réglée à volonté par le serrage de vis réduisant plus ou moins la hauteur finale du passage. La densité peut donc être réglée à volonté.

Dès que l'on a une première balle en liage, la machine est *amorcée* et peut alors fonctionner plus rapidement et régulièrement.

La caisse remplie, on opère une foulée, pendant laquelle l'attelage décrit, en tirant, 1/3 de cercle; alors la porte de chargement s'ouvre et le piston, qui n'est plus retenu par sa tête de bielle, rebondit en arrière sous l'élasticité du foin que l'on vient de refouler. La tête triangulaire de bielle est venue présenter l'angle opposé à la buttée de tête. Alors, si l'on charge à nouveau la caisse, l'attelage qui, pendant le chargement, a tourné autour de sa cheville d'attelage de l'extrémité du levier peut refouler en revenant, sans faire de parcours inutile, comme pour la mise en train. La balle de 50 kilogrammes se compose de huit foulées ou chargements; le chargeur doit donc mettre une planche séparative toutes les fois qu'il a achevé huit chargements ou foulées. Il est, du reste, averti par une sonnerie, que l'on règle à volonté pour sept, huit ou neuf foulées, suivant la densité et la longueur de balle désirables.

Le foin étant fourni au chargeur comme pour toutes les machines, il faut de plus un lieur : cet ouvrier a tout le temps nécessaire pour *lier, recevoir, peser* et *placer* en lieu convenable les balles faites.

Dans l'essai fait à Noisiel, il a fallu 5 minutes pour faire une balle de 50 kilogr. 5 ayant 0 m. 78 de long, 0 m. 50 de large et autant d'épaisseur, ou un cube de 195 litres; c'est une densité de près de 259 kilogrammes (258 kilogr. 974) au mètre cube. Le travail par heure s'est élevé à 606 kilogrammes.

Le prix de revient de la mise en balles (liens non compris) peut s'établir comme suit :

Frais du moteur : 2 bœufs à 2 francs l'un (prix de revient de la nourriture et des soins)	4f 00c
1 bouvier à 4 francs	4 00
Frais d'outillage : intérêt du prix d'achat (5 p. 0/0), amortissement (3 1/2 p. 0/0), entretien et petites réparations (3 1/2 p. 0/0); ensemble : 12 p. 0/0 de 2,000 francs ou 240 francs pour 150 jours, soit par jour	1 60
Main-d'œuvre : 1 chargeur et 1 lieur à 4 francs chaque	8 00
Total	17f 60c

pour 6,060 kilogrammes, soit par tonne, 2 fr. 904.

En admettant huit foulées pour 50 kilogrammes on a chaque caisse pleine, 6,250 kilogrammes et la pression se fait sur un piston de 0 m. 78 sur 0 m. 50 de large, soit 3,900 centimètres. Comme il faut environ 5/3 de kilogramme de pression par centimètre carré pour obtenir la densité de 259 kilogrammes, il faut que la pression efficace du piston se soit élevée à 6,500 kilogrammes. Avec 2 bœufs attelés à un long levier il est facile d'arriver à ce résultat, et même par un dernier effort de l'attelage on peut arriver à près du double. C'est une presse éminemment pratique. Son travail peut être dit *continu*, malgré l'intermittence du chargement et de la traction.

PRESSE ALBARET.

Toutes les presses à levier, à treuil ou à vis, avec ou sans engrenages multipliant la force, opèrent par intermittence. Le foin que l'on a rangé et tassé dans la caisse reçoit sur toute sa masse une seule et courte pression. Les ouvriers servant de telles presses changent périodiquement de fonctions : ils sont, tour à tour, chargeurs, presseurs et lieurs. Car il faut successivement charger, presser, lier et extraire la *balle faite*, pour en faire une autre par la même succession de travaux. Cette organisation du travail n'est acceptable que pour une médiocre production journalière. Et même, en toutes circonstances, le fonctionnement intermittent n'est pas économique, parce qu'il ne permet pas la division du travail qui, spécialisant les ouvriers, leur donne cette habileté et cette sûreté de main qui peut, seule, assurer la perfection d'un travail quelconque. La continuité du travail est donc le but à viser pour les machines à comprimer le foin, comme pour toute autre. Or la presse Dédérick, construite et exposée par M. Albaret, de Liancourt, satisfait à cette condition. Un homme présente continuellement le foin à la trémie alimentaire; un outil plie ce foin en le *plongeant* dans la caisse, où un second outil l'amasse, le tasse et le comprime sans discontinuité; un second ouvrier *lie* au fur et à mesure les balles qui s'écoulent dans un conduit de serrage et s'en échappent d'elles-mêmes sans arrêt.

Le moteur actionnant la presse continue de M. Albaret peut être une machine à vapeur, des chevaux ou des bœufs au manège ordinaire à piste circulaire, ou même deux à quatre chevaux sur un plan incliné à rails et roulettes (tread-mill, tripot ou trépigneur). Aux avantages généraux dus à la continuité de l'opération viennent s'en ajouter d'autres que l'examen détaillé des diverses parties de la machine fera reconnaître aisément.

L'outil de chargement est une espèce de planche fixée à l'extrémité du grand bras d'un levier oscillant d'une manière particulière, imitant un homme qui, la main verticalement tendue, enfoncerait et tasserait par coups successifs le foin dans une caisse.

Cette planche, terminée à sa partie inférieure par une dentelure, descend périodiquement, à intervalles égaux : elle plonge dans la caisse au fond de la trémie dans laquelle un ouvrier jette constamment, par fourchées égales, une couche de foin. Ce plongeur plie en deux la couche de foin en l'enfonçant jusqu'au fond dans un conduit horizontal ouvert sous la trémie. Ce *pli* de foin est aussitôt poussé vers la sortie par le second outil, le *piston compresseur*. Ces paquets de foin assimilables à de *petits livres brochés égaux* se casent ainsi l'un après l'autre dans la caisse ou conduit horizontal en supportant ensemble chaque nouveau coup de piston qui leur amène un compagnon. Si la caisse où se tasse ainsi le foin avait une section verticale constante, le foin avancerait d'un mouvement périodique, uniforme, dans le conduit, sans subir de compression sensible. Mais on peut, à volonté, en agissant sur les vis spéciales, régler la face supérieure du conduit de façon que la hauteur de la section, de largeur constante, aille en diminuant. On peut même, dans une certaine mesure, rétrécir aussi l'extrémité du conduit.

La section du conduit allant ainsi en diminuant sur l'une de ses dimensions (la verticale) ou même sur toutes deux, la résistance à l'écoulement du foin tassé s'accroît et détermine une compression que l'on peut augmenter à volonté jusqu'au maximum permis par la force motrice dont on dispose.

La densité des couches verticales de foin va ainsi en croissant, depuis l'entrée du conduit de compression jusqu'à son extrémité; au delà, la botte est faite, puis liée; mais le conduit d'échappement, où elle se trouve alors, a, lui-même, une section légèrement décroissante qui maintient et même accroît la densité pendant le liage. De sorte que la balle faite, avant de sortir du conduit, forme un fond résistant contre lequel le piston compresseur pousse sans cesse de nouvelles couches de foin qui se compriment ainsi peu à peu, et, par suite, dans les meilleures conditions, sans que les tiges puissent être brisées puisque l'ensemble des couches est assimilable à une suite de *coussins* élastiques. La balle, liée, sort lentement du conduit et se trouve bientôt libre sur une table horizontale placée en prolongement du fond du conduit. Le foin sortirait sous forme de parallélépipède indéfini, si l'on n'avait soin de placer dans le conduit (par la trémie) des obturateurs qui isolent du foin en compression celui que le *plongeur* va conduire. Pour avoir des balles absolument de même longueur, il suffit que l'ouvrier alimentant la trémie, par égales fourchées, laisse tomber un obturateur après un même nombre de fourchées. Pour le dispenser de ce comptage, on place sur le conduit horizontal des marques ou repères indiquant que la longueur voulue est atteinte. On peut arriver ainsi à une grande régularité de dimensions. Nous avons sous les yeux un *état* authentique des dimensions et des poids des balles faites par une presse à fourrages de M. Albaret qui ne laisse aucun doute sur la précision dont cette machine est capable.

D'après cinq essais ayant produit 370 balles, le poids moyen de la balle a été de 37 kilogr. 71. Les écarts sur les poids ont été au maximum de 7 p. 100 en dessus ou en dessous de la moyenne. Les écarts de longueur n'ont pas dépassé 3 p. 100 de la moyenne. Le cube moyen ayant été de 144 litres, c'est une densité de 261 kilogr. 8 par mètre cube. La vitesse de sortie (obturateurs compris) a été de 16 m. 040 par heure, c'est-à-dire moins de 0 m. 0045 par seconde.

On a fait, en moyenne, une balle en moins de 3 minutes 1/3, soit par heure 18 balles de 37 kilogr. 71, ou 678 kilogr. 78 par heure. C'est, par journée de dix heures, 6,787 kilogr. 8 en 180 balles.

Dans l'essai fait à Noisiel, la balle avait la même section, mais une plus grande longueur (o m. 90); le poids a été de 43 kilogrammes et la densité de 278 kilogr. 50. La régularité de poids et de cube des balles n'est pas le seul avantage procuré par le soin mis par l'ouvrier à placer régulièrement les obturateurs. Si chaque obturateur est placé après le même nombre de fourchées, les balles déliées présentent chacune le même nombre de petits paquets de foin, ce qui facilite le rationnement des animaux en le simplifiant et l'accélérant.

La courroie de commande, venant d'une machine ou d'un manège quelconque, entraîne la poulie fixée sur la presse à l'extrémité d'un arbre horizontal tournant dans des paliers boulonnés sur les longerons supérieurs du bâti de la machine; à son autre extrémité, cet arbre porte un lourd volant que l'arbre entraîne par le frottement d'un plateau, dont on fait varier à volonté la pression par le serrage de boulons. Si donc le piston de la presse est arrêté brusquement, par une cause quelconque, comme cela peut arriver pendant le travail, le volant glisse sur le plateau en continuant son mouvement. On évite ainsi tout choc et toute rupture de pièces que pourrait entraîner un arrêt brusque du volant.

Sur l'arbre du volant faisant au moins 320 tours par minute, 2 pignons de 12 dents sont calés pour commander deux roues de 60 dents symétriquement placées en dedans du bâti. Sur l'arbre de ces deux roues, sont fixés deux pignons de 10 plus fortes dents commandant 2 roues de 54 dents placées à l'intérieur et plus bas que les précédentes. A la jante de ces deux roues, est articulée la tête de la bielle actionnant le piston à l'intérieur duquel elle est articulée par son extrémité antérieure.

Lorsque la poulie de l'arbre du volant fait 28 tours 8, les deuxièmes roues dentées font un tour, et le piston, un aller et un retour de o m. 763 chacun. Avec la vitesse de 320 tours au volant, le piston emploie donc 5 secondes 4/10 pour son va-et-vient. La vitesse de ce piston croît donc de zéro (aux changements de sens) jusqu'à o m. 444 au moment où la tête de bielle est au plus haut de sa course ou au plus bas. Dans l'essai cité, le poids moyen de la balle (sur 370) ayant été de 37 kilogr. 71, c'est un peu plus de 1 kilogramme par coup de piston (1 kilogr. 02 et 37 fourchées par balle). On pourrait prendre chaque bottillon comme 1 kilogramme et rationner en les comptant.

Environ 2/3 de seconde (o″ 675) avant que le piston achève son retour à vide, la bielle soulève une tige emprisonnant, dans une mortaise, le petit bras du levier du *plongeur*. Cette tige glisse en haut dans une coulisse fixe. La tête de bielle ferrée soulève ainsi lentement cette tige pendant un quart de tour des deuxièmes roues, ou pendant 1″ 35. Pendant tout ce temps, par suite, le plongeur descend à très peu près uniformément et sans choc dans la trémie. Il plie en V la fourchée de foin d'un kilogramme et la descend dans la caisse sans briser le foin puisque celui-ci reste, pour ainsi dire, en l'air tant que le plongeur descend.

La course du plongeur est d'environ 0 m. 90. La profondeur à laquelle il pénètre est réglée à volonté parce que la partie travaillante du plongeur, la planche dentelée, peut être allongée ou raccourcie en glissant sur une planche fixée au levier. Deux boulons glissant dans des rainures permettent de régler exactement la longueur du plongeur en saillie sur son levier et par suite de limiter à volonté la profondeur qu'il peut atteindre dans sa descente. On peut donc affirmer que le foin n'est ni *piloné, ni tassé* ni brisé par le plongeur : c'est une main mécanique venant plier en V la couche de foin et la *faisant descendre* vers le fond de la caisse, sans choc. Par surcroît de précaution, une lame horizontale supportée par deux longs ressorts verticaux en boudins reçoit le choc du levier si, par extraordinaire, le plongeur prenait une certaine accélération de vitesse de descente. Enfin une planche fixée à peu près à moitié de la longueur du grand bras viendrait aussi frapper sur le bâti si les ressorts ne suffisaient pas. Tout choc sur le fourrage en chargement dans la caisse est donc évité; le poids du plongeur est d'ailleurs équilibré par un contrepoids métallique placé à l'extrémité du petit bras du levier. On voit que ce plongeur agit avec une remarquable douceur, pendant tout le temps de sa descente, c'est-à-dire de son action sur le foin. Dès qu'il est au plus bas de sa course, la bielle l'abandonne subitement à l'arrière. Il se relève alors brusquement par la réaction des ressorts sous son grand bras et par l'entraînement du petit bras produit par le contrepoids et la chute de la tige qui avait soulevé le levier. La chute de cette tige, d'une hauteur d'environ 0 m. 52, n'exige qu'un tiers de seconde à peine comme le relèvement du plongeur. Pendant ce laps de temps les deuxièmes roues dentées (les plus basses) font moins d'un seizième de tour, et le piston n'avance que de 0 m. 10 vers le foin à pousser. L'alimentation proprement dite se fait donc automatiquement et avec une précision mathématique.

La face comprimante du piston est à 0 m. 05 du bord postérieur de la trémie lorsqu'il va commencer à pousser le foin que le plongeur vient d'abandonner subitement, après l'avoir plié en V et descendu. Ce foin sera conduit par le piston pendant toute sa course de 0 m. 763; il subira une pression croissante dès qu'il s'appuiera contre le foin précédemment poussé que des crochets à ressort ont accroché et retenu. Ce sont trois lames d'acier placées extérieurement sur les faces verticales de la caisse : elles se terminent en retour d'équerre, du côté fixe, sur la caisse, par deux boulons, et de l'autre bout sont légèrement inclinées vers l'intérieur pour recevoir un taquet qui s'écarte pour laisser passer le piston, et revient de suite arrêter le foin que son élasticité tend à faire reculer avec le piston. La face supérieure du piston est composée de plusieurs feuilles de bois formant ressort. Afin d'assurer une occlusion complète de la caisse, la trémie sur l'ouverture de laquelle on étend le foin est à deux étages; le supérieur a 1 m. 20 de longueur d'ouverture au moment précis où l'on y place le fourrage, mais sa paroi verticale antérieure est reliée au piston et se trouve solidaire du mouvement de celui-ci. Il en résulte que lorsque le plongeur commence à descendre, cette paroi verticale a reculé avec le piston de façon à amener le foin au-dessus du conduit vertical formant l'étage inférieur et d'une largeur constante; le plongeur trouve donc le foin déjà en partie plié et n'a qu'à achever de le plier, puis à l'enfoncer dans la trémie. Dès que le plongeur se relève brusquement, l'ouverture de l'étage supérieur de la trémie s'allonge de nouveau pour recevoir une fourchée de foin.

L'essai cité ci-dessus et celui fait à Noisiel montrent que le modèle de presse Albaret ayant un conduit de 0 m. 365 de largeur sur 0 m. 47 de hauteur peut faire de 679 à 860 kilogrammes de balles par heure, suivant que la force motrice disponible permet de faire sortir les balles avec une vitesse de 16 à 19 mètres à l'heure ou de faire faire 310 à 360 tours au volant.

Pour obtenir une densité de 262 à 278 par mètre cube, nous croyons que le foin doit subir une pression finale d'au moins 5/3 de kilogramme par centimètre carré de surface en pression, soit ici (pour 0 m. 365 sur 0 m. 47) 2,859 kilogrammes.

La résistance sur le piston étant de 2,859 kilogrammes avec une vitesse de 16 à 19 mètres à l'heure, c'est un travail moteur utile de 45,744 à 54,321 kilogrammètres. Le frottement de la balle est énorme et s'ajoute à cette résistance. Une presse à deux paires d'engrenages avec bielle courte et la condition du retour à vide d'un piston ne peut guère rendre en effet utile que 12.50 p. 100 du travail moteur.

Celui-ci doit donc être égal à 1 cheval et demi ou 2 chevaux au plus.

M. Albaret admet que cette presse peut marcher avec 4 chevaux attelés à un manège ordinaire.

En Amérique, nombre de presses de ce genre marchent avec 3 ou 4 chevaux au manège en plan incliné pour faire 900 kilogrammes à l'heure. C'est une puissance motrice de 3 chevaux-vapeur très probablement. Pour dépasser la densité de 300 kilogrammes il faudrait évidemment augmenter beaucoup plus vite la force motrice que la densité.

Le prix de revient du travail journalier d'une presse Albaret peut être établi ainsi qu'il suit :

Moteur.	Machine à vapeur de 4 chevaux donnant 3 chevaux seulement. 90 kilogrammes de houille à 4 fr. 50 les 100 kilogrammes..	4f 05
	Un chauffeur..............................	5 00
		9 05
Intérêt du prix d'achat (5 p. 0/0), petites réparations et entretien (2 1/2 p. 0/0), amortissement (2 1/2 p. 0/0), soit en totalité 10 p. 0/0 de 4,500 francs ou 450 francs pour 150 jours, soit par jour...........		3 00
Main-d'œuvre : deux hommes à 4 francs........................		8 00
Frais d'outillage : intérêt (5 p. 0/0), réparations (3 1/2 p. 0/0), amortissement (3 1/2 p. 0/0), soit 12 p. 0/0 de 2,200 francs ou 264 francs pour 150 jours, soit par jour..............................		1 76
Total..................		21 81

pour 6,790 à 8,600 kilogrammes de balles, soit par tonne 2 fr. 536 à 3 fr. 212.

M. Albaret étant membre du jury de la classe 49, sa machine est par cela même hors concours.

PRESSE À FOURRAGES DE WHITMAN.

Présentée par la *Whitman agricultural C°*, de Saint-Louis (États-Unis), la presse à fourrages de Whitman est faite sur le même principe que celle de Dédérick, mais en diffère assez dans la plupart de ses parties pour constituer un type distinct. La poulie qui reçoit le mouvement de la courroie venant du moteur rotatif est folle sur l'arbre du volant qu'elle n'entraîne qu'en raison du frottement opéré contre l'intérieur de sa jante par deux demi-cercles formant ressorts. Ces segments sont énergiquement poussés contre la jante par un système de coins et de leviers composés qui tournent solidairement avec l'arbre du volant. Lorsque la résistance des organes de la presse ne dépasse pas la résistance au frottement contre la poulie, celle-ci entraîne le volant de la presse et, par lui, tout le mécanisme.

Si, en quelques points de celui-ci, un obstacle accidentel accroît sensiblement la résistance, la poulie tourne sans entraîner le volant. La friction d'entraînement pouvant être réglée à volonté, il est facile de comprendre que l'on peut éviter toute rupture, quelles que soient les causes d'arrêts qui pourraient se présenter.

En outre, l'homme qui conduit la machine à vapeur et même celui qui présente le fourrage peuvent, en agissant sur un des deux leviers d'un frein simple à sabot, appuyer assez sur le volant pour réduire sa vitesse peu à peu à zéro; mais l'arbre de ce levier du frein est relié, par une bielle et un levier composé, au mécanisme exerçant la friction d'entraînement sur la poulie, de façon qu'en cherchant seulement à réduire la vitesse du volant en agissant sur le levier du frein, on diminue aussi la friction contre la poulie, et l'arbre du volant cesse d'être entraîné.

Ce mécanisme d'arrêt momentané est si efficace et si prompt que l'on peut s'en servir pour placer les obturateurs destinés à limiter les balles afin d'éviter tout accident pour l'ouvrier et toute chance de rupture pour la machine. On peut toutefois, avec un peu d'habitude, placer les obturateurs ou séparateurs pendant la marche de la machine sans danger.

L'arbre du volant porte 2 pignons de 13 dents conduisant 2 roues de 68 dents placées symétriquement, par rapport au plan vertical, passant par l'axe du piston compresseur.

Sur l'arbre de ces 2 roues sont calés 2 pignons de 11 dents commandant 2 roues de 50 dents placées entre les précédentes. Il faut donc plus de 23 tours du volant (23 tours 77) pour que les deuxièmes roues dentées fassent un tour. A 0 m. 1651 de leur axe ces roues reçoivent les tourillons d'une tête en forme de T articulée avec une bielle qui, de l'autre bout, s'articule avec la bielle du piston et un balancier jumelé ayant son axe de rotation sous le bâti.

Pendant que les deuxièmes roues dentées font un tour, le plongeur accomplit une oscillation et le piston compresseur un *aller et retour*.

Le plongeur se compose de deux planchettes presque verticales embrassant un petit côté du parallélogramme formé par quatre longues barres jumelées, articulées deux à deux sur le même support. Les deux barres supérieures sont prolongées en arrière de l'appui pour porter un contrepoids à leur extrémité et par-dessus un siège pour le conducteur de la presse en voyage de ferme en ferme.

Les deuxièmes roues ont, sur leur face extérieure, une coulisse en forme de cœur dissymétrique, emprisonnant le galet d'un balancier ayant son axe de rotation un peu à l'arrière. La courbe ou came en cœur a un rayon constant sur moitié de la circonférence et des rayons croissants et décroissants dyssymétriquement sur les deux quarts restants; il en résulte que, lorsque les deuxièmes roues tournent, elles forcent le galet à s'abaisser pendant un quart de tour environ; il reste en repos pendant 1/22 de tour, puis se relève d'autant pendant un peu moins d'un quart de tour suivant, puis il reste en repos pendant le reste du tour. Les balanciers sont prolongés un peu au delà de leur galet par un retour d'équerre et s'articulent là avec deux bielles minces restant presque verticales et s'articulant à leur partie haute avec deux barres supérieures du parallélogramme-levier du plongeur.

Ces bielles ne sont pas articulées directement au levier, mais à une pièce mobile sous l'action d'un ressort à boudin. Grâce à cette élasticité des bielles dans leur longueur, toute raideur et inégalité de mouvement sont évitées et le galet roule toujours sous la paroi extérieure de la coulisse dans laquelle il est emprisonné à l'aise. En commandant ainsi le plongeur par une came, il peut sans danger tourner l'arbre du volant dans un ou l'autre sens : 1° ce qui ne peut se faire avec la Dedérick; 2° on évite en outre les chocs par descente brusque du plongeur; 3° on peut marcher aussi vite qu'on peut le désirer.

En admettant que le volant fasse 360 tours par minute, ou 6 tours par seconde, vitesse très convenable à un travail calme, les deuxièmes font un tour dans 3″ 82. Le plongeur descend donc pendant près d'une seconde (0″ 95), reste en repos en bas pendant 1/60 de seconde, puis remonte pendant près d'une seconde (0″ 92) et reste en repos pendant près de 2 secondes (1″ 82). En adoptant une vitesse beaucoup plus grande, 480 tours par minute ou 8 tours par seconde, les deuxièmes roues dentées feront un tour dans moins de 3 secondes (2″ 8646). Alors, le plongeur descendrait en moins de 2/3 de seconde (0″ 615), il resterait en repos en bas pendant 1/80 de seconde, puis remonterait pendant moins de 2/3 de seconde (0″ 615) et resterait en repos au plus haut pendant près de 5/3 de seconde (1″ 622). L'ouvrier chargé d'entretenir de foin la machine a donc plus d'une seconde et demie pour jeter et étaler sa fourchée de foin d'environ un kilogramme, et plus d'une seconde pour en saisir une autre.

En accroissant d'un tiers la vitesse de rotation d'un volant, on augmente le nombre de balles dans la même proportion. On peut donc dire qu'avec un moteur assez puissant, la presse Whitman permet un travail rapide, autant que cela peut être désirable. La disposition des organes est, en effet, telle qu'une grande vitesse est sans inconvénient.

La première bielle de transmission est articulée, d'une part, aux deux roues dentées, et, de l'autre, avec la bielle du piston et les deux balanciers jumelés. En donnant à ces bielles et balanciers des proportions convenables, on obtient un accord parfait entre les mouvements du plongeur et ceux du piston. Le *plongeur* s'élève très peu avant le moment où le piston en avançant le rencontrerait ; la pénétration du foin est ainsi assurée, ainsi que son refoulement immédiat par le piston ; on peut avoir une trémie relativement courte, sans paroi mobile, destinée, comme dans la Déderick, à faciliter l'entrée du fourrage. Le plongeur descend lorsque le piston est en arrière de lui et pendant qu'il parcourt 0 m. 09 en reculant, pour atteindre le point mort, et pendant qu'il revient en avançant d'autant qu'il a reculé, d'après le modèle réduit, pour un rayon de manivelle de 0 m. 1651 (rapport 3,60). D'après les indications de l'exposant, pour une manivelle de 0 m. 1778, on aurait 0 m. 7112 (rapport 4,0). La course du piston est de 0 m. 5965. En faisant tourner le volant de façon que les deuxièmes roues dentées tournent de dessous vers l'arrière en montant, la compression du fourrage se fait pendant 2/3 de tour ou pendant 2″5466, tandis que le retour à vide du piston se fait dans 1/3 de tour ou en 1″2733. La résistance dans chaque tour présente, par suite, moins d'inégalités que dans le cas où la bielle du piston est directement articulée sur les deuxièmes roues dentées, sans l'intermédiaire d'une première bielle et d'un balancier, puisque alors la compression se fait pendant un demi-tour seulement, comme le retour à vide du piston. Lorsque le piston pousse le foin dans la chambre à compression, ce dernier doit soulever une lèvre pressée vers le bas par deux ressorts placés sur la caisse. En outre, sur chaque face verticale de la caisse, au commencement du conduit de compression, se trouvent trois crochets piquant le foin pour l'empêcher de revenir en arrière par l'effet de son élasticité. Toutefois ils cèdent devant le fourrage poussé par le piston, car ils ne sont poussés dans la caisse que par des contrepoids agissant sur un retour d'équerre de ces crochets pour les faire piquer.

Le conduit de compression a sa paroi verticale réglable du bout par deux fortes vis de pression. On peut ainsi diminuer à volonté la section de passage uniformément jusqu'à la sortie, ce qui décide du degré de compression ou de la densité des balles. La paroi supérieure du conduit de liage et de sortie peut se régler de même par une seule vis.

Les deux caractères principaux de la presse Whitman sont :

1° Le mode de commande du piston qui a le grand avantage de reporter la compression sur les deux tiers d'un tour de manivelle ;

IMPRIMERIE NATIONALE.

2° La commande du plongeur par une coulisse-came qui peut être tracée de façon à faire descendre ce plongeur assez lentement et à le faire redresser plus rapidement, et cela dans le temps voulu.

La construction, du reste, est faite dans les meilleures conditions de solidité et de durabilité. L'ensemble et les détails présentent même des formes légères et élégantes. Bien que le train d'avant soit pivotant, les quatre roues sont de même diamètre, ce qui lui donne d'excellentes conditions de roulage de ferme en ferme.

Dans l'essai fait à Noisiel, devant le jury spécial, il a suffi d'une minute et demie pour faire une balle de 1 mètre de long, 0 m. 46 de largeur et 0 m. 35 d'épaisseur, pesant 45 kilogrammes. C'est une densité de 279 kilogr. 50 et une production de 1,800 kilogrammes à l'heure. Il faut reconnaître que le conducteur de la machine était très habile dans son travail et que le foin à mettre en bottes provenait en partie de balles précédemment faites, déliées et éparpillées.

Le prix de revient peut s'établir ainsi :

Frais du moteur : machine à vapeur de 7 chevaux pour 6 chevaux effectifs.	
Charbon, 180 kilogrammes à 4 fr. 50 les 100 kilogrammes.........	8f 10
1 chauffeur..	5 00
Intérêt du prix d'achat (5 p. 0/0); petites réparations et entretien (2 1/2 p. 0/0); amortissement (2 1/2 p. 100), soit 10 p. 0/0 de 6,600 francs, ou 660 francs pour 150 jours, ou par jour......................	4 40
Main-d'œuvre : 1 chargeur et 1 lieur (ouvriers habiles ou habitués), à 4 fr. 50 chaque...	9 00
Frais d'outillage, entretien et petites réparations (8 1/2 p. 0/0); amortissement, 3 1/2 p. 0/0, soit 12 p. 0/0 de 2,725 francs (Amérique) ou 327 fr. pour 150 jours; par jour................................	2 18
Total...............	28f 68

pour un produit de 18 tonnes par jour, soit par tonne 1 fr. 593.

Les prix de revient établis précédemment sont, pour quelques machines habilement conduites pendant l'essai, basés sur la production maxima, tandis que, pour d'autres presses, la production est sensiblement la moyenne production, facilement obtenue avec des ouvriers ordinaires. Ces divers prix de revient ne sont donc ni absolument exacts, ni réellement comparables; mais, tels qu'ils sont, ils permettent de reconnaître combien le prix de revient s'abaisse lorsque le travail de la machine est automatique, continu et produit par une force motrice considérable. Il y a des machines recommandables pour les petites productions et d'autres absolument indiquées pour le cas où la quantité de foin à mettre en balles est très considérable pour chaque journée de travail possible.

Nous terminons ce rapport par la liste des récompenses accordées par le jury :

Objet d'art : WITHMAN AGRICULTURAL Cᵒ (États-Unis).

Médailles d'or..... { M. TRITSCHLER, à Limoges (France).
M. GUITTON, à Corbeil (France).

Médaille d'argent : M. PILTER, à Paris.

Médailles de bronze. { M. LACOUX.
M. VIDAL (Laurent), au Pontet-d'Avignon.

CONCOURS DE DÉCORTIQUEUSES DE RAMIE

RAPPORT

PAR

M. GRANDVOINNET

PROFESSEUR À L'INSTITUT AGRONOMIQUE

CONCOURS DE DÉCORTIQUEUSES DE RAMIE.

INTRODUCTION.

La question de la ramie a eu jusqu'ici le singulier privilège de mettre en présence les opinions les plus opposées et de faire naître des discussions passionnées jusqu'à la violence.

Nous croyons cependant que le moment est arrivé d'examiner avec impartialité les diverses phases de cette question, en mettant à contribution les renseignements divers recueillis dans les divers camps, et les résultats des essais du *concours de décortiqueuses de ramie*, annexé à l'Exposition internationale de Paris, en 1889.

Un simple compte rendu de ces essais ne pourrait suffire à élucider la question qui se présente sous diverses faces, les unes intéressant plus particulièrement les cultivateurs désireux de produire la matière première, les tiges de ramie; les autres restant du domaine des industriels employant les fibres pour en faire des fils propres au tissage d'étoffes diverses. Comme intermédiaires entre les cultivateurs et les filateurs, il est probable même qu'il y aura des entrepreneurs de *décorticage*, transformant en lanières l'écorce des tiges; et des industriels achetant les lanières, pour les *dégommer*, c'est-à-dire isoler les *fibres textiles* et faire ainsi de la *filasse écrue*, pour, ensuite au besoin, la *blanchir* et même la *peigner*.

A ces divers points de vue, nous avons donc à étudier :

1° La valeur industrielle des fibres de la ramie;

2° La culture de cette plante, son rendement et la balance des frais et des produits en argent;

3° Les modes de décortication et les appareils ou machines qu'ils comportent;

4° Les divers modes de dégommage, etc.

Mais, avant d'aborder ces études, il n'est pas inutile de donner ici une courte notice historique sur la question si complexe de la ramie.

CHAPITRE PREMIER.

NOTICE HISTORIQUE.

L'attention des botanistes s'est portée sur la ramie longtemps avant que les filateurs ne songeassent à utiliser les fibres de cette plante. On la trouve en Europe dans les jardins botaniques depuis 1733. Dès 1803, les Indes anglaises reçurent de la ramie venant de Sumatra. En 1809, M. Bartoloni, de Sienne, fit un essai de culture de ramie en Toscane. En 1810, Londres reçut de Sumatra trois balles du nouveau textile. En 1815, le botaniste français André Thouin préconisa la culture de la ramie en France, et M. Farel, à Montpellier, en cultiva quelques pieds. En 1836, on fit en France plusieurs envois de graines sans résultats marqués. M. Decaisne, en 1844, a reconnu deux variétés : l'*Urtica nivea* et l'*Urtica utilis* ou *tenacissima*, dans les échantillons qu'il avait reçus de M. Leclancher, chirurgien de la marine militaire. Il nous semble intéressant de reproduire ici la presque totalité du remarquable article que M. Decaisne consacrait il y a presque un demi-siècle à la ramie. Il transcrit d'abord la note annexée par M. Leclancher à un échantillon de l'*Urtica utilis* qu'il avait recueilli à 120 kilomètres de l'embouchure du Yan-tse-Kiang, en descendant le Nankin :

« Ortie cultivée en petits carrés dans les terrains voisins des rizières, sans être cependant secs. Chaque habitation en cultive pour son usage. On enlève les feuilles qui tiennent fort peu, on fait rouir, dans un baquet, des paquets de tiges : l'eau prend une couleur brune; les femmes enlèvent la peau, que l'on fait rouir de nouveau pendant un temps que je ne connais pas, mais qui doit être court ; puis, passant chaque lanière sur un instrument de fer ayant la forme d'une large gouge de charpentier, elles enlèvent la pellicule extérieure ; la lanière fibreuse, d'un *blanc verdâtre*, est mise à sécher sur un bambou. Il est probable que pour faire les tissus fins, que l'on vend à Macao sous le nom de *grass-clot* ou *lienzo*, cette espèce de chanvre est peignée. Le filage doit être fait avec les rouets en bambou qui servent aussi pour le coton. Sec, ce chanvre est d'un *blanc nacré*, très beau et très fort. La plante croîtrait très bien sur les revers des fossés en France, aux environs de Cherbourg, et peut-être aussi dans le Midi. »

M. Decaisne, continue ainsi :

« La lecture de cette note et l'examen attentif des plantes qui l'accompagnaient me rappelèrent alors certaines fibres végétales qui, à leur blancheur naturelle, alliaient une ténacité des plus grandes, et dont le Gouvernement hollandais se préoccupait beaucoup en 1844, en cherchant à étendre dans ses possessions de l'archipel Indien la culture d'une plante dont la filasse devait être employée à la confection des voiles des cordages, des filets, etc.

«Cette ortie, qui porte à Java le nom de *ramie,* atteint 1 mètre à 1 m. 50 de hauteur; ses feuilles minces, portées sur de longs pétioles, rappellent celles de l'*Urtica nivea,* mais elles sont plus grandes, plus longuement acuminées et *grisâtres* en dessous. La base des tiges égale la grosseur du petit doigt et présente, sous ce rapport, de l'analogie avec celles du chanvre.

«Cette plante n'est point nouvelle, car tout me porte à croire que ses fibres ont été fort employées au XVIe siècle. Label, qui vivait sous Élisabeth, savait déjà qu'aux Indes, à Calicut, à Goa, etc., on fabriquait avec l'écorce de diverses orties des tissus très fins qu'on importait en Europe; que, dans les Pays-Bas surtout, on recevait cette substance en nature pour en fabriquer des étoffes préférées à celles du lin, puisque en effet le nom hollandais de *neteldock,* donné aujourd'hui à la mousseline, dérive évidemment de *netel,* «ortie», et de *dock,* «étoffe», qui s'applique ordinairement à un tissu très fin.

«Ainsi à une époque où les toiles de Frise jouissaient déjà d'une réputation européenne, on fabriquait en Hollande, et peut-être en Belgique, une sorte de batiste ou de mousseline avec les fibres d'une ortie. Et cette ortie paraît être la *ramie* et non l'*urtica nivea.*

«J'ai souligné, dans la note de M. Leclancher, les mots relatifs à la couleur des fibres, car pour moi il est évident que celles d'un *blanc verdâtre* appartiennent à l'*urtica nivea,* tandis que les autres d'un *blanc nacré* sont produites par la *ramie.* J'ai sous les yeux des écheveaux provenant des deux plantes, et leur aspect s'accorde avec l'observation de M. Leclancher. La filasse de la *ramie* n'a rien de la raideur de celle de l'*urtica nivea;* elle est blanche, très douce au toucher, et semble tenir le milieu entre le lin et les fibres de plusieurs *Daphnés* si recherchés en Chine et au Japon.

«Les étoffes et les cordages fabriqués avec la *ramie* semblent, quant à leur durée, supérieurs soit aux tissus de lin, soit aux cordages de chanvre. Du moins les indigènes des Moluques et des grandes îles de l'archipel Indien accordent sans restriction la préférence à la *ramie* sur toute autre matière textile pour la fabrication de leurs filets qui, suivant leurs remarques, résistent beaucoup plus longtemps que d'autres à l'action prolongée de l'humidité.

«Dans l'intérieur de Sumatra, suivant le rapport de M. Korthals, les habitants se tissent avec l'*Urtica utilis* une sorte d'étoffe recommandable par sa longue durée. . . . .

«Crawfurd et Rafles ont eu, de leur côté, occasion d'apprécier les qualités précieuses de la *ramie.* Les naturels de Java, disent-ils, préfèrent les fibres de cette ortie à toute autre pour la fabrication de leurs filets, de leurs cordages, et ils en confectionnent également des étoffes d'une extrême finesse. . . . .

«Cette ortie fixa également l'attention de Marsden, qui la mentionne sous le nom de *calovee* et lui rapporte les synonymes de *ramie* et de *kunkomis* des habitants de

Rungpour. Il en est encore de même à l'égard de Leschenault. Les herbiers du Muséum possèdent des échantillons de la *ramie* qui portent l'étiquette d'*urtica tenacissima*, excellente filasse.

«. . . . Roxburgh démontre, par des expériences directes, la supériorité de la *ramie* sur toutes les filasses employées dans l'Inde. Roxburgh distingue l'*urtica tenacissima* de l'*urtica nivea*, et cette distinction est importante, puisqu'elle est établie par le directeur du jardin de naturalisation de Calcutta. Les expériences comparatives entreprises sur les fibres du *marsdenia tenacissima*, du *crotalaria juncea*, du chanvre et du lin, ont eu pour résultat de placer la *ramie* immédiatement après le *jetee* (marsdenia). Aussi, malgré la difficulté de débarrasser la filasse de quelques particules qui lui restent adhérentes, Roxburgh n'hésite pas à préconiser l'usage de la *ramie* et désire voir cette plante remplacer partout le chanvre et le lin. . . . . .

«La supériorité de la *ramie*, comme plante textile, est incontestable. Toute la question est de savoir si sa culture peut offrir en Europe des bénéfices réels, et dans le cas où le fait ne serait pas démontré, il resterait encore à apprécier les avantages que l'introduction et la culture de cette plante pourraient offrir à Pondichéry, Cayenne et peut-être même à notre colonie d'Alger, en utilisant les marais de la Calle, dans lesquels s'avancent spontanément quelques plantes des régions tropicales; car on ne doit pas perdre de vue que la *ramie* est une plante des régions équatoriales, tandis que l'*urtica nivea* semble appartenir plus spécialement aux climats tempérés. . . . . . La *ramie* ou *urtica* (*bœhmeria*) *utilis* porte à Java, dans la province de Bantam, le nom de *ramie*, *ramé* et quelquefois *ramen*; dans les districts de la Sonde, à Java, indépendamment du nom de *ramie*, celui de *kiparoy*; dans l'intérieur de Sumatra, elle prend, d'après M. Korthals, le nom de *kloie*; aux Célèbes, celui de *gambé*, et, à Banoa, celui d'*inan*.»

M. Decaisne cite ensuite un passage du rapport adressé au Gouvernement hollandais sur des expériences précises sur divers textiles :

«Nous avons fait fabriquer avec un soin particulier la filasse de la *ramie* qui se présente sous la forme de petits écheveaux, qui, avant d'être portés sur le séran, ont été fortement brossés afin d'isoler davantage les fibres. Cette manipulation, opérée sur une grande masse, entraînerait peut-être une dépense considérable, mais il serait facile de la remplacer par des moyens plus rapides. Quoi qu'il en soit, nous avons obtenu 700 grammes de matière première brute, ... 75 grammes d'étoupe ou filasse et 187 grammes de déchet.

«Cette quantité de fibres dépasse celle qu'on obtient du meilleur lin. Ces fibres étaient d'une finesse telle que nous avons pu en faire facilement filer sur un rouet à marchepied, et d'après une grossière évaluation, 12 peignées qui ont suffi pour fabriquer 1 m. 80 de toile de la valeur de 1 fr. 50.

«La ténacité de ces fibres nous a permis d'en faire filer sur une largeur de 55 mètres, sans pelotonner. Un fil ténu de 9,300 mètres nous a été fourni par 500 grammes de filasse. Nous avons obtenu, de la même quantité, une corde torse de 3,000 mètres. On obtiendrait probablement une plus grande finesse si l'on parvenait à débarrasser les fibres de la substance résineuse qui semble y adhérer.

« Afin de comparer la force de ces fibres avec celles du chanvre, nous avons fait fabriquer du fil léger pour filets de harengs (2 fils); mais l'ouvrier, à cause de la finesse de la matière, a filé beaucoup trop légèrement, de sorte que les 432 mètres auraient à peine pesé 1 kilogr. 50 au lieu de 2 kilogr. 30, comme il aurait fallu. La force moyenne de ce fil, calculée par analogie avec ce dernier poids, nous a prouvé qu'à l'état sec il se romprait sous un poids de 21 kilogrammes et, mouillé, par quelque chose au delà de 25 kilogrammes. De sorte que, sec, le fil obtenu de la *ramie* surpasse en ténacité le meilleur chanvre d'Europe, qu'il l'égale étant mouillé, et qu'enfin sa force d'extension dépasse de 50 p. 100 celle du meilleur lin. . . . .

« Attendu que les filaments de la ramie, convenablement préparés, nous ont paru surpasser ceux du lin en beauté, et surtout en blancheur et en ténacité, nous croyons que cette substance textile, apportée sur les marchés d'Europe en quantité notable, trouverait un facile écoulement au prix de 0 fr. 60 à 0 fr. 80 le demi-kilogramme (prix du meilleur lin), et qu'il résulterait de cette importation une nouvelle et importante branche de commerce pour la mère-patrie, ainsi que pour nos possessions des Indes orientales [1]. . . . . »

On voit que, dès l'année 1845, les deux principales variétés d'*urtica* ou de *bœhmeria* sont bien connues en France et que la grande valeur de leurs fibres textiles y est reconnue.

En 1850, la *ramie* est introduite en Bavière par le professeur Fras.

En 1854, les directeurs de la Compagnie des Indes anglaises s'occupèrent de la culture de cette plante textile. Pour la propager, le Gouvernement fit une commande de 10 tonnes de fibres par an, mais l'effet de cette certitude d'un bon débouché fut à peu près nul sur les cultivateurs indiens, puisque la Chine fut seule en mesure de faire cette fourniture du nouveau textile.

En 1872, le même Gouvernement, poursuivant son but, institua, à Saharampoore, un concours de machines à décortiquer la ramie; un prix de 5,000 livres sterling (125,000 francs) était offert à la machine capable de fournir un produit semblable au *china-grass*. Le nombre des concurrents s'éleva à 32; mais le prix ne put être décerné. La machine de John Grey, d'Édimbourg, reçut une prime d'encouragement de 37,500 francs.

Un nouveau concours fut ouvert à Londres en 1873 et réunit 200 concurrents. Il échoua, *faute de matière première convenable pour les essais*. On ne put obtenir que des tiges récoltées dans le midi de la France, de la variété dite *ramie verte* (*urtica* ou *bœhmeria utilis* ou *tenacissima*); elles étaient en partie branchues, très ligneuses et assez

[1] Voir aussi une notice de M. Pepin, t. IV des *Annales de la Société royale agricole*, p. 500.

mal venues. Remis à l'automne de la même année, ce concours put avoir lieu grâce à l'envoi par M. Rivière (du jardin du Hamma) de bonnes tiges de la variété dite *ramie blanche* (*urtica* ou *bœhmeria nivea*). Mais le problème mécanique ne parut pas encore résolu. Peut-être n'était-il pas posé en termes assez précis.

En 1875 et en 1876, le Gouvernement de l'Inde anglaise reprend la question. Il offre un premier prix de 120,000 francs et un second de 25,000 francs pour la solution du problème ainsi posé :

Avec un moteur, la machine devra fournir une tonne *de fibres préparées ayant une moyenne qualité telle qu'on ne puisse l'estimer au-dessous de 111 fr. 61 les 100 kilogrammes* et pouvant être livrée à 37 fr. 20 en un port de l'Inde et à 74 fr. 41 dans un port d'Angleterre. A l'époque fixée (septembre 1879) 24 concurrents se présentèrent. Ils échouèrent, puisque l'*Indian Office* déclara qu'aucun d'eux n'avait pu donner un produit comparable au *china-grass*.

En France, l'attention se porta sur la ramie à l'époque de la guerre de Sécession de l'Amérique du nord. L'industrie privée fit seule quelques tentatives d'utilisation de ce textile à Rouen, à Roubaix, Lille et Lyon surtout, sans succès sérieux. L'Exposition internationale de 1867, en faisant connaître les résultats des essais, réveilla l'attention, mais sans qu'un nouveau pas ait pu être fait. Dès 1870, cependant, le Gouvernement français nomma une commission en lui donnant pour programme la recherche des moyens d'utilisation de la ramie par l'industrie française. On en resta là jusqu'en 1888. Il fut institué un concours qui, pour diverses causes, étrangères pour la plupart aux appareils mêmes, n'eut qu'un succès très restreint. Le concours de 1889, quelque critique que l'on puisse en faire, s'est fait dans de meilleures conditions et a donné d'assez bons résultats pour faire espérer une bonne et prompte solution du problème de la décortication de la ramie, à la seule condition qu'il soit posé en termes précis.

La sagesse des nations enseigne en effet que *tout problème bien posé est à moitié résolu.* Quand il s'agit, comme ici, d'un outillage mécanique, on peut renchérir sur cet adage et affirmer que si le problème industriel est *explicitement posé dans tous ses détails,* il est entièrement résolu. L'expérience du siècle qui vient de s'écouler nous prouve, en *effet,* que les *organes* d'une machine peuvent faire les travaux les plus *délicats* comme les plus *rudes,* ceux qui demandent d'extrêmes *vitesses,* comme ceux qui exigent d'énormes *forces.* Pour obtenir à volonté la *vitesse* ou la *force,* le mécanicien ne connaît pas de limites. Il peut donner ce qui lui est demandé par l'industrie. Il suffit pour cela de la combinaison d'organes très simples transformant inversement les deux facteurs du travail mécanique : le *chemin* parcouru et l'*effort* exercé.

Toutes les variations simplement *cinématiques,* c'est-à-dire n'ayant en vue que des formes particulières de chemins décrits par chaque point d'un outil élémentaire chargé d'opérer un travail complexe, sont aussi absolument au pouvoir du mécanicien. L'outil mécanique peut faire, par exemple, un nœud de ficelle, comme dans les moissonneuses-lieuses mécaniques, ou tous les points de couture ou de broderie; même lorsqu'il s'agit d'obtenir un chemin complexe avec un énorme effort, le mécanicien est tout puissant : il peut emboutir des vases de formes compliquées, modeler les plus fines formes sculpturales, etc.

En résumé, le mécanicien moderne ne connaît pas d'impossibilité, tant qu'il reste dans les réalités des principes généraux de la mécanique. L'outillage de la filature et du tissage le prouverait seul surabondamment, si cela était nécessaire; la main la plus délicate, la plus habile et la plus exercée, ne peut lutter avec les machines modernes employées dans ces industries.

On peut affirmer sans crainte que si le problème de la préparation de la ramie pour la filature de ses fibres textiles n'est pas aujourd'hui complètement résolu, cela tient essentiellement à ce que ce *problème mécanique* n'a pas été *explicitement* et *complètement posé*. Et il ne peut l'être que par le concours de tous les intéressés : filateurs, producteurs de ramie et mécaniciens. L'étude de la ramie et de l'outillage qu'elle réclame, depuis sa plantation jusqu'à la *transformation* de ses fibres en filasse acceptable par les filateurs, s'impose donc. Le présent travail ne peut évidemment que présenter sommairement l'état actuel de la question générale, tel qu'il ressort des travaux du jury des essais à l'Exposition de 1889, et des préoccupations actuelles des industriels et des cultivateurs en France et à l'étranger. En France, un certain nombre de cultivateurs ont essayé de cultiver la ramie. De ces essais, on peut conclure que dans le Var, l'Aude, la Haute-Garonne, le Gers, les Landes et la Gironde, on peut, en terrain favorable, compter sur deux bonnes coupes de 1 m. 50 à 1 m. 60 de hauteur. Dans la Vienne, la Haute-Vienne, l'Indre et l'Indre-et-Loire, les deux coupes annuelles sont moins certaines peut-être, bien qu'on les ait obtenues très belles dans la moitié des essais tentés. En Maine-et-Loire, on a eu deux coupes très hautes et régulières; mais dans la Sarthe et l'Eure, les résultats ont été moins bons. L'engrais liquide riche, *même à l'excès*, assure une bonne venue de la ramie et on sait qu'à Gennevilliers, aux portes de Paris, on obtient de très bonnes récoltes. Comme le chanvre, la ramie ne craint pas l'excès d'engrais.

En Algérie, dans toutes les situations où l'arrosage est assuré, la ramie vient bien et donne trois coupes absolument certaines; on peut compter même sur quatre coupes si le sol est favorable et riche.

Au Vénézuéla, sur une surface de 50 hectares, on a obtenu facilement cinq coupes par an. Dans l'île de Cuba, M. Theye a pu faire cinq coupes de juin à novembre; il abandonne toutefois la coupe qui a poussé dans la courte saison d'hiver. Au Mexique, cinq coupes ont été obtenues dans les domaines du général Carlos Pacheco, ministre des travaux publics. Enfin, comme on le sait, la Chine, le Tonkin, le Cambodge, comme les îles de l'Extrême Orient, sont éminemment propres à la culture de la ramie, originaire des îles de la Sonde et de l'archipel Indien.

L'exploitation de la plante connue sous le nom de *ramie* ou de toute autre plante textile présente quatre phases très distinctes : 1° la *culture*, depuis la plantation jusqu'à la récolte ; 2° la *préparation* de la récolte et l'*extraction des fibres textiles ;* 3° la *filature* et le *tissage* des fibres amenées à l'état de filasse peignée ou cardée ; 4° le *blanchiment* la *teinture* et l'*apprêt* des tissus. Il ne peut être question ici des deux dernières phases, absolument industrielles, que pour signaler les qualités que les industries de la *filature*, du *tissage* et de l'*apprêt* des tissus recherchent dans les matières premières qu'elles emploient.

La culture elle-même ne peut être étudiée ici que pour montrer ce qu'elle peut et doit être aux divers points de vue de l'utilisation des fibres de la ramie. On voit donc tout d'abord que sur les quatre phases de l'exploitation de la ramie, trois peuvent être considérées comme suffisamment connues et ne présentant pas de problèmes nouveaux à résoudre. Il n'en est pas de même de la deuxième phase, l'*extraction des fibres des tiges de ramie.* C'est un problème mécanique qui a le singulier privilège de diviser en plusieurs camps les partisans de la culture et de l'emploi de la nouvelle plante textile. Les cultivateurs sont prêts à produire les tiges de ramie s'ils sont assurés de trouver des acheteurs à un prix rémunérateur. D'autre part, les filateurs, même avec la fâcheuse perspective de modifications à faire dans leur outillage, utiliseraient le nouveau textile, s'il leur était présenté à un prix acceptable et en état d'être filé. De part et d'autre, on se tient donc sur la réserve, et la ramie est victime de ce cercle vicieux. Pour obtenir des fibres de ramie utilisables en filature, il faut d'abord extraire sans les détériorer les lanières fibreuses qui forment l'écorce des tiges, les soumettre ensuite à un dégommage pour isoler les fibres, puis les *assouplir*, les *blanchir* et les *peigner*. L'extraction des lanières, résultat de la décortication, est certainement le problème le plus difficile à résoudre : c'est pourquoi toute l'attention du monde de la ramie se porte aujourd'hui sur les *décortiqueuses mécaniques.* L'institution du concours des machines et procédés de décortication des tiges de ramie, comme annexe de l'Exposition internationale de 1889, était donc tout à fait indiquée. Cependant le concours n'a pas eu toute l'importance qu'il aurait dû avoir. Plusieurs machines, très recommandables et assez pratiques pour être utilisées sans crainte, ont été récompensées après les essais. Si elles laissent encore à désirer sur quelques points, il n'est pas douteux que, dans un avenir peu éloigné, elles se perfectionneront assez pour que l'on puisse dire enfin que le problème est absolument résolu.

CHAPITRE II.

LA PLANTE.

Caractères botaniques et culturaux.

Une des principales causes d'insuccès des concours de décortiqueuses de ramie a été la diversité des tiges employées dans les essais. C'est que cette plante présente plusieurs espèces, des variétés et même des races. M. Rivière a pu les étudier tout particulièrement, et ce sont surtout ses observations que nous résumons ici. Il y a deux espèces principales de ramie : l'*urtica nivea* ou *ramie blanche* et l'*urtica utilis* ou *tenacissima*, dite *ramie verte*.

La première, originaire de la Chine centrale, est cultivée par les Chinois et donne ce que vendent ces derniers sous le nom de *china-grass*, matière première admise dans les filatures depuis nombre d'années. Le caractère le plus apparent de cette espèce de ramie est le duvet blanchâtre plus ou moins intense que l'on constate sur la face inférieure des feuilles. Mais M. Rivière a le premier signalé un caractère de végétation, important au point de vue cultural. Cette ortie, sans dard, est à végétation monocarpienne, c'est-à-dire que les tiges disparaissent d'elles-mêmes lorsqu'elles ont produit leur fruit. Autrement dit, les tiges qui fleurissent à l'automne et portent leurs fruits au commencement de novembre, à Alger, constituent la dernière phase de la vie aérienne de la plante.

Si ces tiges sont laissées sur les souches, elles perdent leurs feuilles, se dessèchent, se désorganisent, et la plante reste ainsi sans végétation apparente jusqu'au printemps suivant. Ainsi l'*urtica nivea* ou ramie blanche a un temps d'arrêt ou de repos bien marqué dans sa végétation. Les tiges fructifères, qui peuvent être considérées comme une dernière coupe, sont presque inutilisables comme matière textile, à moins qu'elles n'aient été coupées en vert dès que les fleurs apparaissent. La ramie blanche appartient aux climats tempérés; elle résiste aux gelées (on a dit jusqu'à 8 à 10 degrés au-dessous de zéro); elle exige moins d'arrosages que la ramie verte et, en somme, est plus rustique : grâce à sa trêve hivernale de végétation, elle est en cette saison à l'abri des intempéries.

D'après d'autres autorités, les caractères de la ramie blanche peuvent être plus précisés : la feuille est lancéolée, c'est-à-dire légèrement acuminée vers le pétiole; la face supérieure est d'un vert foncé, la face inférieure d'un blanc gris régulier; les nervures sur cette face sont d'un blanc gris, mais prennent une teinte rosée en plein développement.

On dit qu'en Europe elle donne de moins bonnes fibres qu'en Chine, qu'elle a une certaine tendance à se ramifier avant la maturité, et que ses tiges se rident pendant la dessiccation. M. Rivière conseille l'adoption de la ramie blanche en France, tandis que d'autres, sans raisons bien plausibles, préfèrent la *verte,* au moins pour les parties les plus chaudes du midi.

La ramie verte (*urtica utilis* ou *tenacissima*) est originaire de Java et de l'archipel Indien. La feuille est cordiforme vers le pétiole, sa face supérieure est d'un vert clair, la face inférieure, de la même couleur, mais avec un léger duvet grisâtre formant des plaques isolées par les nervures qui sont très accusées et d'un vert plus pâle que le reste de la feuille. Le duvet est parfois à peine apparent. Les tiges sont vivaces, et on peut même dire que cette ramie est arbustive. Ces tiges peuvent vivre nombre d'années, même après fructification; mais elles se lignifient de plus en plus, s'accroissent et se ramifient. M. Rivière, en terrain favorable, arrosé, a eu des touffes de 5 mètres de hauteur. La fructification est rare en Algérie, et, même, beaucoup des graines que l'on y obtient sont stériles. Il faut, à cette ramie, de la chaleur et beaucoup d'arrosages, sinon ses tiges restent courtes, s'aoûtent et se ramifient trop. On dit aussi que cette espèce donne des tiges plus nombreuses et plus hautes que la ramie blanche, avec une plus grande proportion de fibres dont la ténacité est si grande qu'elle justifie le qualificatif admis de *tenacissima.*

M. Rivière conseille depuis longtemps la ramie blanche pour la France, le bassin méditerranéen et l'Algérie, et laisse la ramie verte aux pays plus chauds. «C'est, dit-il, la ramie blanche qui donne le *china-grass* si apprécié des filateurs et dont les fibres ont à très peu près la même ténacité que celles de la ramie verte.»

Une autre espèce ou variété, l'*urtica candicans,* a des tiges vertes, plus tourmentées, dures, rudes et difficiles à décortiquer.

Les caractères botaniques de la plante ont été complètement et savamment établis récemment par M. Henri Lecomte, professeur au lycée Saint-Louis, dans le numéro du 15 janvier 1890 de la *Revue générale des sciences.* Nous trouvons, en outre, dans cet article, l'anatomie de la tige, qu'il est indispensable de connaître pour comprendre les difficultés de la décortication et du dégommage des tiges de ramie.

Les fibres textiles forment la couche moyenne de l'écorce; celle-ci constitue elle-même une sorte de manchon autour de la partie centrale de la tige formée par le bois et la moelle.

Cette couche fibreuse est comprise entre le *liber* et une couche tout à fait externe; le *liber* est constitué par des tubes allongés réunis en faisceaux distincts, englobés dans un parenchyme mou; ces tubes en épaississant leur paroi deviennent des sortes de *fibres* internes qui se tordent au dégommage et forment des paquets; ceux-ci au moment du peignage vont aux étoupes ou *blouses.* Le *liber* est réuni au bois par une mince couche de cellules très jeunes se laissant facilement déchirer.

La couche extérieure aux fibres textiles est très hétérogène : en allant de l'intérieur à l'extérieur, on y trouve une couche très peu épaisse de cellules à minces parois, puis une seconde couche de cellules à parois épaisses; ensuite, mais non toujours, quelques minces assises de *liège*, et enfin l'*épiderme* même, très mince.

Lors donc qu'à la main, on enlève, comme les Chinois, l'écorce en un ou plusieurs rubans, ou lorsque, avec la plupart des machines actuelles, on brise le bois en fragments pour ne garder que l'écorce sous forme de lanières, l'extraction des fibres textiles n'est pas encore réalisée.

Les lanières forment à peu près les 3 dixièmes du poids de la tige, et les fibres textiles environ les 5 neuvièmes du poids des lanières. Ces lanières comprennent donc avec les fibres textiles une masse cellulaire et partiellement pseudo-fibreuse très hétérogène, presque aussi lourde. Le dégommage avec un brossage ou peignage doit éliminer ces matières étrangères dites vulgairement *gommo-résineuses*.

En brossant d'abord l'extérieur des tiges, on peut se débarrasser de l'épiderme; puis, en raclant l'intérieur des rubans enlevés à la main, on élimine presque tout le liber avec les fausses fibres. Ces travaux facilitent beaucoup le dégommage, mais ne peuvent guère être faits que dans le cas où le décorticage à la main est possible par suite d'une abondance de main-d'œuvre à bas prix.

Les fausses fibres internes nuisent surtout dans le dégommage : elles y résistent même, et par suite ne sont guère éliminées que dans le peignage; elles peuvent même alors entraîner par adhérence de vraies fibres textiles allant ainsi aux *blouses*.

Les machines peuvent donc faire un *simple décorticage* en expulsant le bois en fragments et fournissant des *lanières*, ou produire des lanières débarrassées plus ou moins complètement de l'épiderme et du liber. Dans le premier cas, le dégommage est plus difficile que dans le second, puisqu'il y a plus de matières à dissoudre ou à dégager pour isoler les fibres textiles.

Valeur industrielle de la ramie.

Nous avons vu que la question de la ramie semble en suspens par suite d'une espèce de cercle vicieux ou de malentendus. Le cultivateur est disposé à faire de la ramie si on lui assure un débouché; d'autre part, le filateur déclare qu'il acceptera tout produit analogue au *china-grass*, coté sur la place. On comprend que le cultivateur ne peut s'engager dans une culture dispendieuse sans être assuré de vendre ses produits à un prix rémunérateur. En outre, le débouché doit être constant et d'avenir. Une nouvelle matière première ne peut s'imposer aux filateurs que pour deux raisons : sa supériorité en face des *autres textiles*, ou son bas prix. La *filasse* de ramie satisfait-elle à ces deux conditions? Les qualités reconnues aux fibres de ramie sont très remarquables. Elles sont la conséquence de leur organisation et de leur composition chimique, dont la connaissance est indispensable.

Voici comment M. Henri Lecomte, le savant professeur, caractérise les fibres de ramie dans la *Revue générale des sciences*, déjà citée.

« La longueur et le diamètre des fibres de ramie dépendent souvent, pour une même espèce, de la qualité du sol et des conditions diverses de la culture. Les fibres de la ramie blanche sont habituellement très longues, 0 m. 060 à 0 m. 250; celles qui ont plus de 0 m. 200 ne sont pas rares. Elles sont un peu irrégulières et s'amincissent graduellement à une grande distance de l'extrémité; celle-ci affecte souvent une forme de spatule. Presque toutes les fibres sont aplaties et constituent des sortes de rubans dont la largeur varie de 4 à 10 centièmes de millimètre au milieu, et l'épaisseur de 2 à 5 centièmes.

« La paroi paraît finement striée; cette striation est un peu oblique par rapport à la longueur; de place en place on aperçoit des lignes transversales de cassure se colorant plus fortement que le reste par les réactifs, et principalement par le chlorure de calcium iodé qui communique aux fibres une belle coloration rose, caractéristique de la cellulose pure. Au point de vue chimique, les fibres de la ramie, comme celles du chanvre et du lin, comme les poils du coton, se montrent formées de cellulose pure. Elles se colorent en bleu ou en violet par le chlorure de zinc iodé, en rose par le chlorure de calcium iodé, et en brun par l'acide phosphorique iodé.

« Le sulfate basique d'aniline, qui colore la vasculose en jaune paille, ne communique aucune coloration aux fibres du china-grass (ramie blanche), mais il donne une très faible couleur jaune aux fibres de ramie verte, ce qui semble indiquer une légère lignification de ces dernières.

« La potasse n'agit pas sensiblement sur les fibres de ramie; la dissolution ammoniacale d'oxyde de cuivre les gonfle beaucoup, mais ne les dissout pas complètement.

« L'action de l'acide sulfurique est variable suivant le degré de concentration de ce liquide. L'acide concentré dissout les fibres en prenant une légère coloration jaune brun due à la présence de matières albuminoïdes dans leur cavité. Traitée par l'acide bi-hydraté, la cellulose des fibres fournit une combinaison d'acide sulfurique et de corps organique qui peut être considérée comme un acide sulfo-organique et qui se combine aux bases. Cet acide sulfo-organique donne, sous l'action de l'eau, un corps coloré en bleu par l'iode; mais cette combinaison iodée ne saurait être confondue avec l'iodure d'amidon, car elle se décompose immédiatement dans l'eau en perdant sa coloration.

« Par toutes ces réactions, la substance constituante des fibres se montre formée de cellulose pure (ramie blanche) ou présentant peut-être des traces de lignification (ramie verte).

« Lorsque l'opération du dégommage est poussée trop loin, la filasse de ramie devient blanche; elle perd en même temps sa transparence caractéristique et son aspect soyeux; on dit qu'elle est cotonisée. Cette modification semble liée à une altération de la surface des fibres: celle-ci paraît en effet plus irrégulière et les bandes transversales de cassure se montrent plus nombreuses et plus apparentes. »

Après cette remarquable étude, nous pouvons énumérer les qualités propres aux fibres de ramie :

1° Ténacité très supérieure à celle des fibres de lin et de chanvre. Outre les chiffres donnés incidemment dans la notice historique de la question de la ramie, voici des résultats d'essais précis que nous empruntons à M. Henri Lecomte :

« Le Gouvernement anglais a fait exécuter dans ses arsenaux des expériences comparatives sur des faisceaux de filaments sans torsion dans les mêmes conditions de longueur et de poids :

Le chanvre de Russie a supporté avant de se casser	80 kilogr.
Le china-grass	125
Le rhea (ramie) d'Annam cultivé	160

« Le tableau suivant résume les résultats d'une autre série d'essais :

	RAMIE.	CHANVRE.	LIN.	SOIE.	COTON.
Traction	100	36	25	13	12
Élasticité	100	75	66	400	100
Torsion	100	95	80	600	400

« Comme on le voit, la ramie l'emporte sur le lin et le chanvre ; elle est trois fois plus tenace que ce dernier. Une autre qualité précieuse vient confirmer cette supériorité : la ramie possède en effet une résistance incomparable à l'action de l'air et de l'humidité, ce qui la rend éminemment propre à la fabrication des cordages et des voiles de navires. »

Ainsi les fibres de ramie *résistent* à la traction :

8 fois 4/12 plus que celles de coton.
7 fois 69/100 plus que celles de soie.
4 fois plus que celles de lin.
2 fois 7/9 plus que celles de chanvre.

Quatre fois moins *élastiques* que les fils de soie, les fibres de *ramie* le sont autant que celles de *coton*, 1 fois 51/99 plus que celles de lin et 1 fois 1/3 plus que celles de chanvre.

Les fibres de ramie résistent plus à la torsion que celles de lin et de chanvre (1.25 et 1.0526 fois).

Cette première qualité fera rechercher les fibres de ramie pour la confection des cordages devant résister à de grandes tractions avec le plus petit diamètre possible, pour les fils de *toile à voiles*, pour la fabrication des *tuyaux de refoulement* de pompes diverses, etc.

2° Les fils provenant des fibres de ramie présentent une grande résistance aux lessivages et aux lavages par frottements. C'est une qualité précieuse pour la confection de tissus d'économie domestique.

3° Les fibres de ramie sont du blanc le plus éclatant; ils ne font pas de duvet comme ceux de lin et ils ont tout le brillant de la soie. Cette qualité complexe rend propres à la fabrication de tissus de luxe les fils de ramie employés seuls ou en mélange avec d'autres textiles.

4° Les fibres de ramie souffrent très peu de l'humidité. Cette qualité les désigne out spécialement (avec la ténacité) pour la fabrication des fils ou des ficelles destinés à la confection des filets de pêche.

5° Les fils et les tissus de ramie se comportent bien aux apprêts et à la teinture. Ces diverses qualités des fibres textiles de la ramie sont propres à les faire adopter par les industriels du monde entier. Mais des considérations particulières peuvent encourager plus spécialement les industriels français à faire un grand emploi de la ramie; la France, en effet, importe annuellement pour près d'un milliard de matières premières textiles. Or le midi de la France, l'Algérie et nos colonies sont en mesure de produire d'énormes quantités de ramie dont l'emploi par nos industriels réduirait dans une forte proportion nos importations tout en favorisant notre industrie agricole. On ne peut espérer, en effet, que la culture des plantes textiles dans le nord et le centre de la France y reprenne son ancienne importance.

Le lin et le chanvre qui occupaient, il y a vingt-six ans, plus de 200,000 hectares, n'en occupent aujourd'hui qu'un peu plus de 95,000. Cette culture, qui donnait jadis pour 120 millions de francs de filasse, n'en donne plus que 75 à peine. C'est que les conditions économiques actuelles rendent peu lucrative la culture du lin et du chanvre en France. Les qualités des fibres de ramie autorisent à affirmer l'avenir de ce textile même à côté du coton, dont les tissus sont à si bas prix, par suite de la concurrence des producteurs de matière première et des industriels eux-mêmes.

Mais il faut pour cela que le cultivateur de ramie puisse compter sur un prix rémunérateur. Or voici ce qu'il peut espérer : en 1883, de grands usiniers, à une réunion de la *Société des arts,* avançaient que, si les fibres de ramie peuvent être livrées aux industriels à 74 fr. 40 les 100 kilogrammes, il n'y aura pratiquement aucune limite la quantité qu'absorbera le marché : mais ce prix ne pourrait atteindre 124 francs; à 99 fr. 21 l'acheteur hésiterait déjà.

Aussi, on peut affirmer que le cultivateur qui offrira un produit analogue au china-grass à un prix voisin de 80 francs les 100 kilogrammes trouvera toujours preneur. On sait que l'Angleterre a monopolisé le china-grass qu'elle paye 110 francs. Un aperçu sur les conditions culturales de la ramie prouvera que le cultivateur peut trouver une juste rémunération de ses avances et de ses frais annuels.

Mais avant de parler de la culture de la ramie et de son rendement, nous croyons ne pouvoir faire mieux, pour préciser les conditions du succès de ce nouveau textile, que de transcrire ici une page du rapport de M. Imbs, en 1888. On ne peut présenter plus impartialement les deux faces de la question.

« Il faut bien le dire, la ramie, comme textile, n'est pas ce que trop souvent ont voulu faire d'elle certaines imaginations enthousiastes, ou parfois des spéculateurs, cherchant à exploiter, sans but sérieux, le crédit exagéré que lui ont fait celles-là. La ramie ne remplacera ni la *soie*, ce filament fin, souple et brillant, de luxe par excellence; ni la *laine*, ce filament chaud, spongieux, feutrable et protecteur par-dessus tout; ni le *coton*, ce filament hygiénique, économique à un degré défiant toute concurrence possible, et dont les qualités relatives sont si bien équilibrées qu'il se prête à tous les emplois. La ramie est un succédané du lin et du chanvre, offrant sur ceux-ci, quand elle est parfaite, une supériorité incontestable de finesse, de résistance et de moindre densité. Elle peut pénétrer dans la consommation par ses déchets, aptes à donner, par des mélanges en petite proportion, de la consistance à des draperies de qualité inférieure. Elle peut y pénétrer, dans une certaine mesure, en fils de longs brins, dans des tissus mélangés ou de fantaisie pour vêtement et ameublement, comme y pénètre le jute, matière très inférieure, mais de très bas prix et d'une extrême facilité de traitement. Toutefois, le véritable champ de consommation de la ramie est en fils de longs brins, destinés à se substituer au lin et au chanvre dans beaucoup de leurs applications. Ce champ est assez sérieux pour mériter qu'on porte à la ramie un haut intérêt, sans toutefois l'exagérer. Mais, pour trouver la place qu'il mérite, le fil de ramie doit arriver à se produire dans les conditions les plus économiques, dans celles du moins dont sont susceptibles les fils d'autres textiles de grandes dimensions toujours plus dispendieux que les filaments courts. Bien que certains emplois, tels que la corderie, la fabrication des toiles à voiles, etc., puissent mettre en utilisation plus directe la supériorité de résistance de la fibre de ramie, il ne faut guère compter sur cette supériorité pour lui permettre de prendre un essor sérieux à des prix supérieurs. La tendance de notre époque est bien plus aux infériorités, qui produisent une économie apparente, qu'aux supériorités qui exigent une plus-value marquée. La ramie, il faut donc le dire, ne cessera de végéter, comme textile usuel, que lorsque ses fils se produiront à bas prix.

« Or la fibre de la ramie, quelque bonnes et même brillantes que soient ses qualités, provient d'une tige dont le traitement offre des difficultés particulières, sérieuses. Elle ne constitue pas, comme le lin, le chanvre et le jute, un groupe fibreux attaché à une simple paille mince, fine et friable, facilement réductible en fragments minuscules après le rouissage. La couche fibreuse recouvre ici un corps ligneux volumineux, épais et dur. Le rouissage ne lui est pas applicable; et, le fût-il, même par des procédés modifiés, il serait très dispendieux, en raison de la quantité et de la nature du produit à éliminer ultérieurement. L'élimination difficile d'une telle quantité de produit étranger et nuisible et la libération des fibres naturellement et fortement agglutinées constituent toujours et forcément pour la ramie des dépenses préparatoires comparatives très majorées. Il faut non seulement réduire autant que possible cet excédent de dépenses préparatoires, mais encore les compenser, absolument et d'avance, par les conditions de culture les plus économiques. Il serait par suite éminemment dangereux pour notre agriculture de laisser se propager l'idée, la conviction que la culture de la ramie peut être développée, généralisée avantageusement hors des régions qui lui sont tout spécialement favorables. Il serait tout aussi dangereux pour elle de reconnaître un caractère entièrement satisfaisant à des appareils ou à des procédés encore incomplets que l'on proposerait d'appliquer aux produits d'une telle culture, laquelle, déjà chère par elle-même, exigerait, au contraire, une perfection et une économie d'autant plus complètes dans les moyens de traitement à employer pour ces produits. »

CHAPITRE III.

CULTURE.

Climat, sols, travaux.

Bien que la *ramie blanche* (*Urtica nivea*) puisse croître en climat tempéré, même un peu septentrional et qu'elle ne craigne pas un froid rigoureux, elle ne peut donner des produits abondants en France qu'en terres convenables, riches en fumiers et pouvant être arrosées convenablement. Le nombre des coupes annuelles augmente lorsqu'on se rapproche du pays d'origine de la *ramie*, c'est-à-dire des climats chauds. Au nord de la Loire, on aura une ou deux coupes suivant les soins donnés et les années; au sud de la Loire, on peut avoir deux ou trois coupes. En Algérie, le nombre des coupes peut être de trois ou quatre dans des conditions faciles à réaliser.

L'avenir des deux espèces de ramie les plus recommandables est donc en Algérie et surtout dans nos colonies de l'Extrême Orient, où l'on peut obtenir quatre, cinq ou six coupes. Le poids même des coupes est aussi d'autant plus grand que le climat se rapproche plus de celui des pays équatoriaux.

L'*Urtica utilis* ou *tenacissima* convient moins à la France que la ramie blanche.

Partout le succès de la culture de la ramie exige que le sol soit à l'abri des grands vents et facilement irrigable. Sans eau, peu ou point de ramie. Les terrains salés ne conviennent pas à cette plante. La terre doit être plutôt légère que compacte, sans pourtant être sablonneuse.

Les meilleurs sols sont les silico-calcaires et les alluvions sablonneuses.

Le sous-sol doit être naturellement perméable ou rendu tel par un drainage efficace. Si, dans le sous-sol, il existe une couche imperméable arrêtant l'infiltration des eaux de pluie, la croissance de la racine principale, le pivot, est arrêtée et la plante ne peut ni prospérer ni durer. La ramie se reproduit par tous les moyens: semis de graines, plants. marcottes, etc. La plantation de fragments de racines est celle qui paraît la plus convenable. Comme la ramie a deux espèces de racines, une pivotale et des traçantes, la terre destinée à cette plante doit être d'abord labourée profondément. Il ne convient donc pas de mettre la ramie après une luzerne ou sur un défrichement de vieille prairie, si l'on n'a pas le temps de compléter l'émiettement du gazon par des roulages et des hersages alternés en temps favorable. Lorsque la terre est suffisamment ameublie, on la dispose en billons distants d'axe en axe de 0 m. 50 à 0 m. 70. On roule ensuite pour aplatir le sommet des billons, et rétrécir les sillons, sur le flanc desquels on dispose les plants ou fragments de racines, à l'écartement uniforme de 0 m. 25 ou 0 m. 35. Les plants sont recouverts presque entièrement par la terre prise sur le flanc opposé du sillon, ou par le fendage dissymétrique du billon.

On a ainsi, pour chaque plant, un espace rectangulaire de 0 m. 70 sur 0 m. 35 au plus, ou de 0 m. 50 sur 0 m. 25, au moins. Dans le premier cas, on a par hectare 40,816 plants, et 80,000 dans le second. Comme pour d'autres plantes textiles, il y aurait avantage à rapprocher les plants, au point de vue de la qualité de la filasse. Cependant, on indique en Amérique un écartement des lignes de plants allant de 0 m. 83 à 1 mètre pour la ramie verte. Les plants peuvent être des rhyzomes ou des éclats de racines de plantations ayant au moins deux ans: ils doivent avoir 0 m. 15 de longueur et deux yeux au moins. On peut découper ainsi une racine en 20 à 25 tronçons, bons à planter et ne revenant guère qu'à 4 francs le mille en moyenne. Toutefois, les vendeurs en France demandent environ 20 francs du mille de plants garantis. On peut aussi repiquer les boutures enracinées de 0 m. 20 de longueur, enfouies aux trois quarts, soit qu'on les enfonce dans des trous faits au plantoir, soit qu'on les place sur le flanc d'un profond sillon pour les enterrer ensuite par un coup de petite charrue.

En France, il convient de planter de la mi-mars à la fin de mai. On peut même le faire en été, sauf pendant les grandes chaleurs. En Espagne, en Algérie ou en pays intertropicaux, on peut planter depuis la fin d'octobre jusqu'en avril. Tout en disposant le sol pour la plantation, on prépare les rigoles pour assurer une facile distribution dans les sillons. Le tracé de ces rigoles dépend de la grandeur et de la direction, de la pente par rapport aux limites du champ planté.

La première année, il faut *sarcler* les intervalles laissés par les lignes de plants, soit à la main, soit à la houe à cheval. Pour le mieux, il faudrait deux passages de la houe à cheval, le premier suivi d'un sarclage à bras.

On donne ensuite un ou deux *binages*. La deuxième année, il suffit ordinairement d'un sarclage et d'un ou deux binages. A partir de la troisième année, la plantation de ramie se défend seule contre les mauvaises herbes, et elle ne demande plus qu'un binage et des arrosages entre les coupes.

Quinze jours avant la coupe, on cesse d'arroser, afin que le sol puisse se ressuyer avant d'y faire entrer les ouvriers pour la récolte. Dès que la coupe est achevée (elle peut se faire avec une machine à moissonner) et les tiges enlevées, il faut arroser pour hâter la végétation d'une nouvelle récolte. Bien que le développement des feuilles de la ramie soit assez considérable et que l'on puisse, par suite, considérer cette plante comme peu épuisante, il est nécessaire de rendre au sol ce qu'elle lui enlève réellement, c'est-à-dire surtout de l'*azote* et de la *potasse*.

On peut y ajouter un peu de *phosphates*. Le cultivateur n'aura pas de peine, d'après cela, à choisir l'engrais chimique convenable, à défaut de fumier de ferme en suffisante quantité. Bien que les feuilles soient consommées avec plaisir par les bêtes à corne, on a presque toujours avantage à les laisser tout simplement sur le sol comme engrais; elles forment avec la *cime* les quatre dixièmes au moins du poids des tiges entières.

Dans le midi de la France, les plantations arrosées de ramie, sagement conduites, donnent deux coupes à partir de la troisième année; et elles peuvent persister très longtemps; M. Favier dit avoir en plein rapport des plantations datant de quinze ans. La première coupe se fait en France de juin à juillet, la seconde de septembre à octobre. Il convient de couper au moment précis de la maturité, c'est-à-dire dès que le pied des tiges prend une teinte brune sur une hauteur de 0 m. 40 à 0 m. 50 et lorsque les feuilles commencent à tomber. On peut effeuiller avant de couper, en passant la main du haut en bas des tiges. On diminue de près de 40 p. 100 le poids à enlever du champ. Mais cela exige une main-d'œuvre assez coûteuse. On admet donc qu'il est bon que les décortiqueuses *puissent passer même les tiges feuillues*. Ceci est du reste discutable. La coupe ne doit se faire que par un temps sec et par un outil très tranchant, aussi près que possible du sol, mais jamais au-dessous. Si le décorticage doit se faire en sec, il convient de couper les tiges un peu avant leur maturité. Si l'on doit décortiquer en vert, on coupe, au fur et à mesure, les tiges bien mûres. Il n'y a pourtant pas accord sur ce point, car on a parfois avancé que l'on peut faire plus de coupes, si l'on décortique un peu en vert. Si les tiges sont trop herbacées, les fibres seront-elles aussi résistantes? C'est à vérifier.

Dans les pays privilégiés, où l'on peut sécher à l'air les tiges coupées, on les étend sur place en couche mince, on les retourne quelques heures après, en les secouant pour en faire tomber les feuilles. On les met alors en bottes d'environ 15 kilogrammes qu'on laisse sécher pendant une dizaine de jours.

Pour conserver sans altérations ces tiges séchées, il faudrait pouvoir les emmagasiner en un local très sec; mais elles sont tellement hygrométriques qu'il suffit d'un brouillard, d'une rosée pour qu'elles reprennent presque toute l'eau que leur a fait perdre la dessiccation à l'air libre. Dès qu'elles ont réabsorbé un peu d'humidité, elles sont très exposées aux moisissures. Ce sont surtout ces difficultés de la dessiccation et de la conservation qui engagent à décortiquer en vert, au fur et à mesure de la coupe.

Nous avons cru devoir donner cet aperçu des soins de culture et de récolte afin de montrer qu'ils n'ont rien d'extraordinaire et afin de pouvoir établir un compte probable pour le prix de revient ; car il est bien certain que la ramie ne pourra entrer en concurrence avec les autres textiles que si ses fibres peuvent être livrées à un prix suffisamment bas.

A côté des frais de culture et de récolte, qu'il est possible de déterminer *a priori*, sans grandes erreurs, il faut établir le rendement probable afin d'en déduire le prix de revient.

Rendement.

Les divers renseignements que l'on peut recueillir sur le rendement en tiges d'un hectare de ramie conduisent à des chiffres très différents. Tantôt la production est exagérée, parfois elle est au contraire minorée à un minimum peu encourageant. On ne peut s'étonner de ces divergences. On en constate d'aussi grandes pour toutes les espèces de culture : le froment comme la vigne, les prairies comme les betteraves. Le rendement par hectare d'une récolte quelconque dépend, en effet, en un même climat, du sol, des fumures, des soins culturaux, etc. A traitement égal, dans une situation donnée, il varie aussi avec les années.

Sous le bénéfice de ces observations, cherchons à fixer un rendement probable moyen. Que l'on plante de façon à avoir 40,000 ou 80,000 touffes par hectare, le rendement en poids ne différera pas sensiblement dans une situation donnée.

Lorsque les touffes seront très espacées, chacune d'elles donnera ou plus de tiges, ou des tiges plus grosses et plus longues et probablement le même poids par hectare que celui donné par le champ ayant des touffes plus rapprochées. Celles-ci donneront ou moins de tiges, ou plutôt des tiges plus minces ou moins élevées. Nous pouvons donc compter sur un espacement moyen des lignes à 0 m. 60 et sur ces lignes un plant tous les 0 m. 30 ; c'est par hectare 55,555 touffes. Pour tenir compte des pertes d'espaces productifs pris par les rigoles principales d'irrigation, nous ne compterions que sur 55,000 plants ou touffes. Les plants ainsi espacés donneront des tiges droites de 0 m. 01 de grosseur moyenne et de 1 m. 50 de longueur, pesant vertes, après un effeuillage sommaire, 55 grammes.

En Algérie, et c'est dans cette condition moyenne que nous nous supposerons, avec des soins et une irrigation bien conduite, on peut compter sur quatre coupes de 15 tiges chacune par touffe, en pleine récolte, c'est-à-dire à partir de la quatrième année, soit 3,300,000 tiges de 55 grammes ou 181,500 kilogrammes qui, séchées, se réduiraient à 36,300 kilogrammes, Ce rendement est celui de la plantation en pleine croissance. La récolte de la première année n'est pas considérée comme utilisable ou du moins on n'a qu'une coupe ou un quart de récolte; la seconde année, on ne peut espérer qu'une demi-récolte, et trois quarts pour la troisième année. De sorte que, suivant que la plantation pourra produire pendant huit, dix ou seize ans, on aura les chiffres suivants :

DURÉE DE LA PLANTATION.	PRODUCTION EN ÉQUIVALENTS D'UNE PLEINE RÉCOLTE.	
	TOTALE.	ANNUELLE.
8 ans	6,5	0,81250
9 ans	7,5	0,83330
10 ans	8,5	0,85000
11 ans	9,5	0,86360
12 ans	10,5	0,87500
13 ans	11,5	0,88460
14 ans	12,5	0,89280
15 ans	13,5	0,90000
16 ans	14,5	0,90625
17 ans	15,5	0,91176
18 ans	16,5	0,91666
19 ans	17,5	0,92105
20 ans	18,5	0,92500
Moyennes : 14 ans	12,5	0,88404

Soit, en moyenne des moyennes, par an, 0,884 d'une pleine récolte de quatre coupes produisant 181,500 kilogrammes de tiges vertes sommairement effeuillées, ou 160,453 kilogrammes de tiges vertes entières conservant la plus grande partie de leurs feuilles.

Signalons ici, avec le rédacteur en chef du *Moniteur de la ramie,* une erreur assez répandue parmi les cultivateurs. Ils croient atteindre à la perfection en produisant des tiges de 3 mètres à 3 m. 50 de hauteur, grosses en proportion. Si l'on pousse la ramie à un tel degré de développement, en espaçant trop les plants, il se forme des pousses inférieures qui sont autant d'arrêts dans la montée de la sève. On a ainsi nombre de nœuds qui rendent très difficile la décortication. L'industrie est loin de réclamer ces tiges démesurées en hauteur comme en grosseur; ce qu'elle demande, avant tout, c'est une grande uniformité de hauteur et de grosseur, dans une moyenne de 1 m. 20 à 1 m. 60, lisse de la base au sommet et de 0 . 008 de diamètre à mi-hauteur, soit à peu près 0 m. 015 au pied.

Or il est certain que l'on approchera plus facilement de cette uniformité désirable par une plantation serrée que par un trop grand écartement des lignes l'une de l'autre et des plants sur ces lignes.

Voyons actuellement ce que seront les dépenses probables.

Prix de revient de la culture d'un hectare de ramie blanche, pour une durée moyenne de quatorze ans de la plantation en Algérie.

Préparation du sol avant la plantation.

Un labour de défoncement, à 0 m. 40 avec une défonceuse dite *double brabant;* trois quarts d'hectare par jour avec un attelage de 8 chevaux ou l'équivalent en bœufs (2 hommes), soit 31 francs par journée et par hectare....	41f 33	
Un labour ordinaire, de 0 m. 20 pour enterrer le fumier ou l'engrais, ou seulement ameublir la terre neuve avec une double brabant ordinaire; 50 ares par jour, soit par hectare, pour un homme et 2 chevaux	18 00	
Hersages : *le premier,* après le défoncement avec une herse pesant 3 kil. 5 au moins par dent, avec traces de 0 m. 07 d'écartement et 0 m. 06 de profondeur. Jeu de 3 herses articulées de 10 dents chacune, ou 2 m. 10 de largeur de travail. Un homme et 3 chevaux, 4 hectares par jour, soit pour deux passages	6 00	
Seconds hersages, pour ameublir la terre après le second labour. Herse de 1 kilogr. 5 par dent. Jeu de 4 herses articulées de 10 dents chacune. Un homme et 2 chevaux, 1 m. 80 de largeur, 3 hect. 5 par jour, soit par hectare (deux passages)	5 00	
Roulages : *le premier,* pour niveler et glacer la terre avant le passage du butteur; *le second,* après le billonnage pour aplatir le sommet des billons, ensemble	8 00	
Billonnage. Deux passages successifs d'un *butteur* à règlement des versoirs et à traceur	18 00	
		96f 33

Plantation.

Valeur du plant : 55 milliers à 12 francs (prix moyen entre le prix de revient du plant fait sur place et le prix d'achat aux marchands)...........	660 00	
Main-d'œuvre : pour le transport en tête des billons, la pose à la main sur le flanc des sillons; 3 jours d'un homme et une femme à 6 fr. 50, ensemble.	19 50	
Attelages : *Labour* refendant chaque billon au tiers de sa largeur pour chausser le plant	9 00	
		688 50

Travaux d'entretien.

Sarclages et binage : *1re année.* A la reprise des plants, un sarclage et un binage énergique à la *houe à cheval*, ensemble........................ 12f 00

Sarclage et binage complémentaire *à la main* sur les lignes mêmes et autour des pieds ou touffes.. 30 00

2e année : un sarclage et un binage avant la première coupe et de même avant la seconde.. 24 00

3e année : (*idem*) avant chacune des trois coupes.................... 36 00

4e année et suivantes : même travail avant chacune des quatre coupes, 10 fois 48 francs.. 480 00

——— 582f 00

Récolte.

Coupe et mise en bottes des tiges à la main, *1re année* : 5 à 10 tiges par pied ou touffe, une seule coupe.

7 journées et demie d'un ouvrier, à 4 francs.............. 30 00

2e année : 9 journées à chaque coupe.......................... 72 00

3e année : 11 journées à chacune des 3 coupes.................... 132 00

4e année : 12 journées à chacune des 4 coupes.................... 192 00

Dix dernières années.. 1,920 00

L'enlèvement des tiges avec une brouette spéciale exige les 6/10 des frais de coupe.. 1,407 60

——— 3,753 60

Écimage et effeuillage facultatifs et plus ou moins complets (pour mémoire), à 2 francs par jour, ce serait 3,000 francs.

Avec une petite faucheuse à une seule roue, analogue à une moissonneuse, on peut couper 2 hectares par jour avec un cheval et deux hommes, soit par hectare et par coupe 4 fr. 50, et pour les 14 années et pour 50 coupes.. 225f 00

Ramassage.. 703 80

Irrigations.

Prix de l'eau nécessaire. Pour 5 arrosages en moyenne par année, il faut 5,000 mètres cubes d'eau, dont le prix dépendra du mode de captation. En supposant un canal de dérivation commun, l'eau pourra être fournie à raison de 30 francs par hectare et par an.. 420 00

Pour *réfection des digues* et *réparations* aux rigoles ou entretien des digues permanentes gazonnées portant les rigoles........................ 200 00

——— 620 00

Fumure.

FUMIER. Dans le cas où les feuilles seraient consommées par le bétail, on doit rendre l'équivalent en fumier, soit 20 tonnes à 10 francs par année, et pour 14 ans, 2,800 francs, dont il faut déduire la valeur comme aliment ou les trois quarts, soit	700f 00	
ENGRAIS CHIMIQUE complémentaire, à 100 francs par an	1,400 00	
		2,100f 00

Loyer.

Les terres propres à donner de fortes récoltes de ramie, étant aussi propres à la plupart des cultures et même à la culture maraîchère, ne peuvent guère être louées à moins de 100 francs par hectare et jusqu'à 200 francs même, soit en moyenne 150 francs pour 14 années	2,100 00	2,100 00

Frais généraux.

Si les terres plantées en ramie font partie d'une exploitation régulièrement tenue, les frais généraux peuvent s'élever au vingtième du capital employé, soit à 50 francs, et pour 14 ans	700 00	700 00
TOTAL des dépenses pour un hectare en 14 années		10,640f 43

Soit en moyenne, par hectare et par an, au plus 760 francs.

Les frais de coupe forment à eux seuls 268 fr. 10. Ils peuvent être facilement réduits à 66 fr. 34, en employant à la coupe une moissonneuse convenable et, pour l'enlèvement, de légers véhicules spéciaux. La dépense serait alors réduite à 558 francs.

Rendement d'un hectare de ramie, année moyenne, en Algérie.

On admet parfois que les tiges de l'unique coupe qu'il est possible de faire dans l'année de la plantation des rhyzomes ne sont pas bonnes à travailler. On dit même que cette première récolte est abandonnée par les cultivateurs chinois.

Nous avons peine à croire qu'avec de bonnes machines à décortiquer on ne puisse tirer parti la première année d'une coupe à la fin de la saison. Aussi comptons-nous cette coupe à un minimum très acceptable :

1re année (plantation) une coupe de	13,750	à	27,500k
2e année (deux coupes de 27,500 à 41,250k chacune)	55,000	à	82,500
3e année (trois coupes de 41,250 à 55,000 chacune)	123,750	à	165,000
4e année (quatre coupes de 55,000 à 68,750 chacune),	220,000	à	275,000
Les dix dernières années, de même	2,200,000	à	2,750,000
TOTAL pour 14 années (durée moyenne)	2,612,500	à	3,300,000

Soit, par année moyenne d'une plantation de moyenne durée, 186,607 à 235,714 kilogrammes sur pied.

Par le seul fait de la coupe avec les manipulations qu'elle entraîne, le poids de la récolte se réduit d'un sixième. Il ne faut donc compter, en bon terrain convenablement arrosé, que sur 155,506 à 196,428 kilogrammes de tiges entières feuillues, pour les 4 coupes, soit en moyenne 1,760 quintaux, qui, séchés, se réduiraient au cinquième environ ou à 352.

En tiges fraîches, écimées et effeuillées, la récolte se réduit aux 6 dixièmes ou à 1,506 quintaux qui, après séchage, seraient réduits à 211 quint. 20.

Comme ces divers états du produit d'un hectare de ramie sont obtenus pour la même dépense moyenne annuelle de 760 francs, leur prix de revient s'établit ainsi :

Le quintal de tiges fraîches entières, feuillues	0f 4318
Le quintal de tiges fraîches écimées et effeuillées (non compris la main-d'œuvre)	0 7197
Le quintal de tiges sèches entières et feuillues (non compris les frais de dessiccation)	2 1590
Le quintal de tiges fraîches écimées et effeuillées (non compris la main-d'œuvre)	3 5985

Suivant les machines employées pour la décortication, le rendement en lanières varie de 22.5 à 17.5 p. 100 des tiges fraîches entières, et de 27.5 à 32. 5 p. 100 des tiges fraîches écimées. Par suite :

Le quintal de lanières fraîches entières revient en moyenne à	2f 159
Le quintal de lanières fraîches écimées	2 399
Le quintal de lanières sèches entières	8 636
Le quintal de lanières sèches écimées	11 995

(Non compris bien entendu les frais divers et ceux de décortication.)

La seule vue de ces chiffres prouve qu'il n'y a aucun avantage pécuniaire à écimer et effeuiller les tiges. Cette opération ne peut avoir pour raison d'être que de faciliter le décorticage par certaines machines.

CONCOURS DE MACHINES À DÉCORTIQUER.

CHAPITRE PREMIER.

DE LA DÉCORTICATION DES TIGES DE RAMIE.

Ensemble des opérations.

Nous avons précédemment transcrit une note de M. Leclancher indiquant le mode manuel de décortication de la ramie pratiqué par les Chinois il y a une cinquantaine d'années. On peut le résumer ainsi :

1° *Effeuillage;*

2° Trempage des tiges en un baquet d'eau, par le pied seulement; cela est du moins probable;

3° *Teillage* ou enlèvement de l'écorce par des femmes;

4° Trempage des lanières ou rubans;

5° Passage des lanières sur le bord d'une gorge en fer pour enlever l'épiderme et les fausses fibres internes probablement;

6° Séchage, à l'air, des lanières suspendues à un bambou.

Le concours de 1889 admettait les procédés divers de décortication, manuels ou mécaniques, des tiges de ramie à l'état frais, ou préalablement séchées naturellement ou artificiellement.

Avant d'examiner les modes de décortication et les décortiqueuses mécaniques, il n'est pas inutile de présenter aussi complètement que possible les raisons propres à guider les producteurs de ramie dans le choix à faire entre le décorticage des tiges à l'état frais ou vert et le décorticage des tiges préalablement séchées.

Décorticage des tiges fraîches.

De temps immémorial les Chinois décortiquent à la main les tiges de ramie récemment coupées. Il paraît résulter de vagues indications de leur mode de procéder qu'ils enlèvent, par une espèce de raclage, l'épiderme de l'extérieur de l'écorce, les fausses fibres et le liber de l'intérieur des rubans ou lanières. Ils obtiennent ainsi la totalité des fibres textiles, en réduisant au minimum la quantité de matière cellulaire empâtant ou recouvrant extérieurement et intérieurement la couche réellement textile. Non seulement les fibres conservent leur parallélisme, mais toute leur longueur et leur ténacité. Le dégommage n'ayant que le minimum de matière cellulaire à dissoudre sera facile et peu coûteux.

Ce mode manuel de décorticage est donc absolument irréprochable au point de vue de la perfection du travail et de la bonté du produit, *le china-grass,* très apprécié par les industriels.

Malheureusement ce procédé exige une telle abondance de main-d'œuvre au moment même de la récolte qu'il ne peut être adopté que dans des situations toutes particulières : main-d'œuvre abondante et à bas prix, celle des femmes et même des enfants. Quelques-unes de nos colonies de l'Extrême Orient sont dans ce cas. Pour la France et même l'Algérie, le décorticage manuel ne peut être recommandé; et même, dans la presque généralité des cas, la décortication mécanique s'impose, puisqu'il faut, comme l'établit M. Imbs, produire à bas prix les fils de ramie. L'inventeur de décortiqueuses mécaniques de ramie fraîche peut chercher à imiter le procédé manuel que nous venons d'indiquer, ou se lancer dans d'autres voies; celle qu'ont suivie les mécaniciens pour le broyage et le teillage du lin et du chanvre est la plus adoptée. Une seule machine peut alors opérer complètement la décortication, bien qu'il puisse être préférable parfois de diviser le travail entre deux ou plusieurs machines. Il y a, comme on voit, de quoi satisfaire à l'esprit d'invention des mécaniciens qui doivent, du reste, avoir sans cesse présentes à l'esprit les conditions de *perfection du travail :* séparer du bois la *totalité* des fibres textiles en leur conservant leur *parallélisme,* leur *longueur intégrale* et toute leur *ténacité,* et même enlever par raclage ou battage les fausses fibres internes et l'épiderme.

Cette perfection du travail est-elle plus facilement obtenue pendant que la ramie est verte, encore vivante pour ainsi dire, qu'après avoir été plus ou moins séchée naturellement ou artificiellement? En outre, le travail en vert est-il plus économique, à tous les points de vue? C'est ce qu'il faut décider.

Lorsque la ramie est fraîchement coupée, l'enveloppe ou écorce se sépare très facilement du corps ligneux ou tige proprement dite. Entre ces deux portions concentriques se trouvent le *liber* et le *cambium,* où court une sève liquide qui empêche pour ainsi dire l'adhérence : on peut donc manuellement ou mécaniquement enlever l'écorce en forme de large et long ruban. Aucune machine présentée au concours n'opérait suivant ce principe de décortication. Toutes ont une première série d'organes dits *alimentaires* pour : 1° *appeler* et maintenir la tige; 2° la *presser fortement* à de courtes distances afin de *casser* le bois en fragments, sans altérer l'enveloppe fibreuse; 3° racler les fausses fibres internes, *battre* ou *secouer* le ruban fibreux, afin d'en dégager les fragments de bois; quelques machines ont, en outre, des brosses pour enlever l'épiderme, d'un fauve sombre, racler les fausses fibres et même rétablir ou maintenir le parallélisme des fibres textiles. Chacun de ces organes doit faire le travail qui lui incombe, en respectant, comme nous l'avons dit, le *parallélisme* des fibres, leur *longueur* et leur *ténacité.*

Toutes ces opérations paraissent devoir se faire en vert, avec moins de déchets qu'avec les tiges sèches. Mais, à l'état frais, le ruban fibreux adhère assez fortement aux organes mécaniques pour que des encrassements ou même des engorgements puissent se produire : le mécanicien peut et doit parer à ces inconvénients, car il n'y a là aucune impossibilité.

La décortication en vert peut donc se faire au fur et à mesure de la coupe des tiges, soit par le cultivateur même, soit par l'industriel achetant la récolte sur pied, et faisant subir aux lanières fibreuses les diverses préparations qui les mettent en état d'être livrées aux filateurs. Dans le premier cas, le cultivateur doit avoir un nombre de machines en rapport avec l'importance de sa culture et le matériel nécessaire pour les préparations les plus indispensables des lanières fibreuses. Dans le second cas, il est dispensé de tous soins autres que ceux de la culture.

D'après M. Henri Lecomte, *les lanières obtenues des tiges vertes sont moins rebelles au dégommage que celles qui sont obtenues par le décorticage des tiges sèches.*

Décortication des tiges sèches.

La décortication des tiges après leur dessiccation aurait l'avantage de permettre un travail continu, dans un établissement industriel convenablement outillé pour toutes les préparations, en pouvant répartir ses frais généraux sur environ 300 journées de travail annuellement.

La spécialisation et la division du travail permettraient alors de la faire économiquement.

Malheureusement, la décortication des tiges de ramie doit être rapide si l'on veut éviter leur fermentation dans les paquets, et même la pourriture ou les moisissures qui peuvent rapidement détériorer les fibres textiles.

Au fur et à mesure de la coupe, *il faut enlever* les tiges du champ très rapidement et ne plus y laisser passer les ouvriers pour la manutention des fagots à sécher. Sans cette précaution on s'expose à détruire, en grande partie, les *pousses* nouvelles, l'espoir d'une seconde coupe; car elles sont très fragiles et croissent rapidement de 0 m. 01 à 0 m. 02 par jour au moins et parfois beaucoup plus. L'enlèvement rapide des tiges hors du champ est d'autant plus nécessaire que les pluies sont plus à craindre ou qu'il y a nécessité d'irriguer. Les tiges, mouillées dans le premier cas, boueuses dans le second, sont exposées à se détériorer.

Alors, où emmagasiner cette énorme quantité de tiges? Le séchage sur place, en petits fagots ou javelles, serait fort coûteux et presque mortel pour la coupe suivante. Si l'on croit pouvoir, hors du champ, mettre en couches même minces les tiges de ramie, on les expose à fermenter ou à moisir. Si, même en un climat favorable et naturellement sec, ou, en d'autres localités, par des procédés artificiels, on arrive à sécher convenablement les tiges, il suffit ensuite d'une rosée, d'un brouillard ou d'une nuit humide pour que les tiges spongieuses reprennent assez d'humidité pour que leur détérioration soit à craindre, parce que la moitié de chaque tige de ramie est en effet une espèce de moelle absorbant très facilement l'humidité atmosphérique. La moelle de la ramie verte (*urtica tenacissima*) est quelque fois résorbée, de sorte que la tige est creuse et plus facile à sécher et à conserver.

Enfin la dessiccation des tiges de ramie entraîne un grand changement dans le *cambium* qui, pendant la vie végétale, est comme une sève circulant sous l'écorce : il en est de même pour la couche de cellules à minces parois qui englobent les fibres et que l'on nomme souvent et improprement *ciment végétal*. Dès que la vie se ralentit et que commence la dessiccation, ces liquides ou masses cellulaires molles perdent leur fluidité; ils adhèrent au bois comme à l'écorce fibreuse et leur séparation exige alors des *froissements*, des *pressions* ou des *battages* plus énergiques, plus multipliés, au grand dommage de l'*intégrité des fibres* et de leur *ténacité*.

En résumé, la dessiccation d'une récolte aussi encombrante que la ramie exige d'abord un grand emplacement et probablement un matériel spécial; elle est coûteuse, difficile et incertaine; elle ne facilite pas la séparation de l'écorce fibreuse, et enfin elle expose, même avec de bonnes machines décortiqueuses, à une forte proportion de déchets. Le seul avantage de la décortication en sec est la possibilité de la faire industriellement et, par suite, à bas prix, en réduisant aussi le nombre des machines à décortiquer pour un nombre donné d'hectares.

Il semble donc que le décorticage de la ramie sur place, à l'état frais, au fur et à mesure de la coupe des tiges, est la méthode la plus rationnelle. Elle est toutefois considérée comme la seule pratique par presque tous les hommes familiers avec la question de la ramie. Toutefois, il serait peut-être téméraire de décider, dès aujourd'hui, d'une façon générale et absolue entre les deux méthodes. C'est à chaque producteur de ramie à se décider d'après les conditions spéciales dans lesquelles se trouvent son exploitation et sa localité. On ne peut préjuger des ressources que la chimie peut fournir pour empêcher la détérioration des tiges pendant leur dessiccation naturelle ou artificielle.

Les essais faits devant le jury ont porté sur des tiges plus ou moins récemment coupées, d'autres à moitié vertes, et les dernières complètement sèches.

Les résultats des divers essais seront pris en considération dans le cours de ce travail.

Pour comparer avec toute justice les prix de revient du décorticage par les diverses machines ou procédés, il faut tenir compte, autant que cela est possible, des pertes de *fibres textiles* qui peuvent résulter de l'opération même, plus ou moins bien faite.

D'après notre compte de culture, le kilogramme de lanières reviendrait aux prix suivants :

Un kilogramme de lanières à l'état frais, provenant de tiges entières, a coûté en moyenne 0 fr. 0216;

S'il provient de tiges vertes préalablement écimées et effeuillées, il coûte o fr. 024 au moins.

Comme les *fibres textiles* empâtées ne forment guère avant le dégommage que la moitié du poids des lanières, on peut admettre que, jusqu'à réduction du rendement en lanières à la moitié du poids de l'écorce, aucune portion de fibres textiles n'est perdue. Cette hypothèse est probablement trop favorable aux machines qui font du déchet; mais nous l'acceptons, faute de mieux, pour ne pas nous exposer à la moindre injustice.

Le kilogramme de lanières à l'état sec revient, d'après les chiffres précédents, à environ o fr. 086 ou o fr. 119, suivant que les tiges ont été décortiquées entières ou préalablement écimées.

CHAPITRE II.

RÉSULTATS DES ESSAIS DE PROCÉDÉS DE DÉCORTICATION MANUELLE.

Procédé de MM. Ch. Crozat de Fleury et A. Moriceau.

Bien que les tiges de ramie absolument fraîches puissent se décortiquer directement à la main, en suivant l'usage chinois, l'enlèvement de l'écorce se fait mieux si les tiges ont été préalablement passées dans un bain à la température de l'eau bouillante; c'est là tout le procédé de MM. Crozat et Moriceau. Ce procédé s'applique aussi bien aux tiges vertes qu'aux tiges sèches. Mais l'immersion doit être d'autant plus prolongée que la tige est plus sèche; sa durée varie entre les limites de cinq et quinze minutes suivant les inventeurs. On peut, grâce à cette immersion, décortiquer même des tiges coupées depuis quelques années. Une fois préparées, les tiges peuvent être décortiquées pendant plusieurs jours. Si l'on ne peut teiller de suite, il convient de sécher les tiges pour éviter les chances de détérioration.

Le premier des avantages de ce procédé est de donner l'*intégralité des fibres,* de respecter leur *parallélisme,* de conserver leur *longueur* et leur *ténacité,* probablement. Le second, c'est de laisser une assez grande latitude pour la durée du travail de la décortication, puisque l'on peut traiter les tiges fraîches ou séchées à n'importe quel degré; on peut même, après leur passage dans l'appareil, les sécher et les emmagasiner pour les décortiquer à loisir, car les tiges traitées par ce procédé ne sont plus sujettes à fermenter, une fois séchées. Il n'exige qu'une première mise de fonds assez faible : trois appareils à 500 francs permettraient de traiter par journée la coupe d'un hectare. Enfin il s'applique à toutes les espèces de ramies, à toutes les tiges longues ou courtes, droites ou torses, simples ou branchues. On ne peut reprocher à ce procédé que d'exiger à un moment donné, ou au moins dans une période de quelques jours, une grande abondance de main-d'œuvre.

On a cependant émis aussi quelque doute sur l'innocuité de l'immersion ou plutôt du séjour des tiges dans l'eau bouillante. Le traitement à la vapeur, qui a été proposé il y a quelques années par M. Favier, avait, dit-on, l'inconvénient de rendre les fibres cassantes, ou de diminuer, tout au moins à un certain degré, leur ténacité si précieuse et si caractéristique.

L'essai devant le jury, dans la matinée du mardi 24 septembre, a donné les résultats suivants : la cuisson a duré, dans l'eau bouillante, 14 minutes, puis deux hommes aidés à intervalles par quelques personnes ont décortiqué les 18 kilogrammes pesés avant l'immersion. Il fallut, toute réduction faite, 90 minutes d'un homme pour le décortiquage; c'est 12 kilogrammes par heure et par tête. Le rendement a été de 5 kilogr. 6, pour 18 kilogrammes, ou de 31 1/9 p. 100. C'est évidemment tout ce que les tiges contenaient de lanières fibreuses. Le prix de revient de ce procédé de décortication dépend essentiellement de celui de la main-d'œuvre. On peut toutefois organiser le travail de façons diverses. Si nous nous basons sur l'essai fait devant le jury avec l'appareil de cuisson présenté, on peut faire passer par heure 75 kilogrammes de tiges fraîches environ et obtenir 23 kilogr. 1/3 de lanières.

Nous supposerons, ce qui est presque forcé, que l'appareil de cuisson fonctionne presque sans discontinuité, c'est-à-dire vingt-quatre heures par jour. C'est alors, par jour, 1,800 kilogrammes de tiges, et pour les quatre coupes, de 37,500 kilogrammes chacune, 83 journées 1/3. La cuisson exige deux hommes : un chauffeur proprement dit et un aide pour apporter les tiges et coopérer à la manutention des paniers, etc.

D'après l'essai aussi, un teilleur peut décortiquer 12 kilogrammes de tiges à l'heure, soit, en douze heures, 144 kilogrammes de tiges et 44 kilogr. 8 de lanières. Si l'on veut que les teilleurs passent au travail le même nombre de jours que les chauffeurs, il faudra de 12 à 13 teilleurs. Le prix de revient pourrait alors être ainsi établi :

ÉLÉMENTS DU PRIX DE REVIENT.		LE PRIX DE LA JOURNÉE ÉTANT		
		1f 25.	2f 50.	4f 00.
FRAIS D'APPAREILS.	*Redevance* aux inventeurs (Pour mémoire)........	//	//	//
	Intérêt, entretien et *amortissement* de l'appareil cuiseur, 12 p. 0/0 de 500 francs....................	60f 00c	60f 00c	60f 00c
CHAUFFAGE OU CUISSON.	(Pour mémoire : les tiges décortiquées suffisant d'après les inventeurs)......................	//	//	//
	Deux équipes composées chacune d'un chauffeur et d'un aide pendant 83 journées 1/3 à 3, 4 et 5 fr. pour le chauffeur et 2, 3 et 4 fr. pour l'aide....	416 67	583 33	750 00
DÉCORTICATION :	1,000 journées de teilleurs à 1f 25, 2f 50 et 4 fr...	1,250 00	2,500 00	4,000 00
TOTAUX............................		1,726 67	3,143 33	4,810 00

Dans ces 83 jours, avec un appareil, 12 teilleurs, 2 chauffeurs et 2 aides, on décortiquerait la récolte de 1 hectare, ou 150 tonnes de tiges vertes. Le prix de revient serait alors par *tonne*, respectivement, 11 fr. 51, 20 fr. 96 et 32 fr. 07, suivant que la journée de teilleur serait de 1 fr. 25, 2 fr. 50 ou 4 francs, et les journées des chauffeurs en proportion; soit en général, par tonne de tiges vertes, une somme fixe de 2 fr. 14 augmentée de 7,5 fois le prix de la journée de teilleur.

Le travail pouvant être fait sur des tiges à tout état de siccité, un seul appareil travaillant 250 jours par année suffira à la décortication de la récolte de 3 hectares. Les frais de main-d'œuvre et de cuisson seront triples, mais les 60 francs de frais d'appareils annuels resteront tels quels. Ce serait alors pour 3 hectares ou 450 tonnes de tiges à l'état vert, respectivement, 5,060 francs, 9,310 francs et 14,310 francs, ou, par tonne, 11 fr. 24, 20 fr. 68, et 31 fr. 80, soit, par tonne de tiges vertes, une somme fixe de 1 fr. 865 et 7 1/2 fois le prix de la journée d'un teilleur.

La redevance qu'exigeraient les inventeurs par appareil accroîtrait un peu le prix de revient. Aucun renseignement ne nous permet de fixer cette augmentation.

Pour permettre de comparer ces prix de revient avec ceux des machines à décortiquer, nous admettrons que le poids de la recette en tiges sèches est le cinquième du poids en vert. Alors le prix de revient par quintal de tiges sèches serait, respectivement, 5 fr. 62, 10 fr. 34 et 15 fr. 90; et, par quintal de lanières sèches, 18 fr. 07, 33 fr. 20 et 51 fr. 12, suivant le prix de la journée du teilleur.

Les inventeurs parlent d'un appareil cuiseur pouvant suffire à une production journalière de 500 à 600 kilogrammes de lanières sèches. Il coûterait 500 francs, et en 120 jours fournirait 60,000 kilogrammes de lanières sèches. Chaque teilleur pourrait, à tâche, décortiquer huit à dix tiges par minute; soit 480 à 600 par heure, ou 26 kilogr. 400 à 33 kilogrammes donnant, d'après l'essai, 31 1/9 p. 100 ou de 8 kilogr. 213 à 10 kilogr. 267, qui, séchées, se réduiraient au quart en donnant de 2 kilogrammes à 2 kilogr. 5 de lanières sèches (soit le cinquième du poids des lanières fraîches). Dans ces hypothèses, le prix de revient du travail complet, *immersion* des tiges, *décorticage* à la main, *séchage*, mise en balles pressées, ne s'élèverait, suivant les inventeurs, qu'à 8 ou 10 francs par quintal de lanières sèches obtenues; le prix de journée supposé paraît être de 1 fr. 25. Nous trouvons 3 fr. 01 par quintal de lanières fraîches, lorsque les teilleurs ne sont payés que 1 fr. 25 par jour. Par quintal de lanières sèches, il est donc probable que le prix de revient serait sensiblement au-dessus de 10 francs, le plus fort chiffre annoncé par les inventeurs, soit probablement 14 fr. 44, auquel il faut ajouter pour frais de culture de 8 fr. 64 à 12 francs. Le kilogramme reviendrait donc, tout compris, au producteur décortiquant sa récolte, à 0 fr. 231 ou 0 fr. 264, à la condition que le prix de la journée ne dépasse pas 1 fr. 50.

Ainsi, en résumé, ce procédé ne convient que dans les pays de petite culture, où la main-d'œuvre est abondante et à bas prix. Il a l'avantage de donner la totalité des fibres dans le meilleur état possible et de convenir à toutes les espèces de tiges, quels que soient leur état, leur longueur, leur forme et leur état de maturation.

Si le prix de la journée des teilleurs à la main est seulement de 1 fr. 25, le décortiquage coûtera de 14 fr. 44 à 18 fr. 07 par quintal de lanières qui ont coûté, suivant le compte de culture, de 8 fr. 636 à 11 fr. 995. Un hectare donne, par ce procédé, en lanières sèches, 9,333 kilogr. 1/3, qui, décorticage compris, coûtent de 23 fr. 10 à 26 fr. 40 le quintal, ou 0 fr. 231 à 0 fr. 264 le kilogramme. Or il est certain que ces lanières se vendraient très aisément 0 fr. 35, en cette année (1889) et probablement beaucoup plus en raison du parfait état de ces lanières.

Avec un prix de journée de 2 fr. 50 pour les teilleurs, le décorticage à la main par le procédé Crozat coûterait 33 fr. 685 le quintal de lanières sèches. En ajoutant le prix de revient des tiges pouvant donner cette quantité de lanières sèches, le kilogramme de lanières sèches reviendrait à 0 fr. 418 et même 0 fr. 45, et ne pourrait être vendu que 0 fr. 45 à 0 fr. 50; le bénéfice est nul.

Ce procédé ne donnerait donc quelque bénéfice au cultivateur que dans les pays où l'on trouverait suffisamment de main-d'œuvre à 1 fr. 50 au plus par journée de douze heures pour le teillage.

CHAPITRE III.

DÉCORTIQUEUSES MÉCANIQUES.

Conditions à remplir.

Il y a trente-quatre ans, nous posions comme base du jugement d'une machine quelconque le *prix de revient de l'unité de travail fait.*

En considérant comme une *dépense* toute perte de produit en quantité ou qualité, causé par l'emploi même de la machine, nous rangions et nous pesions les diverses qualités de la machine en raison des économies que chacune d'elles produit sur les dépenses.

Si nous appliquons ces principes généraux au jugement des machines à décortiquer la ramie, il est évident que le prix de revient comprendra les éléments suivants :

1° Perte sur le *pourcentage réel* de lanières ou de fibres au prix de revient déterminé par le compte de culture ou le marché;

2° Diminution de la qualité naturelle des fibres, des lanières, par rupture ou par perte de leur parallélisme.

3° Accroissement des frais de dégommage, par la présence d'une plus ou moins forte proportion de bois dans les lanières;

4° Dépense en travail moteur;

5° Prix de la main-d'œuvre nécessaire;

6° Intérêt du prix d'achat des machines et du matériel nécessaire au décorticage;
7° Entretien de ces machines en huile ou graisses, et petites réparations courantes;
8° Amortissement des machines, grosses réparations.

Les trois premiers éléments sont plus ou moins élevés, suivant que la machine fait un travail plus ou moins éloigné de la perfection. Ils ne seraient nuls que si la décortiqueuse rendait *tout le pourcentage des fibres existant dans les tiges, avec toutes les qualités propres à ces fibres : longueur, parallélisme, ténacité.*

Le quatrième élément est plus ou moins élevé suivant que la machine dépense plus ou moins de travail moteur par tonne de tiges décortiquées à l'heure.

Le cinquième élément varie suivant la disposition des machines employant plus ou moins d'hommes pour leur fonctionnement.

Le sixième élément est absolument proportionnel au *prix* de la machine.

Les septième et huitième éléments du prix de revient du travail dépendent surtout de l'exécution même des diverses parties de la machine, du choix des matériaux employés, de la combinaison des organes, etc.

Approximativement, on peut dire que les trois premiers éléments ont la plus grande influence sur le prix de revient de l'unité de travail (décortication de la tonne de tiges). De sorte que la première qualité à rechercher dans une décortiqueuse mécanique, c'est qu'elle ne laisse aucune fibre dans le déchet boiseux, qu'elle ne casse pas les fibres, ne les emmêle pas et n'y laisse pas de bois.

Bien que le concours de 1889 n'ait pas pu être organisé de façon à déterminer le travail moteur dépensé par les machines concurrentes, ni les conditions de durée ou d'entretien des machines, nous allons essayer de les apprécier impartialement en nous basant sur les résultats des essais et l'examen détaillé de leurs organes mécaniques.

Machine Armand, construite et présentée par M. Barbier.

Cette machine peut, d'après l'exposant, décortiquer les tiges de ramie en vert comme en sec; mais, dans le premier cas, elle doit tourner plus vite que dans le second.

Elle se compose d'un cylindre central à larges et profondes cannelures, qui tourne sous trois cylindres qui l'entourent en le recouvrant à moitié. Le premier de ces petits cylindres peut être dit *alimentaire,* il est conduit par engrenages, tandis que les deux autres ne tournent que par l'engrènement de leurs cannelures avec celles du cylindre central. Ces quatre cylindres forment ensemble l'appareil *alimentateur* et *broyeur,* et, de plus, ils présentent les tiges broyées à deux cylindres squelettes *batteurs* ou *teilleurs.* Ces cylindres sont placés au-dessous du cylindre cannelé central et du dernier, de façon que les battes (lames d'acier) passent en tournant en sens contraire aussi près que possible des arêtes des cylindres broyeurs. L'un par rapport à l'autre, ces cylindres et les roues d'engrenages qui les solidarisent sont calés sur leurs arbres de façon qu'une palette de l'un soit toujours entre deux palettes de l'autre et à distance égale. En attirant et ployant en festons les tiges broyées, ces palettes les débarrassent des fragments ligneux et les réduisent à l'état de lanières fibreuses. Les batteurs ou teilleurs tournent toujours dans le même sens pendant toute la durée de l'opération, tandis que le train des quatre broyeurs peut, à la volonté de l'ouvrier qui dessert la machine, changer de sens de rotation. Les tiges, d'abord avalées par la machine, reviennent à l'état de lanières en partie déboisées, en sens contraire, tout en subissant le teillage comme à l'*aller,* mais plus énergiquement cette fois. On peut aussi enlever absolument toute la partie ligneuse et peut-être les fausses fibres internes non textiles et l'épiderme. Mais il faut que l'ouvrier desservant la machine ait une certaine habileté pour éviter, qu'au changement de sens de la rotation, une traction sensible soit exercée sur les lanières; car alors, le déchet fibreux tombant avec les fragments ligneux et les fausses fibres pourrait être considérable. L'embrayage, pour le mouvement de retour, se fait à l'aide d'un levier, agissant sur un cône de friction. Lorsque l'on cesse d'appuyer sur ce levier, il revient à sa place primitive par l'action d'un contrepoids et dès lors le sens de la rotation est celui qui attire dans l'appareil broyeur les tiges à décortiquer.

D'après l'exposant, cette machine peut décortiquer par jour 2,500 kilogrammes de tiges fraîchement coupées. En admettant qu'il s'agisse de douze heures de travail effectif, ce serait, par heure, 208 kilogr. 1/3.

Le lundi 23 septembre, la machine Armand-Barbier reçut 10 kilogrammes de tiges fraîches écimées et effeuillées. Le temps réellement consacré au travail a été d'un peu plus de quatre minutes, soit par heure 150 kilogrammes. Les 10 kilogrammes ayant produit 1 kilogr. 3 seulement de lanières absolument déboisées et teillées même à l'excès, le rendement n'est donc que de 13 p. 100. C'est 19 kilogr. 5 de lanières fraîches à l'état de filasse par heure de travail.

En adoptant d'abord les chiffres donnés par l'exposant, puis ceux de l'essai, nous aurons les deux prix de revient suivants :

Prix de revient de la décortication de 18 hectares de ramie basé sur les données du constructeur.

Perte de fibres. 1° *Rendement en fibres.* — Le décorticage à la main ayant donné un rendement en lanières de 31 1/9 p. 100 de tiges fraîches; on peut admettre que ces lanières renferment 15 5/9 de fibres empâtées p. 100 de tiges écimées et effeuillées. Or l'exposant annonce en lanières un rendement de 25 p. 100. C'est admettre que la machine ne met aucun atome de fibres dans le déchet.... p. mémoire.

2° *Qualité des fibres.* — On est en droit de craindre que dans le retour des lanières une petite portion des fibres puissent être cassées et passer dans le déchet.............................. p. mémoire.

3° *Bois laissés dans les lanières.* — Les lanières fibreuses étaient tout à fait débarrassées du bois . . . . p. mémoire.

Frais de matériel. — Intérêt du prix d'achat (5 p. o/o), entretien (2 1/2 p. o/o), amortissement (4 p. o/o), en tout 11.5 p. o/o de 21,000 francs, prix de 14 décortiqueuses. 2,415f 00

Frais de force motrice. — Intérêt, entretien et amortissement des machines à vapeur : 11 p. o/o de trois machines locomobiles de 5 chevaux chacune : 11 p. o/o de 15,000 francs. Combustible (pour mémoire). 1,650 00

Chauffeurs. — 3 à 5 francs pendant 45 jours 675 00

Frais de main-d'œuvre. — Chaque machine exige un ouvrier conduisant la machine à 5 francs par jour; un receveur de lanières à 4 francs; enfin un manœuvre fournissant les tiges, à 3 fr. 50 ; soit ensemble 12 fr. 50 par jour, soit pour 14 machines pendant 45 jours 7,875 00

Total. 12,615f 00

Pour 18 hectares, ou 19,004 quintaux de tiges fraîches écimées et effeuillées équivalant à 3,800 quintaux de tiges sèches, produisant 25 p. 100 de lanières fraîches ou 4,501 quintaux, ou le cinquième de lanières sèches, 900,2 quintaux.

Le prix de revient du décorticage est donc :

1° Par hectare de	700f 830
2° Par quintal de tiges fraîches.	0 664
3° Par quintal de tiges sèches	3 320
4° Par quintal de lanières fraîches.	2 802
5° Par quintal de lanières sèches	14 010

C'est 0 fr. 14 par kilogramme de lanières sèches; il faut y ajouter de 0 fr. 086 à 0 fr. 119 pour le prix de revient cultural, soit ensemble de 0 fr. 226 à 0 fr. 259.

Prix de revient de la décortication de 18 hectares de ramie, basé sur les résultats de l'essai public.

Perte de fibres. 1° *Rendement.* — Le rendement en lanières fibreuses ayant été de 13 p. 100 de tiges fraîches seulement, on pourrait admettre que la perte en fibres textiles empâtées est de 2 5/9 p. 100 des tiges fraîches (15 5/9 — 13), au prix de 0 fr. 055 et 0 fr. 07 le kilogramme; soit (pour les 18 hectares donnant 19,004 quintaux) 48,565 kilogrammes à 0 fr. 0625 le kilogramme en moyenne. . . . . p. mémoire.

2° *Qualité.* — Il semble que quelques fibres sont cassées. . . . . p. mémoire.

3° *Bois laissé.* — Les lanières sont absolument déboisées . . . . p. mémoire.

FRAIS DE MATÉRIEL. *24 machines à décortiquer.* — 11.5 p. 0/0 de 36,000 francs, prix de ces machines	4,140f 00
FRAIS DE MOTEUR. — 5 machines locomobiles de 5 chevaux chacune, au prix moyen de 5,000 francs; 11 p. 0/0 de 25,000 francs, prix de ces machines	2,750 00
Combustible	p. mémoire.
Chauffeurs. — 5 à 5 francs par jour pendant 45 jours	1,125f 00
FRAIS DE MAIN-D'ŒUVRE. — Par machine, un conducteur à 5 francs, un receveur à 4 francs et un manœuvre à 3 fr. 50. Ensemble, 12 fr. 50 par jour; soit pour 24 machines pendant 45 jours	13,500 00
TOTAL	24,550f 31

Pour 18 hectares, ou 19,004 quintaux de tiges fraîches écimées et effeuillées, équivalant à 3,800 quintaux de tiges sèches, produisant 13 p. 100 de lanières fraîches, 247,052 kilogrammes, ou le cinquième en lanières sèches, 49,410 kilogrammes.

Le prix de revient du décorticage est donc :

1° Par hectare, de	1,363f 900
2° Par quintal de tiges fraîches	1 292
3° Par quintal de tiges sèches	6 459
4° Par quintal de lanières fraîches	9 937
5° Par quintal de lanières sèches	49 686

Même en ne tenant pas compte de la perte de fibres diminuant le rendement, le prix de revient du quintal de tiges sèches serait encore de 43 fr. 54, soit 0 fr. 435 le kilogramme.

En ajoutant le prix de revient du kilogramme, 0 fr. 119, d'après le compte de culture, on aurait 0 fr. 554 pour le prix de revient, après décorticage du kilogramme de lanières sèches. Ces lanières, devant perdre très peu au dégommage, pourraient peut-être obtenir un prix plus élevé que les lanières conservant l'épiderme et les fausses fibres. Mais, même en admettant cette hypothèse très justifiée, le bénéfice de la culture avec cette décortiqueuse serait très faible.

Le même jour, la machine Barbier reçut 26 kilogrammes de tiges fraîches entières feuillues. Elles furent décortiquées en 10′ 10″ et rendirent 2 kilogr. 20 de lanières parfaitement dépouillées de bois et ne présentant en apparence que des fibres textiles. D'après cet essai, la machine décortique par heure 153 kilogr. 443 de tiges entières et donne dans le même temps 12 kilogr. 984 de lanières-filasses. Le rendement n'est donc que de 8.4615 p. 100 de tiges entières fraîches.

En admettant, comme pour l'essai précédent, que la proportion de fibres textiles empâtées de matière cellulaire soit réellement de 15 5/9 p. 100, la perte de fibres causée par la machine serait de 7.094 p. 100 de tiges.

Chaque hectare produisant en tiges entières feuillues 175,967 kilogrammes (en quatre coupes), c'est, pour 18 hectares, 3,167,406 kilogrammes produisant en filasse-lanière 268,010 kilogrammes et laissant 224,698 kilogrammes.

Si nous admettons d'abord les chiffres de travail et de rendement indiqués par l'exposant, c'est-à-dire 250 kilogrammes de tiges entières par heure et 62 kilogr. 50 de lanières, il faudrait pour décortiquer le produit des 18 hectares, ou 3,167,406 kilogrammes de tiges entières feuillues, 24 machines, travaillant pendant 45 jours.

Prix de revient de la décortication d'après les données de l'exposant.

Frais de matériel. — 11.5 p. 0/0 de 36,000 francs (prix de 24 machines à décortiquer)	4,140f 00
Frais de moteur. *Locomobiles.* — 11 p. 0/0 de 25,000 francs (prix de 5 locomobiles)	2.750 00
Chauffage	p. mémoire.
Chauffeurs. — 5 à 5 francs par jour pour 45 jours	1,125f 00
Main-d'oeuvre. — 12 fr. 50 par jour et par machine, soit pour 45 jours	13,500 00
Total	21,515f 00

Pour 18 hectares produisant 31,674 quintaux de tiges entières, équivalant en tiges sèches à 633,480 kilogrammes, rendant 791,851 kilogr. 5 de lanières fraîches équivalant à 158,370 kilogr. 3 de lanières sèches.

Le prix de revient du décorticage est donc :

1° Par hectare, de	1.195f 300
2° Par quintal de tiges entières fraîches	0 679
3° Par quintal de tiges entières sèches	3 396
4° Par quintal de lanières fraîches	2 717
5° Par quintal de lanières sèches	13 585

Le kilogramme de lanières sèches, compris frais de culture et de décorticage, reviendrait donc à 0 fr. 222.

Lorsqu'on se base sur les chiffres de l'essai, les résultats sont très différents. La machine ne décortiquant par heure que 153 kilogr. 443, c'est par jour 1,841 kilogr. 316. Pour décortiquer les 3,167,406 kilogrammes produits par les 18 hectares, il faudra 1,720 jours. Le nombre de jours de travail pour quatre coupes ne pouvant dépasser 45, il faudra 38 machines à décortiquer ou un peu plus de 2 par hectare.

Les 3,167,406 kilogrammes de tiges vertes entières produiront 263,010 kilogrammes en lanières-filasse fraîches.

Le prix de revient peut alors s'établir comme suit :

Perte de fibres. — 7,094 p. 0/0 des 31,674 quintaux de tiges, à 6 fr. 25	14,043f 00
Frais de matériel. — 11,5 p. 0/0 de 57,000 francs (prix de 38 décortiqueuses)	6,555 00
Frais de moteurs. *Locomobiles* (7 machines de 5 à 6 chevaux). — 11 p. 0/0 de 38,500 francs, prix de ces machines avec transmission	4,235 00
Chauffage	p. mémoire.
Chauffeurs. — 7 à 5 francs pendant 45 jours	1,575f 00
Main-d'œuvre. — 12 fr. 50 par jour et par machine, pour 38 pendant 45 jours	21,375 00
Total	47,783f 00

Pour 18 hectares produisant 31,674 quintaux de tiges fraîches entières, équivalant à 633,480 kilogrammes de tiges sèches, rendant 268,010 kilogrammes de lanières-filasses fraîches, équivalant à 53,600 kilogrammes de lanières-fibres sèches, c'est :

1° Par hectare	2,654f 6000	1,874f 4400
2° Par quintal de tiges fraîches entières	1 5086	1 0652
3° Par quintal de tiges sèches entières	7 5430	5 3261
4° Par quintal de lanières-filasses fraîches	17 8290	12 5890
5° Par quintal de lanières-filasses sèches	89 1450	62 9450

Si, ce que l'on peut admettre, on ne compte pas la valeur, au prix de culture des fibres perdues dans le déchet, les prix de revient sont ceux de la seconde colonne ci-dessus. Le kilogramme de lanières sèches coûterait donc au moins 0 fr. 63. En y ajoutant son prix de revient cultural ce serait 0 fr. 716, dans l'hypothèse la plus favorable, et 0 fr. 977 si l'on estime la perte en fibres.

A ces prix le bénéfice serait nul, quelque bonnes que soient les lanières, faciles à dégommer, et perdant peu de poids dans cette opération.

La machine Barbier reçut enfin 12 kilogrammes de tiges sèches qui, en 30 minutes, donnèrent 2 kilogr. 2 de lanières bien déboisées. C'est une production de 24 kilogrammes par heure et un rendement de 18 1/3 p. 100. Le produit d'un hectare en tiges écimées et effeuillées fraîches étant en quatre coupes de 105,580 kilogr. 5, c'est pour 18 hectares 1,899,949 kilogrammes qui, séchés, se réduisent à 379,989 kilogr. 8 ou sensiblement à 3,800 quintaux. A raison de 288 kilogrammes par jour et par machine, il faudra 1,319 journées d'une machine. En admettant que ce décorticage industriel en sec puisse être réparti sur 264 jours par année, *cinq* machines suffiront, avec une machine à vapeur locomobile ou fixe de 5 à 6 chevaux.

D'après l'exposant, cette machine décortiquerait 500 kilogrammes de tiges sèches par jour et rendrait 25 p. 100. Il suffirait alors de 760 journées d'une machine pour décortiquer la récolte des 18 hectares, ou les 3,800 quintaux de tiges sèches; il faudrait donc seulement et au plus 3 machines, qui pourraient ne travailler que 253 jours 1/3.

D'après ces chiffres nous pouvons établir comme suit les prix de revient dans les deux cas :

Prix de revient du décorticage en sec de la récolte de 18 hectares d'après les chiffres de l'exposant.

Frais de matériel. — 11.5 p. o/o de 4,500 francs (prix de trois décortiqueuses)	517f 50
Moteur. — *Locomobile* de 4 chevaux, 11 p. o/o de 4,000 francs	440 00
Chauffage	p. mémoire.
Chauffeur, à 5 francs par jour, pendant 253 jours	1,265f 00
Main-d'oeuvre. — A raison de 12 fr. 50 par machine et par jour; soit pour 3 machines, pendant 253 jours	9,487 50
Total	11,710f 00

Pour 18 hectares, donnant 3,800 quintaux de tiges sèches, 950 quintaux de lanières sèches, équivalant à 19,000 quintaux de tiges fraîches et 4,750 quintaux de lanières fraîches, le prix de revient est donc :

1° Par hectare de	650f 5500
2° Par quintal de tiges fraîches	0 6163
3° Par quintal de tiges sèches	3 0815
4° Par quintal de lanières fraîches	2 4652
5° Par quintal de lanières sèches	12 3260

Soit 0 fr. 242 le kilogramme de lanières sèches, compris les frais de culture et ceux de décortication en sec. A ce prix, il faudrait ajouter les frais de séchage et de conservation. *Quelque élevés qu'ils soient il y aurait assurément un bénéfice important.*

Prix de revient du décorticage en sec de la récolte de 18 hectares, d'après les résultats des essais, en septembre 1889.

Perte de fibres. — Les fibres textiles empâtées ne forment en réalité que la moitié du poids des lanières et celles-ci 31 1/9 p. 100 du poids des tiges fraîches; on peut admettre que, pour un rendement de 18 1/3 p. 100, aucune fibre textile proprement dite ne passe dans le déchet. C'est une hypothèse favorable à la machine.

Frais de matériel. — 11,5 p. o/o de 7,500 francs (prix de 5 décortiqueuses)	862f 50
Moteur. — *Locomobile* de 5 chevaux; 11 p. o/o de 5,000 francs	550 00
Combustible	p. mémoire.
Chauffeurs. — 264 journées à 5 francs	1,320f 00
Main-d'oeuvre à 12 fr. 50 par machine et par jour, pour 264 journées	16,500 00
Total	19,232f 40

Soit :

1° Par hectare	1,068f 470
2° Par quintal de tiges supposées à l'état frais	1 012
3° Par quintal de tiges sèches	5 061
4° Par quintal de lanières supposées à l'état frais	4 049
5° Par quintal de lanières sèches	20 245

Soit o fr. 321 le kilogramme de lanières sèches, compris les frais de culture et de décortication. Il faudrait donc, ce qui est impossible, que les frais de séchage et de conservation montent à o fr. 12 par kilogramme de lanières sèches, ou par 5 kilogrammes de lanières fraîches, ou enfin par 30 kilogrammes de tiges fraîches pour qu'il n'y ait ni perte ni bénéfice au prix commercial probable de o fr. 450.

La machine Barbier paraît donc plus avantageuse pour le décorticage en sec qu'en vert.

D'ailleurs il est facile de reconnaître que, dans tous les prix de revient établis ci-dessus, nous avons plutôt exagéré qu'affaibli les dépenses de toutes sortes.

L'alimentation et le règlement de cette machine doivent être attentivement étudiés, car sa production à l'heure et le rendement en lanières en dépendent essentiellement. Au concours de 1888, la machine Barbier, décortiquant des tiges vertes venant de Gennevilliers, ne passait par heure que 39 kilogr. 130 de tiges, produisant 11 kilogr. 322 de lanières un peu boiseuses : c'est un rendement de 28.933 p. 100 au lieu des 13 et des 8.41 des essais de 1889..

En sec, la même machine en 1888 passait par heure 16 kilogr. 5 de tiges produisant 3 kilogr. 20 de lanières ou un rendement de 19.394 p. 100, tandis qu'en 1889 elle n'a rendu que 18 1/3 p. 100. On peut donc supposer que le conducteur de la machine n'en a pas tiré le meilleur parti possible.

Machines à décortiquer la ramie, système P.-A. Favier.

Cette décortiqueuse se compose en principe de trois, quatre, cinq... *jeux* décortiqueurs, comprenant chacun : 1° une paire de cylindres, à petites cannelures, pouvant être considérés comme alimentateurs et broyeurs; 2° une paire de cylindres à très profondes cannelures, pouvant être assimilés à des *teilleurs* ou *batteurs;* 3° enfin d'un arbre carré tournant dont le rôle semble être de *supporter* les tiges ou les lanières pendant leur passage d'un jeu décortiqueur au suivant.

Naturellement, le premier jeu de décortication travaille plus que le second et celui-ci plus que le troisième, ...le dernier jeu le plus souvent ne travaille pas, ou plus exactement n'a plus à briser de bois : celui-ci tombe en masse épaisse sous le premier jeu et le dépôt va en diminuant d'épaisseur jusqu'au quatrième ou cinquième jeu, sous lequel on ne trouve pas la moindre parcelle de bois.

Cette succession de jeux décortiqueurs nous semble caractériser essentiellement la machine Favier, bien que d'autres machines présentent plusieurs broyages se succédant avant le battage.

Dans chaque paire de cylindres, broyeurs ou batteurs, le cylindre supérieur a ses coussinets pressés par des ressorts à tension réglable, ce qui évite toute exagération de pression capable de casser les fibres textiles. De plus on peut régler la pression de façon qu'elle aille en croissant du premier jeu au dernier, ou réciproquement, suivant que l'expérience l'indiquera pour les divers états des tiges de ramie.

Les machines de M. P.-A. Favier se font de trois modèles :

N° 1 : pour la production des lanières avec légère désagrégation de la pellicule;

N° 2 : pour produire une filasse à demi décortiquée ;

N° 3 : donnant une filasse entièrement décortiquée.

Les modèles exposés étaient les n°s 1 et 2. Le n° 1, convenablement réglé, sert pour la décortication à l'état sec ou à l'état vert, le n° 3 ne sert qu'à l'état sec.

La machine n° 1 a une longueur totale de 2 mètres sur 0 m. 80 de largeur. Elle pèse 800 kilogrammes. Elle produit des lanières entièrement débarrassées de bois et d'une partie de la pellicule : elles peuvent être dégommées et blanchies sans difficulté et l'on peut en obtenir des fibres propres à fournir les fils les plus fins. En sec, on peut passer *quatre* tiges à la fois, soit de 60 à 100 grammes, selon la grosseur des tiges, et leur passage n'exige guère que trois secondes. En une minute, l'ouvrier alimentant la machine peut donc passer de 1,200 à 2,000 grammes de tiges, et par heure de 72 à 120 kilogrammes.

Le démontage, le remontage et le réglage de la machine sont des plus faciles et à la portée de tout ouvrier. Toutes les pièces travaillantes peuvent être enlevées et replacées sans avoir à démonter (à proprement dire) la machine. Tout le mécanisme est enfermé. Il n'y a donc aucun danger pour les ouvriers; on peut faire servir cette machine par des femmes et même des enfants.

Les machines décortiquant les tiges sèches sont destinées à fonctionner dans des usines : elles peuvent, comme les autres modèles, être alimentées à droite et à gauche simultanément. Bien qu'il semble qu'ainsi la quantité fournie doive être le double, il convient, d'après l'inventeur, de ne compter que sur un tiers en plus. Nous admettrons moitié plus.

D'après l'exposant, cette machine n'exigerait que trois quarts de cheval-vapeur. Cette évaluation nous paraît un peu faible. Le travail moteur exigé variera du reste avec l'état des tiges et le plus ou moins d'abondance et de rapidité dans l'alimentation. Nous compterons, avec les transmissions, 1 cheval 1/4, en moyenne.

La machine travaillant les tiges fraîches pourrait en traiter, d'après l'exposant, 10,000 kilogrammes par jour ou 6,000 seulement, suivant qu'elles sont entières et feuillues ou écimées et effeuillées. Ces tiges rendraient de 300 à 350 kilogrammes de lanières sèches parfaitement décortiquées.

Si nous adoptons ces données, la décortication des 3,167,406 kilogrammes de tiges entières, produits par 18 hectares, exigerait 316 jours 74 de travail d'une seule machine. En admettant que, pour les quatre coupes, on puisse travailler pendant 45 journées, 7 machines suffiraient. S'il s'agit de tiges écimées, ce serait 1,900,449 kilogrammes, et il faudrait le même nombre de machines et de journées.

Le prix de revient pourrait donc s'établir ainsi :

Frais de matériel. — 7 machines à 4,000 fr. (12 p. 0/0 de 2,800 fr.)....	3,360f
Moteur. *Locomobiles.* — 2 de 4 chevaux et demi, avec transmission : soit 11 p. 0/0 de 9,000 francs..................................	990
Combustible (pour mémoire)..................................	"
Chauffeurs. : 2 à 5 francs par jour pour 45 jours..................	450
Main-d'oeuvre. 2 conducteurs, 2 leveurs et 2 manœuvres apportant les tiges, à 5, 4 et 3 fr. 50 par jour, soit 25 francs par jour et par machine. — Pour 7 machines et pour 45 jours..........................	7,875
Total......................	12,675f

Pour 18 hectares,
Ou pour 31,674 quintaux de tiges entières;
— 19,004 — écimées;
Équivalant à 633,480 kilogrammes de tiges entières sèches;
ou à 3,800 quintaux de tiges sèches écimées;
Produisant 17 et demi p. 0/0 ou 5,543 quintaux de lanières fraîches entières;
ou 25 p. 0/0 de 19,004 quintaux de tiges écimées;
Soit 4,751 quintaux de lanières fraîches écimées;
Équivalant à 1,109 quintaux de lanières sèches entières;
ou à 1,188 — écimées.

Le prix de revient est donc :

1°.	Par hectare de..................................	704f 166
2°.	Par quintal de tiges fraîches entières....................	0 400
2° *bis.*	— écimées....................	0 667
3°.	Par quintal de tiges sèches entières....................	2 000
3° *bis.*	— écimées....................	3 333
4°.	Par quintal de lanières fraîches entières....................	2 287
4° *bis.*	— écimées....................	2 668
5°.	Par quintal de lanières sèches entières....................	11 435
5° *bis.*	— écimées....................	13 340

Ce serait, avec les frais de culture, de 0 fr. 20 à 0 fr. 25 par kilogramme de lanières sèches. Comme on les peut vendre aisément de 0 fr. 35 à 0 fr. 45, c'est un très beau bénéfice.

Prix de revient du décorticage en vert par la machine Favier, d'après les chiffres des essais de 1889.

Dans l'essai, la machine ne travaillait que d'un côté.

En tiges entières feuillues, elle a passé 10 kilogr. 35 en 2' 30" et a donné 2 kil. 6 de lanières fraîches.

C'est par heure 248 kilogr. 40 de tiges entières et 62 kilogr. 4 de lanières fraîches et un rendement de 25.12 p. 100.

Pour 18 hectares produisant 3,167,406 kilogrammes, à raison de 2,980 kilogr. 8 par journée, il faudrait 1,062 kilogr. 6. Avec 45 jours de travail possible pour les quatre coupes, il faudrait presque 24 machines.

Frais de matériel. — 12 p. o/o de 96,000 francs	11,520f
Moteur. — *Locomobiles.* 6 de 5 chevaux : 11 p. o/o de 30,000 francs, prix de ces locomobiles	3,300
Combustible. — (Pour mémoire)	"
Chauffeurs. — 6 à 5 francs pour 45 jours	1,350
Main-d'oeuvre. — 1 conducteur à 5 francs, 1 receveur à 4 francs et 1 alimentateur à 3 fr. 50, soit ensemble 12 fr. 50 par jour et pour 45 jours et 24 machines	13,500
Total	29,670f

Soit :

1° Par hectare	1648f 3300
2° Par quintal de tiges fraîches entières	0 9367
3° — sèches	4 6835
4° Par quintal de lanières fraîches entières (795,650 kilogr.)	3 7272
5° — sèches entières (159,130 kilogr.)	18 6360

Le kilogramme de lanières sèches, pour culture et décortication, reviendrait donc à 0 fr. 272.

Employée ainsi la machine ne fait pas tout ce qu'elle peut faire. Admettons qu'en travaillant simultanément à droite et à gauche on fasse 50 p. 100 de plus seulement.

Ce serait par jour 4,471 kilogr 2. Il faudrait donc 7,084 journées d'une machine Ne disposant pour les quatre coupes que de 44 jours environ, il faudrait 16 machines.

Le prix de revient serait alors :

Frais de matériel. — 16 *décortiqueuses.* — 12 p. o/o de 64,000 francs, prix de ces machines	7,680f
Moteur. *Locomobiles.* — 4 de 5 chevaux, 11 p. o/o de 20,000 francs	2,200
Combustible. — (Pour mémoire)	"
Chauffeurs. — 4 à 5 francs par jour pendant 44 jours	880
Main-d'oeuvre. Par machine 25 francs par jour. Pour 16 machines pendant 44 jours	17,600
Total	28.360

IMPRIMERIE NATIONALE.

Soit :

1° Par hectare	1,575f 5500
2° Par quintal de tiges fraîches entières	0 8953
3° — sèches entières	4 4765
4° Par quintal de lanières fraîches entières	3 5640
5° — sèches entières	17 8200

Avec les frais de culture, le kilogramme de lanières sèches reviendrait donc à 0 fr. 264.

Dans un autre essai, la machine reçut 10 kilogr. 95 de tiges fraîches écimées et effeuillées, qui exigèrent 4′ 30″, et donnèrent 2 kilogr. 82 de lanières.

C'est, par heure, 146 kilogrammes de tiges et 37 kilogr. 6 de lanières, et un rendement de 25.75 p. 100 de tiges. Par journée, on peut donc passer 1,752 kilogrammes de tiges. Et pour les 18 hectares ou 19,004 quintaux, il faudrait 1,084 journées d'une machine. Pour 45 jours de travail possible, il faudrait donc 24 machines, et 16 en travaillant des deux côtés.

Les prix de revient seront donc absolument les mêmes que précédemment ou 29,670 et 28,360 francs par hectare; et très sensiblement les mêmes aussi par quintal des diverses matières, sauf les frais d'écimage et d'effeuillage.

Dans un autre essai, la machine en vert de M. Favier reçut 50 kilogrammes de tiges, partie entières et partie écimées, en proportions à peu près égales. Cette quantité fut décortiquée en 15′ 50; elle rendit 15 kilogr. 5 de lanières parfaitement déboisées.

C'est, par heure, 193 kilogr. 548 de tiges mixtes et 60 kilogrammes de lanières, et un rendement de 31 p. 100. Dans une journée de douze heures, en ne travaillant que d'un côté de la machine, on pourra donc faire passer 2,312 kilogr. 576 de tiges; soit, pour les 18 hectares produisant 25,339 quintaux de tiges mixtes, environ 1,091 journées d'une seule machine décortiqueuse. Pour une campagne de 45 jours, il faudra donc 24 machines, et 16 seulement si l'on travaille aux décortiqueuses des deux côtés à la fois.

Les prix de revient par quintal seront donc encore à très peu près identiques avec les précédents. Cette concordance des résultats des trois essais de décorticage des tiges fraîches par la machine Favier ne peut être un effet du hasard. Elle prouve combien la division du travail entre plusieurs jeux broyeurs et teilleurs se suivant régularise la production et le rendement.

D'après l'exposant, la machine disposée pour décortiquer en sec peut passer par our 100 quintaux de tiges sèches. S'il s'agit de douze heures de travail effectif, c'est par heure 83 kilogr. 1/3, rendant de 25 à 30 p. 100. Dans l'essai fait devant le jury avec 30 kilogrammes de tiges, il a fallu 33 minutes dont 4 d'arrêt, pour passer cette quantité qui a rendu 7 kilogr. 7 de lanières. C'est par heure 54 kilogr. 545 ou 62 kilogrammes 069, suivant que les minutes d'arrêt sont comptées ou non, et un rendement de 25 2/3 p. 100; soit, pour une journée de douze heures, 654 kilogr. 54 ou 744 kilogr. 828.

Les 18 hectares donnant 3,800 quintaux de tiges sèches exigeraient 510 ou 580 journées.

La machine travaillant alors industriellement peut fonctionner 250 jours par année; 2 machines sur lesquelles on travaillerait des deux côtés suffiraient alors largement, même en ne fonctionnant que 200 jours par année.

Le prix de revient peut donc s'établir ainsi :

Frais de matériel. 12 p. 0/0 de 8,000 francs, prix des deux machines....	960f
Moteur. *Locomobile.* — 1 de 3 à 4 chevaux, 11 p. 0/0 de 4,000 francs...	440
Combustible. — (Pour mémoire)......................	//
Chauffeur. — 1 à 5 francs par jour, et pour 230 jours en moyenne.......	1,150
Main-d'oeuvre. — 2 conducteurs, 2 receveurs et 2 manœuvres à 25 francs, ensemble par jour et pour 230 jours..........................	5,750
Total....................	8,300

Soit :

1° Par hectare..................................	461	110
2° Par quintal de tiges fraîches....................	0	437
3° — sèches...........................	2	184
4° Par quintal de lanières fraîches...................	1	702
5° — sèches (975 quintaux 1/3)................	8	510

Le kilogramme de lanières sèches, avec les frais de culture reviendrait donc à 0 fr. 188 seulement. Comme il peut être vendu aux dégommeurs 0 fr. 35 au moins, on voit qu'il y aurait un beau bénéfice, même en estimant très haut les frais de séchage, de magasinage et de conservation.

Machine continue de M. N. de Landtsheer.

La nouvelle machine de M. N. de Landtsheer est d'une rare simplicité et mérite bien, par cela même, le titre de *machine agricole* que lui a donné son inventeur. Une première paire de cylindres, à larges et profondes cannelures, a pour principale fonction l'entraînement des tiges qui leur sont présentées, bien alignées du pied. Ils les passent à une deuxième paire de cylindres ne différant des précédents que par un plus grand rapprochement de leurs axes, leur permettant d'engrener leurs cannelures, et, par suite, de *broyer* le ligneux des tiges que les cylindres alimentaires ont seulement *pincées,* par leurs arêtes restant toujours en regard.

Les tiges broyées sortent horizontalement et sont immédiatement soumises aux chocs opposés des ailettes de deux batteurs ou teilleurs enlevant le bois adhérant encore aux fibres.

La première paire de cylindres donne aux tiges des coups de dents mousses en les tenaillant sans les briser, mais en préparant la rupture du bois que la deuxième paire de cylindres achève par le *plissement* que les cannelures en engrènement opèrent sur les tiges qu'elles entraînent. Enfin, les batteurs-teilleurs, en frappant les lanières, enlèvent le bois.

Il est visible, d'après cette description sommaire, que le triple travail est réduit au minimum. Il peut suffire si les pressions des cylindres alimentaires et broyeurs ainsi que leurs écartements sont bien réglés. Les tiges ne subissent ainsi que le minimum de fatigue.

Venons aux détails :

La poulie recevant la courroie du moteur tourne librement et solidairement avec deux roues dentées, autour de l'arbre *tourné* du batteur supérieur. Le plus grand des engrenages (65 dents) conduit un pignon de 18 dents calé sur l'extrémité de l'arbre du batteur-teilleur inférieur. A l'autre extrémité, cet arbre conduit, par roues égales, le batteur supérieur; ils font ainsi, en sens contraire l'un de l'autre, de 700 à 800 tours suivant que la poulie conduite fait de 194 à 221 tours par minute.

Le plus petit engrenage, solidaire de la poulie, conduit une roue 2 fois 1/4 plus grande, calée sur l'arbre du cylindre broyeur inférieur. A l'autre bout, cet arbre conduit, par un pignon, un autre pignon d'une ou deux dents plus grand, calé sur l'arbre du cylindre alimentaire supérieur, qui, de l'autre bout, conduit, par pignons égaux, le cylindre inférieur alimentaire. Le cylindre broyeur supérieur est entraîné par les cannelures de l'inférieur sur le fond desquelles pressent les arêtes avec une intensité réglée par la tension des ressorts.

En somme, quand les batteurs-teilleurs font 720 tours environ par minute, les cylindres broyeurs font 90 tours, et les alimentaires à peu près autant.

Chaque batteur-teilleur fait donc un tour en 1/12 de seconde et chaque point de ses arêtes parcourt 0 m. 660 dans ce laps de temps, tandis que les cylindres broyeurs ne font que 1/8 de tour et ne poussent vers les battes que 0 m. 03927 de longueur de lanières qui reçoivent de chaque teilleur 16 coups de battes; c'est donc un coup de batte sur chaque 6/5 de millimètre des tiges qui passent. C'est assurément assez de coups pour enlever le bois s'il a été suffisamment cassé par les deux paires de cylindres alimentaires et broyeurs.

La traction des battes sur les fragments de bois à détacher est en raison de la vitesse relative ou de la différence des vitesses absolues (7 m. 920 et 0 m. 471, c'est-à-dire de 7 m. 449). C'est évidemment une très énergique traction qui devrait enlever tout le bois et même les fausses fibres internes. Malheureusement, l'effet du battage ne paraît pas se faire sentir dans toute l'épaisseur des lanières broyées.

Cette machine a reçu dans un premier essai 10 kilogrammes de tiges vertes écimées et effeuillées qui ont passé en 38 secondes; c'est, par heure, 947 kilogr. 368. Dans un second essai 26 kilogrammes de tiges vertes entières ont passé dans la machine en 2 minutes; c'est, par heure, 780 kilogrammes seulement.

Ces 36 kilogrammes de tiges ont donné 10 kilogrammes de lanières assez bien déboisées.

Ils équivalent à environ 28 kilogr. 20 de tiges écimées et effeuillées qui, ainsi, ont rendu 10 kilogrammes ou 35.461 p. 100 des tiges vertes; ces lanières contiennent donc probablement 1 kilogr. 227 de bois environ, ou 6.3 p. 100 du bois existant dans les tiges. Ce calcul, bien entendu, n'est qu'approximatif, car la perte en eau ne peut être déterminée, de sorte que la proportion de bois laissé dans les fibres est réellement moindre que celle que nous admettons ici.

Le troisième essai a eu lieu avec des tiges dites *à moitié sèches*: 46 kilogrammes ont été décortiqués en 11 minutes; c'est 250 kilogr. 909 par heure. Malgré la difficulté de ce travail, les lanières étaient assez bien déboisées; on a obtenu 15 kilogrammes de ces lanières, soit 32.609 p. 100 de tiges à moitié sèches. Si l'on admet que ces tiges devraient contenir en fibres la moyenne de ce que contiennent les tiges écimées et effeuillées à l'état vert et à l'état sec, ou la moitié de la somme de 31.111 et 25.667, cette proportion serait 28.389 p. 100 des tiges à moitié sèches. Comme elles étaient moins près de l'état vert que de la siccité, on peut admettre avec plus de probabilité que le rendement aurait dû être de 25.778 p. 100. On peut donc dire qu'il restait avec les fibres proprement dites 6.831 p. 100 du poids des tiges ou 9.2 p. 100 du bois existant réellement dans les tiges.

Les 15 kilogrammes de lanières représentant probablement à peine 8 kilogrammes de fibres nettes ont été réduits à 10 kilogr. 5 par leur passage (aller et retour) dans la seconde machine de M. N. de Landtsheer; cette machine a enlevé les 3 kilogr. 142 de bois que la première machine avait laissés dans les lanières; mais, en même temps, 1 kilogr. 858 de fausses fibres et de ciment végétal ont passé probablement dans le second déchet boiseux. Ces pertes, ici déterminées par différences, sont peut-être exagérées, puisque dans ce déchet sont comprises les fausses fibres internes; mais nous les avons calculées avec le plus de probabilité possible pour faire ressortir les avantages et les inconvénients de repassage des lanières puisqu'il reste une assez forte proportion de bois.

1er essai. — Cette machine a reçu dans un essai 26 kilogrammes de tiges fraîches entières et feuillues, qui ont été décortiquées en 2 minutes, et rendu 6 kilogr. 77 de lanières. C'est, par heure, 780 kilogrammes de tiges et 203 kilogr. 10 de lanières, et un rendement de 26 p. 100 à très peu près. Dans une journée de douze heures, on pourrait donc passer 9,360 kilogrammes de tiges.

Pour 18 hectares donnant 31,674 quintaux de tiges entières, il faudrait donc un peu plus de 338 journées de travail. Les quatre campagnes sont d'environ 10 à 11 jours à chaque coupe. Il faudrait donc huit machines pendant 42 jours.

D'après ces données de l'essai voici quel serait le prix de revient du décorticage :

Frais de matériel. — 11.5 p. 0/0 de 14,400 francs (prix des 8 décortiqueuses)	1,656f 00c
Moteur. — 4 *locomobiles*, de 4 chevaux chacune, 11 p. 0/0 de 17,600 francs (prix de ces machines)	1,936 00
Combustible (pour mémoire)	" "
Chauffeurs, 4 à 5 francs par jour, pour 42 jours	840 00
Main-d'oeuvre. — Par décortiqueuse, un conducteur à 5 francs, un receveur à 4 francs et un manœuvre pour fournir les tiges, à 3 fr. 50; soit, pour 8 machines et 42 jours	4,200 00
Total	8,632 00

Les 18 hectares donnent 8,235 quintaux de lanières un peu boiseuses.

Soit :

1° Par hectare	479f 5500
2° Par quintal de tiges fraîches entières	0 2725
3° Par quintal de tiges sèches entières	1 3625
4° Par quintal de lanières fraîches	1 0482
5° Par quintal de lanières sèches	5 2410

Le kilogramme de lanières sèches boiseuses ressort donc à 0 fr. 138 pour frais de culture et de décortication. Si l'on ne peut le vendre 0 fr. 35, la marge reste assez grande pour un beau bénéfice.

2e *essai*. — Dans un autre essai, la même machine agricole reçut 10 kilogrammes de tiges fraîches écimées et effeuillées; elles furent passées en 38 secondes et rendirent 3 kil. 23 de lanières un peu boiseuses. C'est, par heure, un débit de 947 kilogr. 368 de tiges, donnant 306 kilogrammes de lanières. Le rendement étant de 32.3 p. 100, dans une journée de douze heures on ferait 11,368 kilogrammes.

D'après ces résultats de l'essai, les 18 hectares produisant 19,004 quintaux de tiges fraîches écimées exigeraient pour la décortication un peu plus de 167 jours. Comme on ne peut disposer que de quatre campagnes d'une dizaine de jours chacune, il faudrait quatre machines pendant 41 jours.

D'après ces résultats, voici quel serait le prix de revient de la décortication :

Frais de matériel. — 11.5 p. 0/0 de 7,200 francs (prix des décortiqueuses)	828f 00c
Moteur. — *Locomobiles*, 2 de 4 chevaux, 11 p. 0/0 de 8,800 francs (prix de ces machines)	968 00
Combustible (pour mémoire)	" "
Chauffeur, 2 à 5 francs pour 41 jours	410 00
Main-d'oeuvre. — 2 brigades de 3 hommes à 12 fr. 50 et pour 41 jours	1,025 00
Total	3,231 00

On produit 6,138 quintaux de lanières fraîches.

Soit :

1° Par hectare	179f 5000
2° Par quintal de tiges fraîches écimées	0 1700
3° Par quintal de tiges sèches écimées	0 8500
4° Par quintal de lanières fraîches	0 5264
5° Par quintal de lanières sèches	2 6320

Ainsi, le kilogramme de lanières sèches reviendrait à 0 fr. 145 pour frais de culture et de décortication.

3e essai. — La même machine reçut 46 kilogrammes de tiges à un état intermédiaire ou plutôt vertes que sèches, mais bien loin d'être fraîches. Elles furent décortiquées en 11 minutes et rendirent 15 kilogrammes de lanières boiseuses. C'est, par heure, 250 kilogr. 909 de tiges et 60 kilogrammes de lanières; soit un rendement de 32.609 p. 100 des tiges, soit 326,090 kilogrammes pour les 18 hectares.

Les lanières très boiseuses furent repassées à la machine industrielle dite *à retour*, dont nous parlerons plus loin. Elles rendirent 70 p. 100 en lanières parfaitement déboisées. En supposant les tiges entières aux 3/5 sèches, les 18 hectares en donneront environ 10,000 quintaux, qui exigeraient 3,984 heures ou 331 jours au moins, ou huit machines pendant 41 jours.

D'après ces résultats, le prix de revient du décorticage peut s'établir comme suit :

Frais de matériel. — 11.5 p. 0/0 de 14,400 francs (prix des 8 décortiqueuses)	1,656f 00c
Moteurs. — Comme dans le 1er essai	2,776 00
Main-d'oeuvre. — Comme dans le 1er essai	4,200 00
Total	8,632 00

Soit :

1° Par hectare	479f 5500
2° Par quintal de tiges fraîches entières	0 2725
2° *bis* Par quintal de tiges aux 3/5 sèches entières	0 8632
3° Par quintal de tiges sèches entières	1 3625
4° Par quintal de lanières supposées fraîches	1 0480
4° *bis* Par quintal de lanières aux 3/5 sèches boiseuses	2 6400
5° Par quintal de lanières absolument sèches	5 2410

Ainsi, le kilogramme de lanières aux 3/5 sèches reviendrait, frais de culture compris, à 0 fr. 155.

Il est bien entendu que les lanières données par cette décortiqueuse agricole renferment une assez forte proportion de bois qui doit incontestablement les faire quelque peu déprécier sur le marché. Mais, en les repassant à la machine industrielle à retour, dont nous allons parler, on obtiendrait des lanières absolument dépouillées de toute parcelle de bois et même des fausses fibres et de l'épiderme, qui ne pourraient plus gêner dans le dégommage.

4e essai. — La même machine reçut 30 kilogrammes de tiges sèches, en grande partie effeuillées, qui furent décortiquées en 6 minutes 45 secondes et rendirent 10 kilogrammes de lanières boiseuses. C'est, par heure, 85 kilogr. 714 de tiges et 28 kilogr. 571 de lanières avec un rendement de 33 1/3 p. 100. Dans une journée de douze heures de travail, une machine pourrait décortiquer ainsi 1,028 kilogr. 568. Comme les 18 hectares produiraient 633,480 kilogrammes de tiges sèches, il faudrait près de 616 journées à une seule machine. En employant deux machines, il suffirait de 308 journées de douze heures de travail. Au maximum, avec trois machines, 246 journées de dix heures suffiraient. D'après ces chiffres, le prix de revient pourrait être ainsi établi, pour 18 hectares :

FRAIS DE MATÉRIEL. — 11.5 p. o/o de 3,600 ou 5,400 fr. (prix de 2 ou 3 décortiqueuses)	514f 00c	621f 00c
MOTEUR. — *Une locomobile* ou une machine à vapeur fixe de 4 à 6 chevaux, 11 p. o/o de 4,000 ou 6,000 francs	440 00	660 00
Combustible (pour mémoire)	// //	// //
Chauffeur, à 5 francs par jour pour 308 jours ou 246 seulement	1,540 00	1,230 00
MAIN-D'ŒUVRE. — 3 hommes (ensemble : 12 fr. 50) par machine ; pour 2 ou pour 3	7,700 00	9,225 00
TOTAL	10,194 00	11,736 00

Soit :

1° Par hectare	566f 3300	ou	652f 0000
2° Par quintal de tiges entières fraîches	0 3218	ou	0 3705
2° *bis* Par quintal de tiges écimées fraîches	0 2262	ou	0 4446
3° Par quintal de tiges entières sèches	1 6092	ou	1 8526
3° *bis* Par quintal de tiges écimées sèches	1 9310	ou	2 2231
4° Par quintal de lanières supposées entières et fraîches	0 9654	ou	1 1115
4° *bis* Par quintal de lanières supposées écimées et fraîches	1 1586	ou	1 3338
5° Par quintal de lanières sèches entières	4 8276	ou	5 5578
5° *bis* Par quintal de lanières sèches écimées	5 7930	ou	6 6693

Ainsi, le kilogramme de lanières sèches, pour frais de culture et de décorticage, revient à 0 fr. 16 ou 0 fr. 17.

Si le cultivateur a un débouché assuré pour des lanières incomplètement déboisées, et cela ne paraît pas douteux, il peut se contenter du décorticage quelque peu incomplet de la machine agricole de M. de Landtsheer. Sinon, il peut passer les lanières dans la machine à retour du même inventeur. Si, d'une part, cette seconde opération augmente les frais de décortication, elle accroît très sensiblement la valeur commerciale des lanières, qui sont plus faciles à dégommer et rendent plus relativement dans cette opération.

La nouvelle décortiqueuse finisseuse de M. N. de Landtsheer, dans laquelle les tiges font un aller et un retour avant d'être enlevées, se compose de deux montants de fonte maintenus à distance par des entretoises en fer et formant un bâti très rigide, sans être trop lourd. Entre ces deux montants, sont placées les parties travaillantes. Elles se composent de deux trains distincts : le premier comprend un cylindre central entouré de trois autres qui sont à la fois alimentateurs et broyeurs. Lorsque l'on doit travailler des tiges sèches, les quatre cylindres sont tous cannelés, alternativement, sur un quart de leur contour et lisses sur le quart suivant. En outre, ils sont placés de façon que les deux quarts cannelés de chacun des trois cylindres soient en contact pendant la rotation avec les parties lisses du cylindre central, qu'ils entourent et dont ils reçoivent leur mouvement. Pour travailler les tiges vertes, on remplace le premier cylindre supérieur par un cylindre de même diamètre dont la superficie est un filet hélicoïdal continu de section triangulaire et d'un très petit pas.

Le cylindre antérieur et le central forment une paire de cylindres alimentaires; le second cylindre supérieur et le même cylindre central constituent une première paire de cylindres broyeurs; enfin le cylindre postérieur et le central, qui ont leurs axes dans le même plan horizontal, forment une seconde paire de broyeurs qui livrent verticalement les tiges broyées aux deux cylindres batteurs ou teilleurs à ailettes, placés de façon à saisir ces tiges ou les lanières, sans les dévier de la verticale et le plus près possible des broyeurs.

Chacun des batteurs est muni de palettes d'acier. La construction et la position relative de ces deux tambours sont telles que, pendant la rotation et au milieu de l'intervalle, chacune des ailettes de l'un est toujours entre deux ailettes de l'autre ; ce qui produit une action de *plissement* légère, quoique assez efficace pour enlever les fragments de bois plus ou moins adhérents aux couches fibreuses textiles et même les fausses fibres. Les paliers de ces tambours teilleurs sont d'ailleurs disposés de façon qu'on puisse faire varier l'écartement des axes de rotation à volonté suivant les exigences de l'opération. On rapproche les tambours si le déboisage est difficile, ou réciproquement. Les tiges broyées sont alors plus ou moins profondément choquées et plissées.

Le mouvement est transmis par le moteur directement à une poulie solidaire de deux engrenages et *folle* sur l'arbre tourné du batteur antérieur. La plus grande des deux roues conduit un pignon deux fois plus petit, calé sur l'arbre du tambour d'arrière qui conduit l'autre par une paire de roues d'engrenages du même diamètre. Ces deux tambours tournent donc en sens contraire, et constamment pendant toute la durée du travail, de façon à appeler les lanières toujours de haut en bas. Les cylindres broyeurs, au contraire, peuvent à volonté, et alternativement, avaler les tiges et rendre les lanières sur le tablier d'alimentation, décortiquées au degré voulu; c'est-à-dire que le cylindre cannelé central et les trois autres qui l'entourent supérieurement peuvent, à volonté, tourner dans un sens ou dans l'autre. Il suffit pour cela que l'ouvrier desservant la machine appuie horizontalement de la cuisse droite sur un levier de désembrayage, alors les lanières reviennent sur le tablier d'alimentation ; dès que l'ouvrier cesse d'appuyer contre ce levier, il revient à sa position stable et la machine avale les nouvelles tiges qui lui sont présentées.

Ce mécanisme de renversement du sens de la rotation des cylindres broyeurs est très ingénieux. Il ne donne ni choc ni traction sur les pièces de la machine. Ainsi les tiges sont étalées sur la table alimentaire, elles sont attirées par le cylindre alimentaire, broyées entre les deux cylindres supérieurs et le central. Cela fait, par le renversement de la rotation, les lanières reviennent sur la même table. Il suffit donc d'un homme desservant la machine, d'un premier enfant lui apportant les tiges et d'un autre enlevant les lanières, pour les pendre à des cordes. Un seul homme peut à la rigueur remplacer ces enfants. La machine fait simultanément deux opérations distinctes; la première est un broyage de la tige ligneuse interne sans détérioration de l'enveloppe fibreuse ou écorce. C'est l'office des cylindres cannelés (le central et les deux derniers) et du cylindre alimentaire cannelé partiellement ou cannelé totalement suivant que l'on décortique en sec ou en vert. La seconde opération est le *déboisage* ou le teillage des lanières (tiges aplaties et broyées); et c'est le lot des deux tambours squelettes à ailettes planes, tournant avec une grande rapidité (400 tours).

Le retour des lanières, obtenu par le renversement du sens de la rotation des cylindres broyeurs, a surtout pour but d'achever le teillage ou l'enlèvement des portions de ligneux adhérant encore aux fibres. C'est alors que l'action des tambours est la plus énergique comme l'analyse des mouvements des diverses parties, qui n'a jamais été faite que nous sachions, le démontrera.

Voici d'abord l'ordre suivi dans le travail, si l'on veut faire pour le mieux :

Les tiges à décortiquer doivent être classées en trois lots par longueur : grandes, moyennes et courtes, que l'on travaille séparément. C'est une précaution qui n'est pas indispensable, mais elle assure un travail parfait et régulier. On évite aussi de passer simultanément dans la machine des tiges de longueur notablement différentes. On peut alors engrener de 15 à 25 tiges à la fois dans la machine dont la bouche a 0 m. 50 de largeur. On doit tout d'abord mettre en alignement les pieds ou gros bouts de ce faisceau de tiges qui devront être présentées ainsi toutes prêtes, par l'*aide*, à l'ouvrier desservant la machine. L'ouvrier saisit ces tiges de la main droite au tiers environ de leur longueur, à partir du pied, et, de la main gauche, il présente et pousse le sommet des tiges dans la machine, en ayant soin de ne pas les laisser chevaucher l'une sur l'autre, ni se mettre en travers. Les tiges passent ainsi attirées par la machine, jusqu'à ce que leurs pieds soient prêts à disparaître sous le cylindre alimentaire. Alors l'ouvrier change le sens de la rotation des broyeurs, en appuyant horizontalement de la cuisse droite contre le levier de désembrayage; les tiges, à l'état de lanières en partie décortiquées, reviennent et se trouvent soumises à un teillage définitif; l'aide les reçoit et les place sur une table, ou les suspend à des cordeaux. Dans cette manière de procéder, une petite partie des fibres reste dans les pieds des tiges non décortiquées; souvent on coupe cette portion de tiges et on ne garde que les meilleures fibres décortiquées et lavées.

S'il est désirable d'extraire des tiges la totalité des fibres qu'elles contiennent, au lieu de couper les pieds, on repasse les lanières les pieds en avant, dans la même machine. Dans ce cas, les tiges entrent dans la machine d'abord dans leur sommet, puis reviennent le pied en avant. L'ouvrier saisit alors ces lanières, les retourne bout par bout, et les fait repasser en les engrenant par le pied laissé intact; puis, par le changement du sens de la rotation, il les fait revenir entièrement décortiquées.

Lorsque l'on doit travailler ainsi de grandes quantités de tiges, il vaut mieux avoir des machines identiques placées côte à côte; chacune des machines fait une des deux opérations, et le mieux possible, puisqu'elles peuvent être réglées chacune pour leur travail spécial.

Les coussinets des tourillons de chacun des trois cylindres cannelés, extérieurs au cylindre central, sont dans des coulisses rayonnantes et sont poussés vers le centre par des ressorts à boudin, dont la tension peut être réglée par des vis de rappel, suivant l'état et la nature des tiges à décortiquer. On a conseillé de faire couler un peu d'eau sur les tiges vertes pendant leur passage dans la machine à décortiquer; mais si cette précaution est utile, elle n'est pas indispensable. La nappe d'eau, plutôt tiède que froide, passe entre les deux tambours teilleurs, en enlevant le jus des tiges et aidant à la décortication.

Les lanières décortiquées sont de nouveau trempées et lavées, et puis séchées, et sont alors prêtes pour être mises en paquets et envoyées au dégommage.

La poulie recevant la commande est flanquée d'une poulie folle; elle doit faire 200 tours par minute (3 1/3 par seconde); sur le même arbre, est calée une roue d'engrenage de 90 dents commandant un pignon de 33 dents fixé sur un arbre intermédiaire placé tout en haut du bâti et devant commander, comme nous allons l'indiquer, le train des quatre cylindres alimentateurs et broyeurs. Cet arbre fait par seconde 9 tours 091. Il porte à son extrémité un pignon qui conduit un pignon égal tournant entre les faces d'un levier d'embrayage ayant pour axe de rotation celui de l'arbre. Que l'on abaisse ou que l'on élève ce levier, le pignon conducteur conduit toujours l'autre pignon. Sur l'arbre prolongé de ce dernier, en porte-à-faux, est calé un galet en fonte qui doit entraîner par friction un plateau ayant deux jantes tournées: l'une est intérieure et a 0m. 4214 de diamètre, l'autre est extérieure et n'a que 0m. 2191 de diamètre. Lorsque le galet faisant avec l'arbre 9 tours 091 par seconde est pressé par le contrepoids du levier contre la jante intérieure ou concave de o m. 421 de diamètre, il l'entraîne par adhérence et lui fait faire 1 tour 8 par seconde environ. Si, au contraire, on maintient le levier abaissé, en soulevant le contrepoids, le galet presse contre la jante extérieure ou convexe de o m. 219 de diamètre seulement et l'entraîne en faisant ainsi faire au plateau 3 tours 445 par seconde.

Lorsque le levier d'embrayage est abandonné à lui-même, un contrepoids soulève son petit bras de façon que le galet presse de bas en haut contre la grande jante concave avec une intensité de 22 kilogrammes environ, pour une largeur de o m. 021. Alors le cylindre broyeur central avec l'alimentateur et les deux broyeurs qui l'entourent *appellent* les tiges dans la machine : celles-ci sont broyées entre les deux cylindres batteurs ou teilleurs qui courent dans le même sens que la lanière qu'ils battent ou secouent.

Dans ce cas, le broyeur central et celui d'arrière qui est au même niveau font chacun 1 tour 8 par seconde, en faisant avancer, dans le même laps de temps, une longueur de lanière de o m. 498. Pendant ce temps, les batteurs teilleurs font un peu plus de 7 tours (7,083) et l'extrémité de leurs ailettes développent 7 fois o m. 660 ou 4 m. 6728. L'arête des batteurs marche donc plus de 9 fois plus vite que la lanière broyée, mais dans le même sens. Pendant que les batteurs font chacun un tour ou donnent chacun 16 coups de battes sur la lanière, celle-ci n'avance que de o m. 071 environ et reçoit ainsi un coup d'*arête batteuse* tous les o m. 00215. Comme les battes des cylindre s'entre-pénètrent, on ne comprend pas qu'il puisse rester le moindre fragment de bois après la lanière. Cependant, il en reste un peu, et, pour enlever les derniers fragments, on fait retourner la lanière dès que le pied des tiges va passer sous le cylindre alimentateur. Pour cela l'ouvrier desservant la machine appuie de sa cuisse droite horizontalement contre un levier qui soulève le contrepoids et appuie sur la grande branche du levier portant le galet de friction; celui-ci, toujours conduit par le pignon du premier arbre, presse alors énergiquement, de haut en bas, contre la jante extérieure ou convexe du plateau. Celui-ci est alors entraîné en sens contraire ainsi que le cylindre broyeur central qui fait revenir la lanière dans la machine. Ce cylindre central et celui d'arrière font alors, avec le plateau, 3 tours 445 par seconde; la lanière revient donc dans le train broyeur avec une vitesse de o m. 954, presque le double de la vitesse qu'ont les tiges dans le premier passage. Pendant que chaque batteur fait un tour, ou que les arêtes parcourent o m. 660, de haut en bas, la lanière s'élève seulement dans son retour de o m. 13634 et reçoit sur cette longueur 32 coups de battes ou un choc d'arêtes battantes tous les o m. 00426. Si le nombre des chocs est presque deux fois moindre sur la lanière remontante que sur la lanière descendante, ces chocs sont plus énergiques chacun, par cela même que les battes frappent ici en sens contraire du mouvement de la lanière. Quand les tiges avancent, la traction qu'elles reçoivent des battes est, en effet, en raison de la vitesse relative, c'est-à-dire en raison de la différence des vitesses absolues qui sont de même sens, 4 m. 6728 et 0 m. 498, ou de 4 m. 1748 ; tandis qu'au retour des lanières, la traction, que les arêtes battantes exercent, est en raison de la somme des vitesses qui sont alors de sens contraire (4 m. 6728 et 0 m. 954 ou de 5 m. 6268. C'est donc à la fin du retour des lanières qu'elles peuvent être *mouchées* par les coups de battes énergiques qu'elles reçoivent. Ces *mouchures* peuvent être en tout ou partie simplement des fausses fibres internes. Elles ne constitueraient pas alors une perte notable de fibres textiles.

Il n'y aurait donc rien d'extraordinaire à ce que les fibres, qui, par l'intermédiaire du bois adhérent, subissent une traction proportionnelle à la vitesse relative des palettes et des lanières, soient en partie rompues pendant le dernier moment du retour des lanières, si l'ouvrier conduisant la machine les saisit et les attire au lieu de les attendre. Celles-ci, comme nous l'avons observé, seraient alors *mouchées ;* un petit paquet de fibres tomberait avec les derniers fragments de bois. C'est un déchet assez faible, il est vrai, mais qui pourrait être évité par un ouvrier attentif.

Dans un essai spécial, on a donné à cette machine 24 kilogr. 4 de tiges fraîches entières et feuillues : elle les a décortiquées en 10 minutes en produisant 6 kilogr. 50 de très belles lanières. C'est, par heure, 146 kilogr. 4 de tiges fraîches et 39 kilogrammes de lanières, avec un rendement de 26.64 p. 100.

Par journée de douze heures de travail, cette machine passerait donc 1,756 kilogr. 8 de tiges entières, fraîches. Pour les 18 hectares produisant 31,674 quintaux de tiges, une seule machine devrait employer 1,803 journées. Comme les quatre campagnes ne peuvent disposer que de 10 à 12 jours chacune pour les quatre coupes, il faudrait employer 45 machines.

Le prix de revient du décorticage des 18 hectares pourrait donc s'établir comme suit :

Perte de fibres (pour mémoire).	
Frais de matériel. — 11.5 p. 0/0 de 54,000 francs, (prix de 45 décortiqueuses)	6,210f
Moteurs. — *Locomobiles,* 9 de 4 chevaux chacune : 11 p. 0/0 de 40,000 francs (prix de ces machines, y compris les arbres de couche)	4,400
Combustible (pour mémoire)	"
Chauffeurs, 9 à 5 francs par jour pour 40 jours	1,800
Main-d'oeuvre. — 2 hommes par machine à 5 et 4 francs, soit pour 45 hommes en 40 jours	16,200
Total	28,610f

Soit :

1° Par hectare	1,589f 4400
2° Par quintal de tiges entières fraîches	0 0933
2° *bis*. Par quintal de tiges écimées fraîches	1 5054
3° Par quintal de tiges entières sèches	4 5165
3° *bis*. Par quintal de tiges écimées sèches	7 5270
4° Par quintal de lanières entières fraîches (8,438 quintaux pour 18 hectares)	3 3906
5° Par quintal de lanières entières sèches (le 1/5)	16 9530

Le kilogramme de lanières sèches très complètement décortiquées reviendrait donc à 0 fr. 256 pour frais de culture et de décorticage. Comme le prix de vente ne peut être actuellement plus bas que 0 fr. 35, le bénéfice serait suffisant.

Cette machine a été essayée aussi devant le jury pour achever le déboisage des lanières provenant de la décortication, par la machine agricole, des 46 kilogrammes de tiges aux 3/5 sèches. Il a fallu 6 minutes 45 secondes avec deux hommes. C'est par heure 133 kilogr. 1/3 de lanières boiseuses donnant 93 kilogr. 1/3 de lanières absolument nettes, ou un rendement de 70 p. 100.

Les 18 hectares donnent 10,000 quintaux environ de tiges aux 3/5 sèches, ou 326,090 kilogrammes de lanières boiseuses. Une machine à repasser ces lanières travaillant 133 kilogr. 1/3 par heure, il faudrait 2,446 heures au plus de cette machine pour repasser toutes les lanières. Ce second travail de décortication pouvant se faire en même temps que le décorticage agricole et se poursuivre toute l'année, on peut compter sur 250 jours au moins de travail, ou 2,500 heures. Ainsi une seule machine à repasser les lanières peut, à la rigueur, suffire à parachever le déboisage des lanières de 18 hectares.

Le prix de revient de ce repassage de lanières peut alors s'établir ainsi :

Perte de fibres (pour mémoire)	//
Frais de matériel. — 11.5 p. 0/0 de 1,200 francs, prix d'une décortiqueuse finisseuse	138f
Moteur. — Frais (pour mémoire)	//
Combustible (pour mémoire)	//
Chauffeur, un à 5 francs par jour pendant 250 jours	1,250
Main-d'oeuvre — 2 hommes à 5 et 4 francs pendant 250 jours	2,250
Total	3,638f

Soit :

1° Par hectare	202f 1100
2° Par quintal de tiges aux 3/5 sèches (10,000 quintaux)	0 3638
3° Par quintal de lanières boiseuses (326,090 kilogrammes)	1 1160
4° Par quintal de lanières finies (228,263 kilogrammes)	1 5940

La première opération sur les tiges aux 3/5 sèches donne pour prix de revient du kilogramme de lanières boiseuses (décorticage et culture) o fr. 16 à o fr. 17. Comme dans le repassage des lanières 30 p. 100 (bois, fausses fibres, etc.) vont au déchet, en réalité, pour le kilogramme de lanières finies, c'est de o fr. 230 à o fr. 240 comme prix de revient pour frais de culture et des deux décorticages successifs.

Si l'on croyait bon de faire le repassage de lanières fraîches, données par la décortiqueuse agricole Landtsheer, dans les intervalles du premier travail qui se fait en quatre séances de 10 à 12 jours chacune, on pourrait disposer de 166 journées de douze heures environ.

En lanières fraîches, la décortiqueuse industrielle ou finisseuse peut très probablement passer 200 kilogrammes à l'heure, ou 2,400 kilogrammes par journée de douze heures.

Or, dans le premier essai sur la machine agricole, on a passé par heure 780 kilogrammes de tiges fraîches entières et feuillues qui ont donné 203 kilogr. 10 de lanières, ou 26 p. 100. Les 18 hectares produisant 31,674 quintaux de tiges entières, c'est en lanières fraîches à repasser 823,524 kilogrammes exigeant 343 jours d'une seule machine. Comme on dispose de 166 jours environ, deux *machines finisseuses* suffiront. Si l'on ne peut travailler que dix heures, il faudrait 3 finisseuses pour repasser les lanières boiseuses des 18 hectares de plantation.

Une des locomobiles à vapeur suffirait. Le prix de revient du repassage pourrait s'établir ainsi :

FRAIS DE MATÉRIEL. — 11.5 p. 0/0, de 2,400 à 3,600 francs, (prix de 2 ou 3 décortiqueuses finisseuses)	276f ou	414f 00c
FRAIS DE MOTEUR. — *Locomobile* (pour mémoire)	//	//
Combustible (pour mémoire)	//	//
Chauffeur, un à 5 francs par jour pour 137 ou 172 jours.	860 ou	685 00
MAIN-D'OEUVRE. — 3 hommes par machine à 5 fr. 40 et 3 fr. 50, ou ensemble 12,50 pour 172 ou 137 jours à 2 ou 3 machines	4,300 ou	5,137 50
TOTAL	5,436	6,236 50
Soit :		
Par hectare	302 ou	346f 47c

Pour les 8,235 quintaux de lanières boiseuses se réduisant à 576,450 kilogrammes après leur passage à la finisseuse. C'est alors par quintal de lanière fraîche finie, ou ayant subi deux décorticages successifs :

1° Pour le décorticage grossier	1,048 : 0,7	1f 500 ou 1f 500
2° Pour le décorticage finisseur	$\frac{302 \times 18}{5764,5}$ ou $\frac{346,47 \times 18}{5764,5}$	0 943 ou 1 082
ENSEMBLE		2f 443 ou 2f 582

Si ces lanières en séchant se réduisent au 1/5 de leur poids, le prix de revient, tout compris, serait donc de 12 fr. 215 ou 12 fr. 910 le quintal. Le kilogramme de lanières sèches ainsi parfaitement finies revient donc à 0 fr. 122 ou 0 fr. 129. En y ajoutant les frais de culture, 0 fr. 086, ce serait 0 fr. 028 ou 0 fr. 215.

Il reste, comme on voit, une large marge pour le bénéfice, car des lanières de ce genre ne produisent pas beaucoup au dégommage et se payeraient en conséquence.

Dans le deuxième essai avec tiges fraîches écimées et effeuillées, on a obtenu par heure 306 kilogrammes de lanières boiseuses, ou un rendement de 32. 3 p. 100. On aurait donc, pour les 18 hectares, 6,138 quintaux de lanières à repasser. En admettant la même quantité par heure que précédemment ou 200 kilogrammes, il faudrait à une seule machine finisseuse 3,069 heures de travail, soit 2 machines travaillant dix heures par jour pendant un peu plus de 153 jours.

Le prix de revient pourrait donc s'établir ainsi :

Frais de matériel (comme dans le 1er essai)	276f
Moteur. — *Locomobile* (comme dans le premier essai).	
Combustible (comme dans le premier essai).	
Chauffeur, 5 francs par jour pendant 153 jours	765
Main-d'oeuvre. — 25 francs par jour pour 153 jours	3,825
Total	4,866f

Soit, par hectare, 270 fr. 33.

Or, on obtenait dans le deuxième essai 613,829 kilogrammes de lanières boiseuses qui, repassées, se réduisent à 427,680 kilogrammes.

C'est par quintal de lanières fraîches boiseuses	0f 7927
Ajoutons le prix du premier décorticage	0 1700
Puis les frais de culture	0 0238
Total	0f 9865

Les lanières fines ne formant que les 0.7 de celles-ci, leur prix de revient est	1 4093
Séchées, elles peuvent se réduire au 1/5 : leur prix est alors	7 0465
Soit par kilogramme de lanières sortant des deux machines et sèches	0 07.

C'est un prix très bas auquel il faudrait ajouter, il est vrai, le prix de l'écimage et de l'effeuillage ainsi que le prix de la culture, soit environ en totalité 0 fr. 16 par kilogramme.

Dans le quatrième essai, avec tiges sèches en partie effeuillées, on a obtenu par heure 85 kilogr. 714 tiges et 28 kilogr. 571 de lanières sèches. Si nous admettons que leur volume à l'état sec n'est pas de beaucoup au-dessous de celui qu'elles ont à l'état demi-sec ou même frais, on pourrait faire passer en poids le moitié de 133 kilogr. 1/3 ou 66 kilogr. 2/3.

Les 18 hectares fournissent environ 5,200 quintaux de tiges sèches, et les lanières sèches formant dans ce quatrième essai le 1/3 du poids des tiges, c'est 173,333 kilogrammes de lanières sèches à repasser. A raison de 66 kilogr. 1/3 par heure, il faudrait 260 jours de dix heures, soit encore deux machines finisseuses travaillant pendant 130 jours.

Le prix de revient serait donc établi comme suit :

Frais de matériel (comme au deuxième essai.)	276f
Moteur. — *Locomobile* (pour mémoire).	
Combustible (pour mémoire).	
Chauffeur, à 5 francs par jour pendant 130 jours	650
Main-d'œuvre, 25 francs par jour pendant 130 jours	3,250
Total	4,176f

Comme on passe 1,733 quintaux 1/3 de lanières boiseuses, c'est par quintal de ces lanières	2f 409
Et par quintal de lanières finies (les 0.7 des précédentes)	3 441
Il faut ajouter pour le premier décorticage et la culture, en moyenne	16 500
Soit 0 fr. 19941 par kilogramme de lanières sèches finies, ou	0 200

En tenant compte de toutes ces considérations et des résultats obtenus lors des essais, le jury a décidé l'attribution des récompenses suivantes :

PREMIERS PRIX.

MM. Favier, décortiqueuses de ramie (France);

Landtsheer (de), décortiqueuses de ramie (France).

DEUXIÈME PRIX.

Chozat de Fleury, procédé de décortication (France).

IMPRIMERIE NATIONALE.

CONCOURS DE FAUCHEUSES, MOISSONNEUSES
ET MOISSONNEUSES-LIEUSES

RAPPORT

PAR

M. MAXIMILIEN RINGELMANN

PROFESSEUR À L'ÉCOLE DE GRIGNON
DIRECTEUR DE LA STATION D'ESSAIS DE MACHINES AGRICOLES

CONCOURS DE FAUCHEUSES, MOISSONNEUSES
ET MOISSONNEUSES-LIEUSES.

Le cinquième concours international de machines agricoles, comprenant les faucheuses, les moissonneuses ordinaires et les moisonneuses-lieuses, s'est tenu les 19, 20, 21 et 22 juillet 1889, sur le domaine de Noisiel, que MM. Ménier avaient déjà mis à la disposition de la Commission pour les essais de semoirs et de distributeurs d'engrais.

43 machines ont pris part aux essais :

22 faucheuses.
9 moissonneuses .... { dont 7 machines simples et 2 machines combinées.
12 moissonneuses-lieuses.
43

FAUCHEUSES.

Sur 27 faucheuses déclarées, les 22 machines suivantes ont pris part aux essais :

Nos D'ORDRE.	DÉSIGNATION DE LA MACHINE.	NOM DE L'INVENTEUR OU DU CONSTRUCTEUR.	ORIGINE.	POIDS de la MACHINE.	LONGUEUR de LA SCIE.	PRIX.
				kilogr.	mètres.	francs.
1	Excelsior n° 3	Rigault (Victor)	France	325	1,27	430
2	Express n° 7	*Idem*	*Idem*	330	1,27	400
3	Invincible	Johnston Harvester C°.	États-Unis	280	1,25	450
4	Mac Cormick	Mac Cormick	*Idem*	295	1,25	475
5	Mac Cormick n° 3	*Idem*	*Idem*	265	1,15	450
6	Massey	Massey	Canada	295	1,28	425
7	Incomparable n° 3	Fr.-N. Hurtu	France	350	1,20	400
8	Nouvelle triomphante	Hornsby-Pécard	*Idem*	325	1,30	400
9	Wood	W. A. Wood	États-Unis	328	1,30	425
10	Intrépide	Trischler fils aîné	France	300	1,28	400
11	Albion n° 4	Harrisson Mac Grégor C°.	Angleterre	330	1,30	500
12	Albion n° 5	*Idem*	*Idem*	330	1,30	500
13	Harris	Harris sons and C°	États-Unis	280	1,27	400
14	F, n° 5	Bradley	*Idem*	290	1,25	350
15	F, n° 4	Bamlett	Angleterre	//	//	//
16	F, n° 5	*Idem*	*Idem*	375	//	425
17	La Nouvelle	Samuelson	*Idem*	358	1,28	425
18	Dexter	*Idem*	*Idem*	360	1,25	425
19	F, n° 1	Japy frères et Cie	France	310	1,20	350
20	F, n° 2	*Idem*	*Idem*	340	1,20	425
21	Paradoxale	*Idem*	*Idem*	305	0,95	375
22	Persévérante	Albaret	*Idem*	350	1,30	425

Avant d'examiner ces différentes faucheuses, on peut remarquer que, si les longueurs de coupe varient peu (sauf pour le n° 21), il n'en est pas de même des poids, ainsi que le montre le tableau suivant dans lequel les machines sont classées par origine :

MACHINES FRANÇAISES.		MACHINES ANGLAISES.		MACHINES AMÉRICAINES ET CANADIENNES.	
Numéros.	Poids.	Numéros.	Poids.	Numéros.	Poids.
	kilogr.		kilogr.		kilogr.
1	325	11	330	3	280
2	330	12	330	4	295
7	350	16	375	5	265
8	325	17	358	6	295
10	300	18	360	9	328
19	310	"	"	13	280
20	340	"	"	14	290
22	350	"	"	"	"
Moyenne..	333,5	Moyenne..	350,6	Moyenne..	290,4

Il ressort de ce qui précède que les machines américaines et canadiennes sont les plus légères (290 kilogr. 4)[1], puis viennent ensuite les machines de construction française (333 kilogr. 5), et enfin celles de construction anglaise (350 kilogr. 6).

Le poids de la machine a une grande importance : il influe sur la partie de la traction nécessaire pour vaincre la résistance au roulement de la faucheuse, partie qui atteint en moyenne 30 p. 100 de l'effort total.

C'est précisément là la grande supériorité des machines de construction américaine. En France, nos constructeurs ont fait de sérieux progrès depuis 1878, car leurs faucheuses accusent actuellement un poids inférieur à celui des machines anglaises, alors qu'il en était le contraire il y a dix ans. Comme nous le verrons plus loin, les faucheuses anglaises, qui ont le défaut d'être lourdes, ont par contre la qualité d'être bien ajustées.

Les machines concurrentes (à l'exception du n° 21) étaient à 2 chevaux, la pratique

[1] En 1878, les machines américaines pesaient 325 à 350 kilogrammes. A cette époque, les prix des faucheuses étaient de 550 à 657 francs.

abandonnant de plus en plus, et avec juste raison, les machines à un cheval qui ont l'inconvénient d'exiger du moteur un travail mécanique trop exagéré.

A l'exception des machines nos 6 et 21, les faucheuses concurrentes dérivent toutes des anciens modèles de Wood ou de Sprague, dans lesquels la transmission du mouvement des roues porteuses et motrices à la scie se fait par l'intermédiaire d'un certain nombre de roues dentées (dont deux d'entre elles sont cônes), destinées à augmenter la vitesse, et par une manivelle et une bielle chargées de transformer le mouvement circulaire continu en un mouvement rectiligne alternatif.

Dans l'ancien type de Wood, les engrenages sont extérieurs; les premiers engrenages sont de grand diamètre et généralement venus de fonte avec les roues porteuses.

On reprochait précisément à ce type de machines ces grandes roues dont la denture s'embarrassait facilement d'herbes en exigeant de la part de l'attelage une traction supplémentaire et inutile, souvent très élevée. C'est pour cela que certains constructeurs adoptèrent les engrenages à lanternes qui se débourrent plus facilement.

Parmi les machines de ce type, il faut citer les faucheuses n° 5 (Mac Cormick), n° 15 (Bamlett), n° 18 (Samuelson), qui diffèrent légèrement de l'ancien système, en ce sens qu'il n'y a qu'un engrenage solidaire avec la roue porteuse de gauche (côté opposé à la scie). Dans ces machines, la roue de gauche, par sa commande, tend à équilibrer, par rapport à la flèche, la résistance de la scie.

Dans l'ancien type de Sprague, les deux roues motrices sont reliées avec l'essieu et ne sont solidaires avec ce dernier que pendant le mouvement en avant. Sur l'essieu, et généralement au centre de la machine, est fixée la première roue dentée; l'ensemble des engrenages (deux trains cylindriques et un train cône, tous de petits diamètres) est enfermé dans une enveloppe en fonte dont la partie inférieure joue le rôle de bâti aux paliers des arbres; la partie supérieure, montée à charnières, forme couvercle et permet de visiter facilement les engrenages et de lubrifier les axes.

Ce système avait été très critiqué lors de l'apparition des premiers modèles, et notamment de la faucheuse Sprague; le rapport entre les rayons de la roue porteuse et de la première roue dentée étant assez grand, il s'en suivait que l'effort de l'attelage reporté sur la dent de la première roue était plus élevé que dans l'ancien type Wood, ce qui avait pour inconvénient de faire casser les dents du premier engrenage, d'autant plus facilement que la denture était forcément fine par suite du petit diamètre de la roue. On est revenu aujourd'hui à ce système d'une façon presque générale, car on a reconnu les sérieux avantages qu'il présente : engrenages ramassés et couverts à l'abri de la poussière et des herbes, bâti bien moins compliqué et par suite machine plus légère et plus gracieuse. Mais il faut dire aussi que la propagation du type de faucheuses à engrenages couverts n'a pu avoir lieu qu'à la suite des perfectionnements apportés à la fabrication même des pièces, soit dans la forme de ces dernières, soit par l'emploi de fonte de meilleure qualité.

Toutes les machines concurrentes, sauf les n°s 4, 15 et 18 précités et les n°s 6 et 21 sont des faucheuses à engrenages couverts.

A l'Exposition universelle de Paris, en 1878, on remarquait la faucheuse «New-Champion» [1] dans laquelle la transmission du mouvement n'avait lieu que par deux roues cônes: l'une, à denture extérieure solidaire avec l'essieu; l'autre, à denture intérieure ayant quelques dents de plus que la précédente et montée sur un double joint à la Cardan; sous l'influence du mouvement de rotation de la première roue, la seconde échappait de la roue fixe en oscillant autour des axes de ses joints et communiquait à une sorte de bâti triangulaire indéformable un mouvement de vibration régularisé par un petit volant qui aidait le passage des points morts; ce mouvement vibratoire était ensuite transmis à la scie par une bielle ordinaire.

C'est sur le même principe de la New-Champion de 1878 qu'est établie la faucheuse n° 6 (Massey).

Depuis longtemps, on a fait de nombreuses tentatives, qu'on peut qualifier d'infructueuses, pour remplacer les engrenages de la transmission par des cames cylindriques ou circulaires. C'est cette disposition qu'employait, en 1827, Patrick Bell dans sa moissonneuse; plus récemment, vers 1885, il y avait la faucheuse Vallée. La machine n° 21, dite *paradoxale*, est basée sur ce principe : une came cylindrique commande deux galets solidaires dont le déplacement latéral (et parallèle à l'axe des roues porteuses) actionne la scie par l'intermédiaire d'une bielle; deux ressorts latéraux amortissent les chocs que subissent les galets lors des changements de direction de courbure de la came.

Le tambour portant la came est entraîné au moyen d'un train d'engrenages dont le rapport est 87/12 = 7.25; pour un tour de roue porteuse, correspondant à un chemin parcouru par la machine de 2 m. 356, la came donne à la scie 29 coups doubles; la course de la scie est de 0 m. 070, et sa vitesse linéaire de 1 m. 725 par seconde.

Dans presque toutes les faucheuses simples la scie est placée en avant des roues porteuses, disposition qui permet au conducteur de surveiller facilement le fonctionnement de l'organe coupeur; pour les faucheuses combinées (Rigault, Excelsior n° 3, genre Johnston), la scie est en arrière, tend à augmenter l'adhérence des roues sur le sol, mais rend la surveillance plus difficile.

Il serait trop long de signaler les détails de construction particuliers à chaque machine; nous nous bornerons à mentionner les suivants qui sont les plus saillants :

Dans les faucheuses n° 12 (Albion n° 5), 15 et 16 (Bamlett n°s 4 et 5), la tête de la bielle est garnie d'un coussinet formant réservoir d'huile, analogue aux boîtes à graisse des voitures du système dit *patent*, et peut, dit-on, contenir l'huile nécessaire à une demi-journée de travail; ce dispositif est très ingénieux et très recomman-

[1] De Warder Mitchell (États-Unis).

dable, car, dans les coussinets ordinaires, l'huile, sous l'influence de la force centrifuge, s'échappe facilement de cette articulation qu'il est important de bien lubrifier.

Les machines n° 4 (Mac Cormick) et n° 9 (Wood) sont munies d'un appareil permettant d'obliquer la scie dans le plan vertical sans changer la hauteur du sabot du porte-lame; cette disposition facilite le travail du conducteur qui, devant un obstacle (pierre, borne, etc.), n'a plus besoin de relever en grand le porte-lame, mais seulement d'incliner la scie, la pointe des dents en l'air, tout en laissant la roulette du sabot en contact avec le sol; la scie passe seule au-dessus de l'obstacle. Il s'en suit que la manœuvre du conducteur étant moins pénible, ce dernier l'effectue plus facilement et plus fréquemment, en diminuant proportionnellement les chances de détérioration des dents de la scie.

Dans la faucheuse n° 22 (Persévérante), l'inclinaison de la barre de coupe, dans le sens transversal, au lieu d'être donnée par un levier, est obtenue à l'aide d'une vis horizontale mue par un petit volant à manivelle.

Beaucoup de faucheuses ont leur bielle montée à rotule afin de permettre la transmission, quelle que soit l'inclinaison de la scie par rapport à l'axe de la machine.

Les extrémités de la barre coupeuse sont munies de sabots séparateurs, dont la hauteur au-dessus du sol est réglée par une roue de 0 m. 25 à 0 m. 30 de diamètre du côté de la flèche et une roulette de 0 m. 10 à 0 m. 15 du côté opposé. Les sabots séparateurs de la faucheuse n° 3 (Invincible-Johnston) sont dépourvus d'appareils de roulement et glissent directement sur le sol; dans cette même machine, la tête de la barre coupeuse est soutenue par un tube d'acier, formant un support en équerre, articulé à l'essieu et au coussinet du plateau-manivelle.

Les doigts (constituant la partie fixe de l'organe coupeur), qui étaient autrefois en fonte ordinaire ou en fonte malléable, sont aujourd'hui dans presque toutes les bonnes machines en fer aciéré, ou complètement en acier.

Les faucheuses ont toutes fonctionné d'une manière satisfaisante, en général, dans les prairies de Noisiel et ont montré que la culture est à même de se procurer de bonnes machines capables d'effectuer la coupe des fourrages dans d'excellentes conditions. Néanmoins, il y a lieu d'exposer les quelques considérations suivantes :

Les modèles les plus répandus sont à engrenages couverts et à petites roues dentées; ces modèles sont recommandables à plus d'un titre.

Les machines américaines sont plus légères que les machines françaises et anglaises; certaines d'entre elles ont des pièces dont les dimensions semblent atteindre la limite inférieure relativement aux efforts qu'elles ont à transmettre; aussi, a-t-on le droit de se demander pourquoi les meilleurs constructeurs anglais (qui ont pris part aux essais de Noisiel) n'ont pas suivi, dans cette voie, leurs confrères américains. La raison est celle-ci : les Américains nous envoient des machines qui sont de vente courante chez eux, et comme en Amérique les récoltes sont moins abondantes et moins fournies qu'en France et en Angleterre, leur coupe peut être effectuée par des machines plus légères et moins résistantes; c'est pour cette raison que certaines faucheuses américaines ont des barres coupeuses qui dépassent 1 m. 50 et qui, certes, exigeraient en France, dans nos belles prairies artificielles, un attelage de trois chevaux.

Les constructeurs anglais rivalisent avec leurs confrères américains au point de vue de la traction des machines, malgré leur infériorité au point de vue du poids total de leurs faucheuses; cela tient au mode de construction qui est tout différent dans les deux cas.

Les machines américaines (faucheuses et autres) sont en quelque sorte brutes de fonte; elles ne sont pas ajustées dans le sens propre du terme; aussi, d'une façon générale, les machines de construction américaine ont toujours l'aspect de machines ébauchées qui ne sont finies que dans les parties les plus indispensables sans lesquelles les organes ne pouraient fonctionner. Les machines anglaises pèchent par l'excès contraire, et comme matériel agricole sont, on peut le dire, peut-être trop ajustées; la perfection dans l'ajustage a l'avantage de diminuer la traction, mais aussi l'inconvénient se ressent lorsqu'il s'agit de remplacer une pièce cassée; la pièce de rechange ne s'adapte souvent à la machine qu'à la suite d'un ajustage nouveau, souvent impossible à faire effectuer par un ouvrier de la ferme.

En Amérique, on ne répare pas souvent les machines; les exploitations étant généralement très éloignées des voies de communication, le transport des pièces de rechange exigerait beaucoup trop de temps; les agriculteurs demandent aux constructeurs des machines dont les pièces s'usent en quelque sorte uniformément. Au bout de quelques campagnes, la machine est mise au rebut et on fait l'acquisition d'une nouvelle avec d'autant plus de facilité que les prix, en Amérique, sont peu élevés.

En Angleterre, les machines sont souvent, avant la récolte, envoyées chez le constructeur qui les remet en état. En France, les agriculteurs demandent très volontiers des pièces de rechange dont le transport rapide est facilité par le réseau très étendu des voies de communication dont est doté notre pays.

D'après le règlement du concours, il n'y a pas eu de classement ; les récompenses suivantes ont été décernées [1] :

Médailles d'or....
- N° 9. Faucheuse W.-A. WOOD (États-Unis).
- N° 11. Albion, n° 4. HARRISSON MAC GRÉGOR (Angleterre).

Médailles d'argent.
- N° 7. Incomparable, n° 3. Fr.-N. HURTU, à Nangis (Seine-et-Marne).
- N° 1. Express n° 3. Victor RIGAULT, Paris.
- N° 19. Faucheuse n° 1. JAPY frères et Cie, à Beaucourt (France).
- N° 17. «Nouvelle». SAMUELSON and C° (Angleterre).

[1] Étaient hors concours les différentes machines présentées par M. Albaret, membre du jury.

MOISSONNEUSES SIMPLES ET COMBINÉES.

Sur treize moissonneuses inscrites, les neuf machines suivantes ont pris part aux expériences publiques :

N^{os} D'ORDRE.	DÉSIGNATION DE LA MACHINE.	NOM DE L'INVENTEUR OU DU CONSTRUCTEUR.	ORIGINE.	POIDS de la MACHINE.	LONGUEUR de COUPE.	PRIX.
		A. — MOISSONNEUSES SIMPLES.				
1	Wood	Wood	États-Unis	360^{k}	1^{m}50	725^{f}
2	Express n° 8	Rigault (Victor)	France	460	1 35	750
3	Harvester	Johnston H. and C°	États-Unis	485	1 55	900
4	Moissonneuse n° 4	C. Bradley	*Idem*	375	1 45	550
5	Harvester	Fr.-N. Hurtu	France	500	1 45	800
6	Albion n° 4	Harrisson Mac Grégor C°	Angleterre	530	1 50	1 000
7	Moissonneuse	Albaret	France	600	1 52	825
		B. — MOISSONNEUSES COMBINÉES.				
8	Excelsior n° 3	Rigault (Victor)	France	480	1 27	850
9	Merveilleuse	Johnston H. and C°	États-Unis	550	1 60	1 000
	Idem	(En faucheuse)	*Idem*	340	1 30	//

Nous avons à faire ici la même observation, au point de vue du poids :

MACHINES FRANÇAISES.		MACHINES ANGLAISES.		MACHINES AMÉRICAINES.	
Numéros.	Poids.	Numéros.	Poids.	Numéros.	Poids.
	kilogr.		kilogr.		kilogr.
2	460	6	530	1	360
5	500	//	//	3	485
7	600	//	//	4	375
Moyenne.	520	Moyenne.	530	Moyenne.	406

Pour des longueurs de coupe analogues :

Machines... { françaises .... 1^{m}44
anglaises 1.50
américaines .... 1.50 }

la différence de poids des machines est bien plus accusée que pour les faucheuses ; les machines françaises et anglaises pèsent de 114 à 124 kilogrammes de plus que les machines d'origine américaine [1].

Les principales améliorations apportées aux moissonneuses depuis la dernière Exposition universelle résident surtout dans la diminution du poids, la possibilité de faire varier, en marche, le nombre des râteaux rabatteurs par râteau javeleur, et l'emploi d'engrenages couverts; il existait déjà quelques types de ce genre en 1878, mais leur emploi n'était pas aussi généralisé qu'aujourd'hui.

Les mécanismes destinés à modifier, en pleine marche, le nombre des râteaux rabatteurs a été en quelque sorte imposé aux constructeurs par les agriculteurs. Nous pensons qu'on attribue à tort un grand avantage aux machines pourvues de ces mécanismes, car, en pratique, on peut très bien fixer d'avance, pour chaque champ dans lequel la récolte ne varie généralement pas trop d'intensité, le rapport convenable entre les rabatteurs et le javeleur, c'est-à-dire le chemin parcouru et la surface moissonnée nécessaire pour obtenir une javelle d'un poids déterminé et fixé d'avance. Du reste, ne semble-t-il pas que le conducteur de la moissonneuse a déjà pas mal à faire et à bien faire pour diriger l'attelage, modifier la hauteur de coupe et l'inclinaison du tablier, suivant les obstacles que la scie rencontre, surveiller l'ensemble de la machine, sans avoir besoin de le charger en plus de l'examen de la grosseur de la javelle qui l'oblige souvent à se retourner? Nous ne pensons pas qu'en fonctionnement pratique le conducteur modifie le nombre des rabatteurs; le seul avantage qu'il y ait, à notre avis, est que les systèmes qui permettent de faire varier instantanément les rabatteurs dispensent des pièces de rechange (engrenages) que l'on employait autrefois; ces pièces, qui risquent de s'égarer, exigent toujours un certain temps de montage.

Toutes les machines sont aujourd'hui pourvues d'un désembrayage du javeleur; le conducteur actionne généralement ce désembrayage en agissant sur une pédale, évite la pose des javelles dans les cornes du champ et dégage ainsi la piste pour la tournée suivante.

Le changement du nombre de râteaux rabatteurs est obtenu à l'aide de différents mécanismes.

Dans la machine n° 6 (Albion n° 4), une vis sans fin, clavetée sur l'axe vertical des râteaux, commande un petit arbre horizontal, parallèle à la flèche, sur lequel peut glisser un manchon cylindrique portant un certain nombre de cames disposées sur des cercles parallèles; chaque came, lorsqu'elle arrive au point voulu, soulève une broche qui, commandant une sorte d'aiguille, ouvre le chemin de roulement inférieur au galet du râteau qui se présente; le râteau frôle le tablier sur toute son étendue en chassant la javelle devant lui: il est javeleur. Un levier oblique, placé à portée du conducteur, permet de déplacer le manchon sur son arbre et par conséquent de mettre

[1] En 1878 les moissonneuses anglaises pesaient de 450 à 500 kilogrammes et les machines américaines de 475 à 500 kilogrammes. Les machines valaient de 850 à 1,100 francs (prix à Paris).

en regard la broche de l'aiguille avec le cercle à une, deux, trois cames, etc., donnant un râteau javeleur sur un, sur deux, sur trois, etc.

Dans la moissonneuse n° 1 (Wood «Nouvelle») le mécanisme adopté consiste en une vis cône légèrement inclinée sur la verticale; un doigt est poussé par cette vis de bas en haut, et, arrivé à fond de course (point supérieur), agit sur l'aiguille précitée; le réglage du nombre des rabatteurs dépend du nombre de spires de la vis que le doigt doit parcourir, c'est-à-dire la hauteur de la course qui se règle soit par un levier, soit par une pédale. Avec 4 râteaux on peut obtenir un javeleur sur 2, 1 sur 3, 1 sur 4 et 1 sur 5.

L'emploi des engrenages couverts, comme dans les faucheuses, évite tous les engorgements provenant soit de la paille, qui s'enroule facilement autour des roues dentées, soit de la terre ou de la boue.

La commande de l'arbre des râteaux avait lieu ordinairement à l'aide d'une chaîne métallique ou d'un train d'engrenages; dans les bons modèles (Mac Cormick), l'axe de la roue porteuse commande directement le pignon cône des râteaux par un petit arbre monté à joints à la Cardan (1) afin de permettre le déplacement des râteaux, par rapport à l'axe de la roue suivant la hauteur de coupe.

Dans les machines actuelles, les axes de la roue motrice et de la roue du tablier sont souvent sur la même ligne normale à la flèche; cette bonne disposition permet à la machine de manœuvrer facilement, soit en reculant, soit en tournant.

Les moissonneuses combinées ne se sont pas très répandues; on leur reproche, en général, de ne pas exécuter un travail aussi parfait que la faucheuse et la moissonneuse spéciales, et surtout d'être plus lourdes que les machines simples.

La question de la qualité du travail réside surtout dans la vitesse de l'organe coupeur; et dans les machines actuelles on peut donner deux vitesses à la scie, l'une rapide, lorsque la machine est montée en faucheuse, l'autre, plus lente, lorsqu'elle travaille en moissonneuse. La scie est souvent à l'arrière dans les deux cas (Rigault-Johnston).

Au point de vue du poids, la machine Johnston accuse :

Montée en	faucheuse	340k	Longueur de coupe	1m30
	moissonneuse	550	—	1 60

alors que la moyenne des machines simples de construction américaine est de :

Faucheuses	290k 4
Moissonneuses	406 0

(1) Cette disposition se trouvait dans la «Warder Mitchell» de 1878 (États-Unis).

L'Excelsior n° 3 (V. Rigault), copie améliorée et française de la Johnston, donne les chiffres suivants :

Montée en	faucheuse	325k	Longueur de coupe	1m 27
	moissonneuse	480	—	1 27

tandis que les machines simples de construction française pèsent en moyenne :

Faucheuses	333k 5
Moissonneuses	520. 0

La moissonneuse combinée de V. Rigault est donc supérieure à la machine de la compagnie Johnston-Harvester, sous le rapport des poids.

On ne peut qu'encourager les constructeurs à perfectionner les moissonneuses combinées dont l'emploi, surtout pour la moyenne culture, diminuerait les frais de récolte dans une certaine mesure.

Chaque machine avait à moissonner 36 ares de blé; ce travail a été fait dans un temps variant de 35 à 53 minutes :

N° 1. Wood	53 minutes.
N° 2. Rigault	49
N° 3. Johnston	43
N° 4. Bradley	42
N° 7. Albaret	35

Soit, en moyenne, 44 minutes 24 secondes pour 36 ares.

En ramenant le calcul à l'hectare, on a les temps suivants nécessaires pour moissonner cette surface :

N° 1. Wood	2 heures 27 minutes.
N° 2. Rigault	2 — 16
N° 3. Johnston	2 — 0
N° 4. Bradley	1 — 57
N° 7. Albaret	1 — 37

D'après ces chiffres, il résulte que le temps employé pour moissonner un hectare, y compris les arrêts inévitables, est d'environ 2 heures (moyenne : 1 heure 55 minutes).

Le jury spécialement désigné pour ces essais a choisi un certain nombre de machines pour être en outre expérimentées au dynamomètre de traction.

L'un de ses membres, M. Alfred Tresca, a été désigné pour suivre ces essais.

Le 22 juillet nous avons procédé aux essais dynamométriques sur les machines suivantes :

N° 2. Rigault ;
N° 9. Johnston ;
N° 6. Albion n° 4 ;
N° 4. Bradley ;
N° 7. Albaret.

Les résultats de ces essais sont consignés dans le tableau suivant :

ESSAIS DYNAMOMÉTRIQUES.

N°s D'ORDRE.	MACHINES.	POIDS de la machine (kilogr.)	POIDS du conducteur (kilogr.)	POIDS TOTAL. (kilogr.)	LONGUEUR de COUPE. (mètres.)	TRACTION MOYENNE nécessaire. (kilogr.)	NOMBRE de JAVELLES obtenues sur un parcours de 100 mètres.	POIDS TOTAL des javelles. (kilogr.)
2	Express n° 8 (Rigault.)	460	69	529	1.27	123k 76	18	73.0
9	Merveilleuse combinée (Johnston H. C°.)	550	74	624	1.60	135 20	18	88.0
6	Albion n° 4 (Harrison Mac Grégor.)	530	59	589	1.50	115 44	23	81.5
4	Bradley	375	75	450	1.43	109 20	24	79.0
7	Albaret	600	66	666	1.51	138 32	23	81.5
	MOYENNES	503	68.6	571.6	1.56	124 384	21.2	80.4

Il résulte de ces essais qu'une moissonneuse simple exige, en moyenne, en pleine marche, un travail mécanique de 85.2 kilogrammètres par mètre carré coupé.

L'effort de traction exigé par chaque cheval a varié de 54 kilogr. 60 à 96 kilogr. 16, chiffre qui n'est pas exagéré.

Les récompenses suivantes ont été décernées :

Médailles d'or :
- N° 1. Moissonneuse Wood «Nouvelle» (États-Unis).
- N° 6. Moissonneuse Albion n° 4. Harrisson Mac Grégor and C° (Angleterre).

Médailles d'argent :
- N° 4. Moissonneuse Bradley (États-Unis).
- N° 2. Express n° 8. V. Rigault (France).
- N° 9. Merveilleuse combinée, Johnston Harvester and C° (États-Unis).
- N° 5. Fr.-N. Hurtu (France).

MOISSONNEUSES-LIEUSES.

Douze machines ont pris part aux essais de Noisiel :

Nos D'ORDRE.	DÉSIGNATION DE LA MACHINE.	NOM DE L'INVENTEUR, ou DU CONSTRUCTEUR.	ORIGINE.	POIDS de la MACHINE.	LONGUEUR de COUPE.	PRIX de VENTE.
				kilogr.	mètres.	francs.
1	Wood à élévateurs	W. A. Wood	États-Unis	670	1m60	(1) //
2	Wood à tablier continu	*Idem*	*Idem*	550	1 50	//
3	Wood liant avec la paille	*Idem*	*Idem*	600	1 60	//
4	Hurtu	Fr.-N. Hurtu	France	700	1 55	1 200
5	Massey	Cie Massey	Canada	670	1 50	1 325
6	Osborne	D. M. Osborne C°	États-Unis	680	1 50	1 350
7	Mac Cormick	Mac Cormick	*Idem*	760	1 51	1 400
8	Harvester	Johnston Harvester and C°	*Idem*	660	1 50	1 400
9	« Sans-Rivale »	Pécard frères	France	700	1 52	1 250
10	Harris	Harris sons and C°	Angleterre	680	1 85	1 200
11	Albaret	Albaret	France	750	1 30	1 150
12	M. à plate-forme	Samuel Johnston	États-Unis	560	1 50	1 300

(1) En 1878, les moissonneuses-lieuses pesaient environ 600 à 800 kilogrammes et valaient de 1,750 à 2,000 francs.

Vers 1851, Watson, Renwik et Baldwin, de Washington, s'associèrent et firent une machine analogue à la moissonneuse à élévateur actuelle; un peu plus tard Marsh frères, d'Illinois, reprirent le modèle précédent et construisirent une machine d'un emploi pratique, connue sous le nom de *Marsh-moissonneuse,* qui peut être considérée comme l'intermédiaire entre les moissonneuses ordinaires et les moissonneuses-lieuses. La « Marsh-moissonneuse » possédait, comme les lieuses actuelles, le rabatteur à ailettes, le tablier rectangulaire horizontal à toile sans fin et l'élévateur formé de huit courroies parallèles garnies de crochets; l'élévateur déversait les céréales coupées sur une table placée de l'autre côté de la roue porteuse faisant équilibre à la scie et au tablier. Devant la table se trouvaient un ou deux ouvriers lieurs, debout sur la machine, recevant les gerbes et les liant avec des liens de paille ou de ficelle préparés à l'avance.

Vingt-cinq ans après l'invention de Watson et consorts, les fils d'un fermier, Gordon frères, de New-York, reprirent l'idée de la lieuse; dès 1868, la question des moissonneuses-lieuses préoccupait beaucoup d'inventeurs, notamment en Amérique.

En 1873, la maison Wood présentait, à l'Exposition universelle de Vienne, une lieuse à fil de fer, inventée par S.-D. Locke; la machine était encore à l'état d'ébauche et, dans son rapport sur l'agriculture à l'Exposition de Vienne, M. Eugène Tisserand disait que «l'inventeur n'a pas voulu la faire expérimenter dans les champs; il s'est contenté d'en montrer le jeu en lui faisant lier un paquet de journaux. Il reconnaît qu'elle n'est pas état de fonctionner; il a voulu faire voir le principe d'une découverte dont il se propose de poursuivre le perfectionnement afin d'arriver à son application pratique...» — «Cette découverte, ajoute M. Tisserand, aurait assurément une grande importance au moment où l'absence de main-d'œuvre se fait de plus en plus impérieusement sentir...»

Dès 1873-1875, les lieuses commencèrent à fonctionner d'une façon pratique, et l'on pouvait prévoir que le problème ne tarderait pas à être résolu.

A l'Exposition universelle de Philadelphie, en 1876, on retrouvait trois modèles de la Marsh-moissonneuse présentés par Marsh, Russel and C° [Massillon (Ohio)] et par Adams et French [Sandwich (Illinois)]. Un léger cadre en bois garni d'une toile garantissait les ouvriers-lieurs des ardeurs du soleil; dans cet ordre d'idées, William A. Drown and C° présentèrent un abri articulé pouvant prendre des inclinaisons variables suivant la direction des rayons solaires.

Aux essais de Philadelphie prirent part quatre moissonneuses-lieuses: Mac Cormick, Osborne, Mac Pherson [Caledonia (New-York)] et Wood (machine de S. D. Locke, de 1873). Ces machines liaient au fil de fer.

L'année suivante (1877), la Société royale d'agriculture d'Angleterre organisa un concours de moissonneuses-lieuses à Liverpool : aucune machine ne fut jugée digne de récompense. En 1878, la Société ouvrit un second concours spécial à Bristol et le prix fut décerné à la machine Mac Cormick qui, à la même époque, fut primée en France, aux essais de Mormant.

A l'Exposition universelle de Paris, en 1878, on remarquait huit moissonneuses-lieuses :

Section anglaise.... { Howard.
Neale (lieuse ficelle).

Section américaine.. { Walter Wood.
Walter A. Wood.
Mac Cormick.
Osborne.
Johnston (lieuse à ficelle).
Aultman.

Quatre machines (Aultman, Mac Cormick, Walter Wood, Osborne) furent essayées, le 22 juillet 1878, dans les plaines de Mormant, et donnèrent des résultats satisfaisants. Mais le liage au fil de fer retardait l'emploi de ces machines par suite des dégâts que le lien pouvait occasionner dans les batteuses ou des accidents qu'il y avait à craindre lorsque le lien restait mélangé à la paille donnée aux animaux. Aussi plusieurs constructeurs imaginèrent des *pinces-sécateurs* destinées à couper et à retenir le lien par un de ses bouts.

IMPRIMERIE NATIONALE.

D'après le docteur Émile Pérels, professeur de génie rural à l'Institut agronomique de Vienne (Autriche), les objections faites contre le liage au fil de fer n'étaient pas justifiées par la pratique; le fil passe dans la batteuse et dans le hache-paille sans occasionner de dégâts, et les animaux n'avalent jamais les bouts de fil de fer mélangés à la paille lorsque cette dernière est coupée à une longueur convenable.

Quoi qu'il en soit, l'agriculture ne commença à utiliser les moissonneuses-lieuses que lorsque ces machines employèrent de la ficelle pour la confection du lien.

En résumé, les machines de 1878 étaient lourdes, encombrantes, liaient au fil de fer, et si elles pouvaient fonctionner, comme cela a pu se constater à Mormant, elles n'étaient pas suffisamment améliorées dans leurs détails pour être définitivement adoptées par la pratique courante; les organes chargés de la torsion du fil étaient placés au-dessous de la table du liage et il fallait des conducteurs, ou mieux des mécaniciens, adroits, attentifs et intelligents pour remettre la machine en marche lorsque le fil s'était cassé, soit par suite d'un manque d'homogénéité de contexture, soit par suite d'une tension trop élevée.

Avec les moissonneuses-lieuses, comme avec les moissonneuses ordinaires, les javelles étaient réparties sur toute la surface du champ, et le travail de la mise en moyettes était assez long; les constructeurs ajoutèrent bientôt à leurs machines un *porteur de gerbes*.

Le porteur de gerbes fit son apparition à la machine Hornsby en août 1884, au grand concours de Shrewsbury; dès 1885, toutes les moissonneuses-lieuses étaient pourvues de porteurs de gerbes variant dans leurs dispositifs.

En principe, le porteur de gerbes consiste en un berceau pouvant recevoir quatre ou cinq gerbes liées; au moyen d'une pédale, le conducteur fait tomber les gerbes sur le sol soit en ouvrant le berceau, soit en l'inclinant vers l'arrière.

Le porteur de gerbes économise de la main-d'œuvre : deux hommes par moissonneuse peuvent suffire à la mise en moyettes; enfin si, pour une cause quelconque (mauvais état de la récolte, manque de ficelle ou lieur cassé), on ne peut pas effectuer le liage, on désembraye l'appareil lieur et les céréales tombent dans le porteur de gerbes chargé de les déposer sur le sol en grosses javelles; la moissonneuse-lieuse se transforme en moissonneuse simple.

L'Administration de l'agriculture, dès 1878, donna une grande impulsion aux moissonneuses-lieuses en organisant des concours spéciaux dans différents concours régionaux; les sociétés locales d'agriculture suivirent la même voie. Tous ces encouragements contribuèrent à accélérer les perfectionnements de ces machines.

Les modèles actuels se distinguent des machines de 1878 par trois points principaux :

1° Diminution de poids;

2° Liens en matière végétale;

3° Organe lieur plus simple et placé au-dessus de la table du liage.

La diminution de poids est importante; dans la Marsh-moissonneuse, les deux hommes occupés au liage surchargeaient la machine de 140 à 150 kilogrammes; dans les premières lieuses au fil de fer, l'appareil lieur pesait près de 400 kilogrammes; Appleby réduisit ce poids, dans son premier modèle pratique, à près de 200 kilogrammes; aujourd'hui le mécanisme (Appleby ou Wood) ne pèse pas plus d'une centaine de kilogrammes, et le dernier mot n'est pas encore dit.

Les liens sont en ficelle de chanvre (1 fr. 25 le kilogramme) ou de manille (1 fr. 75 le kilogramme); 10 mètres de ficelle pèsent environ 30 grammes, et une très forte récolte de 1,708 gerbes de 5 kilogrammes à l'hectare exige environ 1,950 mètres de ficelle, soit près de 6 kilogrammes.

Le choix de la ficelle a une influence capitale sur la marche d'une lieuse; bien souvent dans la pratique courante on accuse à tort la moissonneuse-lieuse quand on devrait s'en prendre à la mauvaise qualité de la ficelle. Il est facile de comprendre qu'un appareil lieur aussi bien combiné ou construit que possible ne pourra lier, manquera des nœuds ou cassera le lien si ce dernier n'est pas de bonne qualité, résistant et surtout homogène. Il en est de la lieuse comme de la machine à coudre qui ne fonctionne bien qu'avec le fil voulu.

L'organe principal chargé de faire le nœud du lien, qui primitivement était composé d'une cinquantaine de pièces, a été réduit à une dizaine ou une quinzaine : un plateau ou disque vertical incomplètement denté actionne, par un pignon cône, un petit axe vertical ou légèrement incliné portant deux pièces formant mâchoires, l'une fixe, l'autre mobile.

L'organe lieur est au-dessus de la table et en porte-à-faux à l'extrémité d'un axe horizontal. L'aiguille, courbe, est articulée au-dessous du tablier et s'anime périodiquement d'un mouvement alternatif; dans une rainure spéciale elle entraîne le fil qui passe préalablement dans un tendeur réglable à volonté au moyen d'une vis de pression agissant sur un ressort à boudin.

Au sortir de l'élévateur les céréales tombent sur la table inclinée du liage; elles sont rangées par des botteleurs ou tasseurs placés au-dessus et animés d'un mouvement circulaire continu (Wood), ou articulés en dessous de la table et animés d'un mouvement alternatif (Appleby). Quels qu'ils soient, ces organes ont pour mission d'égaliser les tiges et de confectionner la botte en la comprimant entre les bras.

Lorsqu'il y a une quantité voulue de céréales, la botte appuie sur un levier qui enclenche l'organe lieur; l'aiguille se met en mouvement, se relève, sort du tablier par une fente spéciale et passe à côté du noueur en entourant la gerbe; à ce moment et automatiquement le noueur est embrayé; les mâchoires pincent les deux bouts du fil (celui retenu par une pince spéciale et celui apporté par l'aiguille) et, en tournant, confectionnent la boucle; l'aiguille revient en arrière; le fil est coupé et son extrémité est retenue par une pince. Dès lors, des projeteurs rotatifs ou alternatifs chassent de la table la botte liée qui tombe soit sur le sol, soit dans le porteur de gerbes.

La position du lien sur la gerbe est réglée par un égaliseur rotatif ou alternatif et par le déplacement de l'appareil lieur qui, dans certaines machines, peut, en marche, coulisser horizontalement et se rapprocher ou s'éloigner du pied des toiles.

Tels sont les principes généraux des moissonneuses-lieuses actuelles; les différences sont accusées d'un modèle à l'autre lorsqu'on examine en détail la construction et l'agencement des pièces.

Tous les lieurs peuvent se rapporter soit au type Wood, soit au type Appleby (ce dernier plus ou moins modifié dans le montage est adopté par tous les constructeurs, sauf Wood).

Certes le problème de la construction d'une lieuse n'est pas facile à résoudre quand on songe au grand nombre d'organes dont les mouvements doivent être rigoureusement simultanés, dont les trajectoires doivent bien passer à la place qui leur a été assignée sous peine de manquer le nœud, et toutes ces pièces délicates, comme les organes d'une machine à coudre, tous ces axes qui doivent conserver leur parallélisme sont montés sur des bâtis soumis, par le travail même, à de nombreuses secousses et à un mouvement vibratoire permanent. Aussi la principale préoccupation actuelle des constructeurs est-elle d'obtenir un bâti aussi rigide et aussi léger que possible. Le bois, léger mais déformable par l'humidité ou la sécheresse, est remplacé dans plusieurs modèles, soit en totalité, (n° 7 Mac Cormick, n° 5 Massey, n° 8 Johnston, etc.), soit en partie, par du fer ou de l'acier.

Dans les machines n°s 7 et 8 (Mac Cormick et Johnston), le bâti est formé de tubes carrés reliés entre eux par des plaques à embases en fonte malléable; d'autres bâtis sont en tubes ou en fer cornière.

On a cherché à supprimer l'élévateur : en 1884, la lieuse Aultman avait un demi-élévateur; au même concours général de Paris, M. Samuel Johnston présentait l'*Unicum* qui, perfectionné, figurait à Noisiel (n° 12). Dans la machine Samuel Johnston les céréales sont rabattues par des râteaux montés comme ceux des moissonneuses ordinaires et tombent sur un tablier d'où elles sont saisies par deux organes entraîneurs qui chassent la javelle en arrière sur un prolongement du tablier où se trouve le mécanisme lieur; un chasse-javelle repousse, après le liage, la botte sur un porteur de gerbes. Cette machine est encore à l'état d'ébauche; les mouvements des différents organes ne sont pas encore bien coordonnés, mais il n'y a pas de doute que son ingénieux et persévérant inventeur la rende pratique.

Lorsque la céréale est plus longue que la largeur du tablier, une partie est froissée; ce défaut se faisait surtout remarquer dans les premières lieuses établies spécialement pour les récoltes américaines qui sont basses (en général, en Amérique, où la paille a peu de valeur, on coupe assez haut). Pour y remédier, on peut augmenter la largeur des toiles ou laisser la machine ouverte à l'arrière (n° 2, Wood à tablier continu) afin qu'une partie de la récolte puisse se mettre en porte-à-faux. Mais il ne faut pas que la récolte dépasse de beaucoup à l'arrière où les épis ont une tendance à sortir de la machine, et la botte est irrégulière; dans les très fortes récoltes cet élévateur n'est plus suffisamment énergique. Dans la machine n° 2 (Wood) les doubles toiles sans fin de l'élévateur sont remplacées par une seule toile qui forme à la fois le tablier et l'élévateur.

C'est à Noisiel que l'on a vu pour la première fois la lieuse à lien de paille (n° 3, Wood), machine qui est encore à l'état d'étude. La moissonneuse ressemble à une Wood à élévateur à deux toiles; en arrière du siège est placée une boîte demi-cylindrique, inclinée à 45 degrés, contenant la paille nécessaire au liage; la paille (de seigle) doit être droite, coupée de longueur convenable et légèrement humide. Un mécanisme très ingénieux, fonctionnant périodiquement, retire de la boîte des brins de paille et les tord pour en confectionner une sorte de corde en paille qui est conduite au-dessus de la machine entre des galets tendeurs et de là à l'appareil noueur. Lorsque la paille est bien préparée la machine fonctionne bien.

L'idéal paraîtrait à première vue d'arriver à ce que la machine prélève elle-même, sur la récolte couchée sur le tablier, la paille nécessaire au liage[1]; mais le grain de la partie réservée au lien serait évidemment perdu, et d'un autre côté M. Wood fait remarquer avec juste raison qu'une superficie cultivée en seigle, spécialement pour les liens, suffit à lier une étendue de blé mille fois plus grande; chaque agriculteur serait ainsi son propre producteur de liens et ne serait pas à la merci des producteurs américains de ficelle qui se sont syndiqués en vue de faire hausser le prix du manille absolument indispensable aux propriétaires de moissonneuses-lieuses. (La consommation annuelle de ficelle pour les moissonneuses-lieuses, en Amérique, s'élève à la somme de 70 millions de francs.)

Rapprochons les dates suivantes :

Vers 1873, apparition de la lieuse à fil de fer.

Vers 1878, fonctionnement pratique des lieuses à fil de fer et apparition des lieuses à ficelle.

Vers 1887, fonctionnement pratique des lieuses à ficelle.

Vers 1889, apparition de la lieuse à liens de paille.

Il ne semble pas téméraire de bien présager de l'avenir des moissonneuses-lieuses qui n'ont pas mis dix ans (1878-1887) pour être employées pratiquement dans les champs, et qui ne cessent de se perfectionner et de se répandre, exigées qu'elles sont par les conditions économiques actuelles.

Chaque machine a eu à moissonner 50 ares 42 de blé; la récolte, très haute, étant versée par places, le travail des machines était un peu irrégulier. Comme tous les appareils perfectionnés, les moissonneuses-lieuses n'exécutent un bon travail que

[1] Il avait déjà été proposé une machine qui liait la botte avec une partie des tiges qui la composaient et non avec une corde en paille.

lorsque la récolte se trouve dans les conditions voulues. Les machines ont toutes bien effectué le liage, mais dans les parties versées les bottes n'avaient pas une belle apparence et les tiges étaient entremêlées; il était impossible de faire mieux dans de telles conditions.

Le tableau suivant indique les temps employés pour moissonner et lier les 50 ares 42 de blé :

Nos	MACHINES.	TEMPS NET.	DURÉE des ARRÊTS.	TEMPS TOTAL.
4	Hurtu	1h 20m	39m	1h 59m
5	Massey	1 6	10	1 16
9	Pécard frères	1 25	35	2 00
8	Johnston	1 7	25	1 32
10	Harris	1 15	30	1 40
7	Mac Cormick	1 27	14	1 41
2	Wood (tablier continu)	1 7	53	2 00
1	Wood	1 7	11	1 18
6	Osborne	2 0	22	2 22
	Moyenne	......	......	1 45

Les points suivants donnés par le jury sont relatifs à la coupe et au liage, les machines étant cotées de 0 à 20.

Nos.	MACHINES.	COUPE.	LIAGE.	TOTAL des POINTS.	OBSERVATIONS.
4	Hurtu	14	14	28	
5	Massey	18	17	35	
9	Pécard frères	14	13	27	
8	Johnston	17	16	33	
10	Harris	15	15	30	
7	Mac Cormick	16	15	31	Le porteur de gerbes dépose en traînant.
2	Wood (tablier continu)	10	14	24	Pas assez énergique dans les fortes récoltes. Les hommes sont obligés de faire circuler les tiges coupées.
1	Wood	18	18	36	Bourrage, coupe haute à 0 m. 30.
6	Osborne	9	14	23	
11	Albaret	16	15	31	

Poids de quelques gerbes prélevées pendant le travail :

Nos.	MACHINES.	POIDS DES GERBES (Kilogr.).						
4	Hurtu	5. 00	6. 00	5. 00	5. 00	4. 50	5. 50	//
5	Massey	6. 75	8. 00	7. 50	6. 75	6. 75	6. 00	//
9	Pécard frères	4. 00	4. 00	5. 00	5. 50	4. 25	4. 00	//
8	Johnston	5. 50	5. 50	5. 00	6. 50	6. 50	//	//
10	Harris	4. 00	4. 75	4. 50	4. 00	4. 00	//	//
7	Mac Cormick	6. 25	6. 50	6. 00	7. 50	8. 50	//	//
2	Wood (tablier continu)	8. 00	8. 00	7. 75	6. 75	6. 75	//	//
1	Wood	8. 00	8. 75	8. 00	8. 00	//	//	//
6	Osborne	8. 50	7. 50	8. 50	7. 75	7. 75	8. 00	//
11	Albaret	6. 50	5. 00	5. 50	5. 00	5. 50	6. 00	5. 50

Les essais se sont poursuivis dans un champ d'avoine, dont la belle récolte était plus facile à moissonner; chaque machine a eu 68 ares 85 à couper; le travail a été effectué en :

Nos.	MACHINES.	TEMPS EMPLOYÉ, y compris les arrêts.	OBSERVATIONS.
4	Hurtu	$1^h 25^m$	
5	Massey	1 10	
8	Johnston	1 59	
2	Wood (tablier continu)	1 10	Très bien fonctionné.
11	Albaret	1 25	
	MOYENNE	$1^h 26^m$	

Ainsi qu'on le voit, pour moissonner

50 ares 42 de blé il a fallu, y compris les arrêts, de $\left\{\begin{array}{c}1^h 16^m \\ \text{à} \\ 2^h 22^m\end{array}\right\}$ moyenne $1^h 45^m$;

68 ares 85 d'avoine il a fallu, y compris les arrêts, de $\left\{\begin{array}{c}1^h 10^m \\ \text{à} \\ 2^h 00\end{array}\right\}$ moyenne $1^h 26^m$.

Il résulte de ces chiffres que, pour la récolte d'un hectare, il faut, y compris les arrêts :

Blé............ de { 2h 31m à 4h 43m } moyenne générale................ 3h 29m.

Avoine.......... de { 1h 42m à 2h 55m } moyenne générale................ 2h 5m.

Le 22 juillet nous avons procédé aux essais dynamométriques sur les machines suivantes désignées par le jury :

N° 11. Albaret (hors concours).
N° 8. Johnston.
N° 4. Hurtu.
N° 7. Mac Cormick.
N° 5. Massey.
N° 1. Wood (à élévateur ordinaire).

Les résultats ont été les suivants :

N°s.	MACHINES.	TRACTION MOYENNE			POIDS		LONGUEUR de la scie.	NOMBRE de GERBES données sur un parcours de 100 mètres
		de roulement	à vide, les les engrenages en mouvement.	totale en charge.	de la machine.	du conducteur.		
11	Albaret........................	78k 00	123k 76	164k 32	750k	66k	1m30	22 1/2
8	Johnston........................	64 48	131 04	186 16	660	74	1 50	21 1/2
4	Hurtu........................	82 30	104 00	189 28	700	62	1 50	21
7	Mac Cormick.................	87 36	132 08	176 80	760	85	1 51	24
5	Massey........................	64 48	116 48	158 08	670	84	1 50	23
1	Wood (ancienne)..............	85 28	110 10	163 30	670	85	1 50	23

Le poids des machines (670 à 760 kilogrammes), y compris le conducteur, a varié de 734 kilogrammes (Johnston) à 845 kilogrammes (Mac Cormick).

La décomposition de la traction totale pour chaque machine est indiquée par le tableau suivant :

Nos.	MACHINES.	TRACTION NÉCESSAIRE AU roulement.	fonctionnement à vide des organes.	passage de la récolte.	TRACTION TOTALE.
11	Albaret	78k 00	45k 76	40k 56	164k 32
8	Johnston	64 48	66 56	55 12	186 16
4	Hurtu	82 30	21 70	85 28	189 28
7	Mac Cormick	87 36	44 72	44 72	176 80
5	Massey	64 48	52 00	41 60	158 08
1	Wood (ancienne)	85 28	24 82	53 20	163 30

La traction nécessaire à vaincre la résistance au roulement a varié de 65 à 87 kilogrammes.

La traction de la machine, les organes fonctionnant sans couper, variait de 104 à 132 kilogrammes.

La traction totale en plein travail a varié de 158 à 189 kilogrammes.

On voit par ces chiffres que la traction moyenne exigée par les moissonneuses-lieuses peut se décomposer de la façon suivante :

Traction de la machine à vide (roulement)	77 kilogr.
Traction nécessaire pour la mise en mouvement des organes (à vide)	41
Traction exigée par la coupe et par le passage de la récolte au travers des organes (rabatteurs, scie, élévateurs et appareil lieur)	55
TRACTION TOTALE	173 kilogr.

Il est donc bon d'atteler trois chevaux aux moissonneuses-lieuses, ce que du reste la pratique a reconnu depuis longtemps.

Le travail mécanique total nécessaire pour couper et lier un mètre carré de récolte est :

Nos.	MACHINES.	TRAVAIL MÉCANIQUE dépensé par mètre carré coupé et lié
		Kilogrammètres.
11	Albaret	126, 400
8	Johnston	124, 106
4	Hurtu	126, 186
7	Mac Cormick	117, 866
5	Massey	105, 386
1	Wood (ancienne)	108, 866
	MOYENNE	118, 135

Les variations ont été :

		Différence avec la moyenne générale.
Machine la plus légère de traction	105kgm 386	— 2kgm 749
Machine la plus lourde de traction	126 400	+ 8 265

Les récompenses suivantes ont été décernées :

Objet d'art	N° 5. Moissonneuse-lieuse Massey (Canada). N° 1. Moissonneuse-lieuse W.-A. Wood, à élévateurs (États-Unis).
Médaille d'or	N° 8. Machine Johnston (États-Unis). N° 7. Machine Mac Cormick (États-Unis). N° 4. Machine Hurtu (France).
Médaille d'argent	N° 9. Machine Pécard frères (France). N° 10. Machine Harris sons and C° (Canada).

CONCOURS DES APPAREILS DE LAITERIE

RAPPORT

PAR

M. LEZÉ

PROFESSEUR À L'ÉCOLE DE GRIGNON

Nota. — Les appareils de laiterie dépendaient de la classe 74; c'est le jury de cette classe qui a été chargé d'apprécier les résultats du concours; néanmoins les récompenses ont été rattachées à la classe 49.

CONCOURS DES APPAREILS DE LAITERIE.

Dans le but de rendre plus faciles et plus rapides les opérations du jury, l'examen des appareils a été divisé; le jury a visité successivement les appareils spéciaux ou uniques en leur genre des différents constructeurs, puis, dans d'autres séances, les jurés ont examiné les appareils des divers exposants concourant entre eux. Les opérations se faisaient alors chez les uns et chez les autres dans des conditions identiques et presque simultanées.

Le 17 juillet, les opérations ont commencé à 8 heures et demie du matin par les exposants de l'Esplanade des Invalides et quelques autres exposants qui avaient été priés d'apporter leurs appareils dans les environs de la *Laiterie française*.

M. Drouot, de Boulogne-sur-Seine, présentait au jury une disposition de bain-marie pour réchauffer le lait dans les laiteries industrielles; son appareil est amovible ou fixe et peut être construit pour un nombre quelconque de bidons à réchauffer. Le lait porté à la température de 90 degrés a été ensuite versé sur les réfrigérants Drouot dont on avait à étudier le fonctionnement.

L'un de ces réfrigérants est analogue aux réfrigérants du commerce; le lait coule à l'extérieur d'une surface ondulée et l'eau circule en sens inverse à l'intérieur, dans l'intervalle de deux tôles minces assez rapprochées. Pour être moins encombrant, l'appareil est replié sur lui-même et donne une section générale rectangulaire; ce sont pour ainsi dire quatre réfrigérants disposés les uns à côté des autres sur les faces d'un prisme droit à base carrée.

Le second réfrigérant Drouot consiste en un long serpentin dont les spires sont assez rapprochées; l'axe est vertical, l'eau circule de bas en haut à l'intérieur du serpentin et le lait tombe en cascade d'une spire sur l'autre.

Tous les appareils de M. Drouot dénotent de la part du constructeur une grande somme de travail et d'études. Ils réalisent des progrès réels et semblent préférables aux types courants du commerce; cependant le jury ne peut se résoudre à approuver des réfrigérants de types condamnés depuis longtemps, comme ayant le grave défaut d'ensemencer les liquides en germes de maladie.

M. Herweg, de Belgique, présentait une écrémeuse consistant en un ou plusieurs bassins immergés dans un bain d'eau froide; la température est ainsi maintenue basse et constante pendant tout le temps de la montée de la crème ; la séparation se fait vite et facilement ; le lait reste doux, mais en somme l'idée est loin d'être nouvelle, la disposition est depuis longtemps connue et appliquée, car on obtient des résultats aussi satisfaisants en plongeant les terrines de lait dans des auges en ciment formant le lit d'une canalisation d'eau courante.

M. Chapellier, d'Ernée (Mayenne), est devenu à l'heure actuelle un de nos grands constructeurs d'appareils de laiterie ; il a présenté cette année et fait fonctionner devant le jury sa baratte polygonale avec régulateur de température. Cette baratte consiste en un tambour à peu près prismatique, à six ou huit pans, et dont les douves sont légèrement convexes vers le centre ; le tambour est renflé vers le milieu comme un tonneau, il peut être animé d'un mouvement de rotation autour de son axe de figure placé horizontalement ; le battement du lait se fait contre les parois planes.

Cette baratte est depuis longtemps connue et appréciée du public, ainsi qu'en témoigne le chiffre croissant de la vente. M. Chapellier, qui apporte tous ses soins à la fabrication, a imaginé de loger dans une des parois verticales une petite glace à travers laquelle on aperçoit le lait en mouvement ; on peut donc suivre les phases du barattage et arrêter l'opération au moment précis le plus favorable.

Le jury a examiné ensuite le malaxeur rotatif du même constructeur ; la commande de la table se fait par l'intermédiaire d'une chaîne Vaucanson, disposition ingénieuse et rationnelle grâce à laquelle on peut à volonté élever ou abaisser la table conique. En changeant ainsi la distance de la table au rouleau conique denté, on varie l'épaisseur de la couche de beurre travaillée et l'on proportionne la force mécanique à la charge de matière ; la chaîne ne nécessite en outre qu'un graissage assez modéré et l'on n'a pas à redouter les chutes d'huile et les taches de cambouis sur le beurre.

Les appareils de M. Chapellier sont d'une construction simple et bien étudiée, ils sont solides et pratiques et conviennent parfaitement à l'industrie laitière de notre pays.

M. Douillard, de Fontenay-le-Comte (Vendée), nous montre un ensemble d'appareils destinés à la fabrication du fromage de Hollande.

C'est d'abord une cuve à double paroi dans laquelle doit se faire le caillé. Dans l'espace annulaire, on fait arriver de l'eau chauffée par une petite chaudière qui communique à la cuve par un simple tuyau ; un autre tuyau de sortie aboutit à une pompe au moyen de laquelle on peut aspirer l'eau trop froide ou la renvoyer à la chaudière ou encore alimenter cette dernière avec l'eau nouvellement puisée.

Il est facile de comprendre qu'en possession de cette chaudière et de la pompe, on arrive à établir dans le bain-marie de la cuve une température réglable à volonté ; les trois appareils sont du reste bien groupés les uns à côté des autres pour la commodité du service, la cuve est de plus munie d'un coupe-caillé à deux rotations.

La cuve à fromage de M. Douillard paraît en résumé bien disposée et d'un usage facile.

L'écrémage mécanique est venu dans ces dernières années révolutionner les usages de la laiterie, et le concours des écrémeuses devait être à cette exposition l'un des plus intéressants, les constructeurs principaux étant présents et faisant fonctionner devant le public leurs modèles de centrifuges les plus nouveaux et les plus perfectionnés.

M. Th. Pilter, de Paris, devait être examiné le premier; son écrémeuse est connue et depuis longtemps en faveur, mais l'inventeur et le constructeur s'appliquent tous les jours à la perfectionner.

C'est ainsi que nous voyons cette année plusieurs modifications heureuses et utiles; M. de Laval, l'inventeur infatigable, a ajouté à son écrémeuse un réchauffeur à vapeur, puis une petite pompe rotative mue automatiquement par l'arbre vertical, et destinée à envoyer le lait écrémé dans des bacs d'attente situés d'une manière quelconque.

M. Th. Pilter présentait sa grande écrémeuse mue par la vapeur agissant directement sur un tourniquet à réaction, puis ses écrémeuses à bras de dimensions plus faibles et dont l'application se trouve dans les fermes, les petites industries ou les laboratoires d'essais; ces petites écrémeuses constituent, en effet, d'excellents appareils d'analyses; le premier venu peut s'en servir et arriver à des résultats pratiques excellents.

Le constructeur représentant M. de Laval a fait fonctionner simultanément trois de ses appareils en présence du jury; l'opération a duré une demi-heure.

I. L'écrémeuse à vapeur a fonctionné d'une manière parfaite; dans l'espace des 30 minutes de l'expérience, on a fait passer 288 kilogr. 350 de lait qui ont donné 26 kilogr. 350 de crème, soit 9. 20 p. o/o environ. Il ne faut pas attacher une trop grande importance à la proportion de crème obtenue; en serrant plus ou moins la vis de sortie dans le tambour, on parvient à modifier à volonté dans certaines limites le taux p. o/o de crème débitée ou, en d'autres termes, on peut à volonté fournir de la crème plus ou moins épaisse, c'est-à-dire contenant plus ou moins de lait interposé.

Le bon fonctionnement est caractérisé par l'écrémage complet du lait; ce résultat a été pleinement atteint, et le lait des écrémeuses Pilter soumis à une nouvelle rotation dans une centrifuge d'essai n'a montré absolument aucune trace de matière grasse.

II et III. Les deux écrémeuses à bras, l'une à tambour horizontal, l'autre à tambour vertical, ont également donné d'excellents résultats :

	LAIT TOTAL PASSÉ.	CRÈME OBTENUE	
		TOTALE.	EN P. o/o.
Écrémeuse à tambour vertical (Baby).....	24l 8	4l 5	18l 1
Écrémeuse à tambour horizontal.......	73 4	12 6	17 1

L'écrémage était complètement effectué. Tous ces appareils Pilter sont d'autre part faciles à nettoyer et à monter; ils sont solides, travaillent régulièrement et sans danger. Le jury a été à même de constater ces précieuses qualités et ces avantages des centrifuges de M. de Laval.

M. Watt, représentant de la *London and Provincial Dairy Company,* avait apporté des écrémeuses, qui, par leur construction, rappellent un peu les précédentes, et qui en somme n'en diffèrent que par des détails. Le tambour de l'écrémeuse Watt, dite *écrémeuse Victoria,* est conique à la partie supérieure; la commande se fait par courroie, et le mouvement intermédiaire, consistant en une poulie et un galet, est placé sur le même bâti que l'écrémeuse.

Cette disposition permet de resserrer et de grouper tout l'ensemble, qui par suite occupe très peu de place; les pièces sont bien ajustées et le fonctionnement se fait sans le moindre bruit.

On a remis à M. Watt, comme aux autres concurrents d'ailleurs, la quantité désirée par lui du même lait que celui qui avait été fourni à M. Pilter, et, on a noté, comme précédemment, le travail accompli dans l'espace de 30 minutes :

LAIT TOTAL PASSÉ.	CRÈME OBTENUE	
	TOTALE.	EN P. 0/0.
139k 25	16k 25	11k 7

L'écrémeuse se démonte et se nettoie aussi facilement que celle de M. de Laval; le travail fourni a paru très bon : le lait écrémé ne décelait pas de matières grasses à l'analyseur Victoria.

Nous devons dire quelques mots de cet analyseur, qui, à l'Exposition même, nous servait couramment à examiner les laits centrifugés.

Ce contrôleur (*milk taster*) consiste en un disque portant des cavités ou des cannelures dirigées selon les rayons. Dans ces logettes, on place des petits tubes de verre fermés par un bout et gradués préalablement par des expériences directes faites sur des laits analysés chimiquement. Ces tubes sont remplis de lait écrémé, puis couchés dans les rainures. On fait alors tourner le disque à la vitesse de 7,000 à 8,000 tours, et l'on examine ensuite, sur la graduation, la quantité de crème séparée du lait après une minute de rotation à pleine vitesse.

L'idée de cet analyseur n'est pas nouvelle; mise en avant par Lefeldt, elle a été appliquée par le docteur Fjord dans le grand contrôleur Burmeister; c'est encore indirectement le principe du laktocrit de De Laval. Entre tous ces appareils, le Victoria donnerait peut-être les résultats les moins rigoureux, mais c'est un contrôleur commode, avertissant des fautes commises et des fraudes des vendeurs. Si nous ajoutons que le prix d'achat en est peu élevé, nous aurons suffisamment démontré que les laiteries en général se trouveraient bien de l'emploi de cet ingénieux petit analyseur.

M. Chaussadent, de Moissy-Cramayel (Seine-et-Marne), avait présenté une écrémeuse à bras de son invention. Le tambour de l'écrémeuse est muni à l'intérieur d'un grand nombre d'assiettes de fer-blanc ou de cônes à surface ondulée et percés en leurs centres; ce sont des feuilles de tôle en forme d'abat-jour et superposées de manière à ne laisser entre elles qu'un intervalle insignifiant, une fraction de millimètre. Le lait introduit par le centre doit donc circuler dans ces espaces si resserrés; l'inventeur y voit un avantage, mais, malgré son affirmation, son appareil n'a pas fonctionné d'une manière satisfaisante, l'usage des assiettes de fer-blanc n'a pu être expliqué suffisamment, et cette écrémeuse demande encore de nouvelles études.

Nous devons cependant signaler un ingénieux contrôleur de la vitesse. On sait que les écrémeuses ne fonctionnent bien qu'à une vitesse déterminée; une vitesse trop faible diminue le rendement ou compromet le travail, une vitesse trop grande peut devenir dangereuse. M. Chaussadent a eu l'idée de monter, par un engrenage et une vis sans fin, une pendule qui tourne avec l'écrémeuse, mais d'un mouvement beaucoup plus lent. Ce mouvement est rétrograde, et l'on conçoit facilement que l'on puisse combiner le mouvement d'horlogerie de manière que, pour une vitesse donnée, une aiguille semble rester immobile. Par une rotation plus lente, l'aiguille tourne dans le sens direct; dans un mouvement plus rapide, l'aiguille qui est entraînée avec la pendule paraît s'avancer de plus en plus lentement, elle semble immobile, puis on la voit rétrograder si le mouvement s'accélère encore.

MM. Burmeister et Wain, de Copenhague, exposaient dans la section danoise leur nouvelle écrémeuse à bras, et dans l'emplacement de M. Hignette, leur représentant et constructeur lui-même, leurs grandes écrémeuses à vapeur ou mues par moteur.

Ces centrifuges présentent des avantages notables; ils sont disposés de manière à changer à volonté, pendant la marche, la quantité p. o/o de crème extraite. Il est donc possible à l'ouvrier de régler son travail suivant la qualité du lait, la température, etc., de manière à obtenir l'écrémage parfait en même temps que la densité requise pour la crème; en outre, l'aspiration par les tubes communique, sous l'influence de la force centrifuge, un élan suffisant pour que le lait puisse s'élever de lui-même à une hauteur de 2 à 3 mètres.

Les grandes écrémeuses ont été essayées en premier lieu; M. J. Hignette (qui ne pouvait concourir, en sa qualité de membre du jury) et les constructeurs danois présents à l'expérience ont tout d'abord fait remarquer les perfectionnements nouveaux apportés aux écrémeuses. Le tambour de ces centrifuges est maintenant établi en acier embouti; l'arbre vertical qui coïncide avec l'axe de figure repose sur deux galets roulant dans l'huile; le système est donc très mobile et complètement en équilibre.

A l'intérieur et en bas, le tambour porte vers la portion sensiblement plane une pièce annulaire ou lame de quelques centimètres de large et placée parallèlement à la surface du tambour dont elle est très rapprochée; il résulte de cet arrangement que le lait arrivant dans l'écrémeuse vers le centre est poussé sous l'influence de la force centrifuge entre le tambour et la lame circulaire susdite.

Il n'y a plus ni projections ni éclaboussures, le fonctionnement est meilleur parce que la couche de crème n'est plus traversée à chaque instant et troublée par le lait amené. Le rendement par heure devient notablement plus considérable, et le travail peut s'effectuer sur des laits relativement froids, 12 à 18 degrés; le chauffage préalable devient inutile.

Les deux écrémeuses J. Hignette ont travaillé pendant un quart d'heure; ce temps a paru suffisant aux membres du jury en considération des grandes quantités de lait en expérience.

	LAIT PASSÉ.	CRÈME OBTENUE	
		TOTALE.	EN P. o/o.
Écrémeuse dite AA..................	208k 75	26k 7	12k 8
Écrémeuse dite B....................	98 35	9 25	9 4

Ces deux appareils étaient mis en marche pour la première fois par les constructeurs à cause des retards apportés dans la transmission électrique de la galerie. L'écrémage a été parfait et le travail absolument irréprochable.

Le lendemain, 18 juillet, le jury avait à examiner l'écrémeuse à bras des mêmes constructeurs; dans cette machine, comme dans les grandes, une disposition nouvelle et ingénieuse permet de changer le p. o/o de crème extrait, et cela pendant la marche et à volonté.

Cette écrémeuse à bras avait été montée à la hâte et dans des conditions assez défavorables, indépendantes du pouvoir des constructeurs; néanmoins le travail a été assez satisfaisant, et il était facile de prévoir qu'il aurait été excellent dans les conditions habituelles normales.

On a fait passer du lait à deux reprises différentes et chaque fois pendant 6 minutes; on a obtenu :

LAIT PASSÉ.	CRÈME OBTENUE	
	TOTALE.	EN P. o/o.
33k 510	3k 14	9k 3

Le jury s'est ensuite transporté à l'exposition Pilter pour examiner d'autres appareils présentés au concours; c'étaient tout d'abord les barattes qui devaient travailler la crème fournie par les centrifuges.

M. Pilter présentait une baratte danoise mue directement par la vapeur. Le moteur est une petite turbine ou plutôt un tourniquet à réaction analogue à celui qui fait tourner l'écrémeuse; mais, dans la baratte, le mouvement doit être relativement lent, et l'on se trouve obligé de ralentir la vitesse au moyen d'un engrenage et d'une vis sans fin. Malgré cet inconvénient, la baratte à vapeur peut être utilement adoptée dans des cas spéciaux, par exemple si l'on ne dispose que d'un local restreint ou si l'on doit éviter l'établissement d'un moteur et d'une transmission.

La baratte Baquet, fonctionnant dans la même exposition, est d'invention récente; elle consiste en un tronc de cône analogue à celui de la baratte danoise, mais dont l'axe de figure est incliné à 45 degrés. Ce tonneau ainsi incliné repose et roule sur des galets, et, par le moyen d'une paire d'engrenages, on peut le faire tourner autour de son axe.

Cette baratte est donc en quelque sorte une baratte danoise simplifiée, elle ne contient plus de batteur, et l'agitation se fait par la rotation seule et le choc contre des pièces de bois fixées au tonneau; elle présente aussi les avantages de la baratte normande dans laquelle le beurre peut se faire à l'abri du contact de l'air avec l'avantage précieux du contrôle facile et constant de l'opération.

L'idée est ingénieuse, l'appareil bien établi et les manœuvres faciles; cette baratte devra être adoptée dans un avenir prochain par les industriels laitiers. M. Pilter a montré ensuite la série des opérations à faire subir au beurre; la délaiteuse centrifuge, qu'il a créée il y a quelques années déjà, a fonctionné de la manière la plus satisfaisante, puis le beurre a été passé au malaxeur et finalement mis en mottes ou en pains par les appareils à mouler déjà connus, appareils qui fournissent des lots de poids remarquablement réguliers.

La laiterie de M. Pilter est, comme on le voit, complète, et l'on peut y suivre toutes les phases de la fabrication par le système danois.

La *London and Provincial Dairy Company* présentait également une laiterie toute montée; cette exposition comprenait en outre ses appareils pour la fabrication du fromage Cheddar, dont la disposition se rapproche un peu de celle de M. Douillard.

Nous ne parlerons pas, comme sortant un peu de notre sujet, de la curieuse machine à glace disposée pour le refroidissement des laiteries, mais nous devons mentionner une baratte d'expérience qui a semblé présenter des avantages réels pour les essais.

Cette baratte consiste simplement en un vase cylindrique en verre dont la capacité est variable suivant la demande. Ce pot de verre est bouché hermétiquement par un disque métallique comprimant, à l'aide d'une vis, une rondelle de caoutchouc interposée.

On communique au vase un mouvement de rotation au moyen d'une manivelle mue directement à la main. L'axe est horizontal et perpendiculaire à l'axe du vase, de sorte que l'agitation est très énergique quoiqu'il n'y ait dans la baratte aucun organe mobile; c'est aussi le système de la baratte Victoria.

Cette petite baratte peut être très utile pour des essais pratiques; on peut baratter une petite quantité des échantillons de beurre ou de crème à essayer et peser le beurre obtenu.

L'exposition Watt constitue un ensemble des plus remarquables, et le fonctionnement de tous les nombreux appareils exposés a été entièrement satisfaisant.

Le jury devait examiner ensuite l'exposition de M. J. Hignette. Cet ingénieur, toujours récompensé dans les concours, fait lui-même partie d'un jury, et, par conséquent, l'examen des appareils construits par lui ne pouvait pas, d'après le règlement, conduire à lui accorder de nouvelles récompenses; cependant on tenait à voir plusieurs des nouvelles dispositions ou des perfectionnements récemment apportés par cet habile ingénieur dans les appareils de sa fabrication.

Il présentait un échangeur de température système Hignette et Collet; ce refroidisseur ou réchauffeur se compose d'une série de tubes concentriques dans lesquels on fait circuler simultanément et en sens inverse le lait et les liquides très chauds ou très froids. L'appareil ainsi disposé présente l'avantage capital d'opérer sur du lait conservé à l'abri du contact de l'air et par conséquent d'éviter ce désastreux ensemencement en germes de maladie qui se produit avec les réfrigérants usuels. M. J. Hignette possède également un appareil à succion pour le séchage rapide des fromages; on parvient en aspirant le petit lait interposé à sécher assez rapidement le caillé pour que l'on puisse se passer des moules et économiser par conséquent une notable dépense d'installation et les grands frais de nettoyage des moules ordinairement employés. Malheureusement ces appareils destinés à la très grande industrie laitière n'auraient pu fonctionner devant le jury d'une manière suffisamment prolongée; on s'est contenté d'en constater la bonne construction.

MM. Simon et fils, de Cherbourg, présentaient un malaxeur pour beurres, construit à peu près sur le type des malaxeurs des briqueteries ou des bétons; les beurres ont paru parfaitement mélangés. La machine tient peu de place et prend moins de force que les malaxeurs rotatifs à axe vertical, mais c'est plutôt un appareil destiné à opérer le mélange des beurres pour le commerce qu'un malaxeur de laiterie dont le but est de débarrasser seulement le beurre du lait interposé.

Le jury mentionne l'appareil Cauchepin destiné à l'emballage des camemberts et a examiné en outre les bidons de Regnault Renaux et le modèle des appareils de fromagerie d'Itier; ces divers appareils ne concourant pas ne pouvaient recevoir de récompenses.

Après avoir entendu la lecture d'un résumé des opérations et après délibération en séance générale, les membres du jury de la classe 74 proposent d'attribuer les récompenses suivantes pour les appareils spéciaux ayant concouru :

MM. Burmeister et Wain, de Copenhague, représentés par J. Hignette : un objet d'art pour leurs écrémeuses mécaniques à moteur et à bras.

M. de Laval, de Stockolm, représenté par Th. Pilter : une médaille d'or pour ses écrémeuses mécaniques à moteur et à bras.

London and Provincial Dairy C° : une médaille d'or pour la grande écrémeuse Priesth et Pocak.

M. Chapellier, d'Ernée, pour sa baratte polygonale, M. Baquet, de Vesly (Th. Pilter), pour sa baratte à axe incliné : chacun une médaille d'argent.

London and Provincial Dairy C°, pour baratte d'essai : une médaille de bronze.

MM. Simon et fils, pour leur malaxeur vertical : une médaille d'argent.

M. Th. Pilter, pour sa délaiteuse centrifuge : une médaille d'argent.

M. Douillard, pour sa chaudière à fromage et la bonne disposition de la chaudière et de la pompe : une médaille d'argent.

M. Chapellier, d'Ernée, pour son malaxeur rotatif : une médaille d'argent.

ENGRAIS

RAPPORT

PAR

M. A.-CH. GIRARD

CHEF DES TRAVAUX CHIMIQUES À L'INSTITUT NATIONAL AGRONOMIQUE

ENGRAIS.

Les conditions économiques nouvelles qu'impose à l'agriculture européenne la concurrence étrangère ont amené dans l'exploitation du sol des transformations profondes. Un des facteurs principaux de cette transformation, c'est assurément l'introduction des engrais chimiques dans la pratique agricole. Produire beaucoup pour diminuer le prix de revient des récoltes, tel est le principe que s'est imposé notre agriculture.

Aussi longtemps que l'agriculture indigène n'a pas eu à compter avec les produits des contrées privilégiées, elle a pu se contenter de cultiver le sol à la manière de nos pères, c'est-à-dire en pratiquant une restitution plus ou moins parfaite à l'aide du fumier de ferme.

Les agronomes sont venus démontrer que les engrais produits à la ferme n'étaient pas suffisants pour maintenir celle-ci dans son état de fertilité première et surtout pour accroître cette fertilité. Si, jusqu'à ces dernières années, l'usage des engrais commerciaux, adoptés par les agriculteurs d'avant-garde, n'avait pas encore pénétré dans la moyenne et la petite culture, c'est que l'enseignement agricole n'avait pas encore diffusé les connaissances que les travaux des savants avaient acquises définitivement à la pratique agricole. Parmi ces travaux, ceux qui ont le plus contribué à préciser l'emploi rationnel des engrais chimiques, se placent en première ligne ceux des de Gasparin, Risler, Muntz, relatifs à l'analyse des terres arables. L'engrais en effet, comme l'a dit Chevreul, est le complément du sol.

Aujourd'hui où nos connaissances sur la constitution du sol et sur l'alimentation des plantes sont positivement établies, nous assistons à un développement merveilleux de l'industrie des engrais. Notre continent s'est épuisé par une culture séculaire; pour y ramener la fécondité, on fait appel au sous-sol, on fouille les entrailles de la terre, pour en extraire et ramener à sa surface les principes fertilisants; on retire à la mer les produits que les fleuves y déversent; on envoie des navires chercher dans des pays lointains les matières fertilisantes dont ils contiennent d'abondants gisements.

Il y a peu d'années encore, le commerce des engrais comptait un grand nombre de maisons peu scrupuleuses qui exploitaient la bonne foi et l'ignorance des cultivateurs. Aujourd'hui, moralisé par l'active intervention des stations agronomiques, secondé par une législation plus sévère, il tend à se centraliser entre les mains d'industriels intelligents et instruits qui cherchent dans l'exécution loyale de leurs garanties le succès de leur entreprise; parmi eux nous devons citer MM. Dior frères, à Saint-Nicolas, MM. Joulie et Lagache, à Paris et Bordeaux, dont les maisons étaient hors concours.

Les divers engrais que le commerce fournit à l'agriculture peuvent être classés dans les catégories suivantes :

I. Les *engrais azotés* comprenant :

Les nitrates;
Les sels ammoniacaux;
Les débris animaux.

II. Les *engrais phosphatés* comprenant :

Les phosphates d'os;
Les phosphates minéraux;
Les scories de déphosphoration;
Les produits phosphatés ayant subi des traitements chimiques.

III. Les *engrais potassiques* comprenant :

Les différents sels potassiques extraits de l'eau de mer, des cendres végétales ou des gisements salins.

IV. Les *engrais calcaires* comprenant :

La chaux;
La marne;
Les calcaires marins.

V. Les *engrais divers* comprenant :

Le plâtre;
Les sels de magnésie;
Les sels de fer.

VI. Les *engrais composés.*

C'est en suivant cet ordre que nous allons passer en revue les produits les plus remarquables présentés à l'Exposition universelle.

I. ENGRAIS AZOTÉS.

Le manque d'azote est la cause la plus fréquente de l'infertilité du sol; cet élément, en effet, que la nature ne fournit au sol et aux récoltes qu'en proportion toujours insuffisante, est par contre exporté en grande quantité par les produits vendus et enlevé par les eaux qui traversent le sol. Si l'on excepte des terres tout à fait privilégiées et des cultures telles que les légumineuses, il est rare que l'apport de ce principe ne détermine pas une augmentation de rendement. Aussi voyons-nous l'emploi des engrais azotés se répandre de plus en plus et l'industrie faire des efforts nombreux pour mettre à la disposition de l'agriculture l'azote qui existe à l'état d'accumulation, tel que celui des nitrates et des guanos, l'azote dégagé dans certaines fabrications, tel que l'azote ammoniacal, ou enfin l'azote des matières animales.

Les engrais azotés peuvent se grouper en trois classes : 1° engrais à azote nitrique· 2° engrais à azote ammoniacal; 3° engrais à azote organique.

Engrais à azote nitrique. — Le type de cette classe c'est le *nitrate de soude,* qui existe en gisements considérables, surtout dans la province de Tarapaca au Pérou. C'est un des engrais les plus communément employés, et son importation toujours croissante a pris dans ces dernières années une importance énorme. Le nitrate de soude n'est pas un produit de fabrication; c'est un produit naturel qui constitue simplement un objet de commerce. L'industrie des engrais en Europe se contente de le revendre aux agriculteurs ou bien s'en sert comme matière première, entrant dans la composition de la plupart des mélanges. L'exhibition que nos fabricants auraient pu faire de ce produit n'offre aucun intérêt industriel; aussi, quelque considérable que soit l'importance de cette source d'engrais azotés, n'avons-nous pas à y insister ici.

Il en est autrement des *nitrates de potasse,* qui constituent une industrie spéciale, puisque ce sel n'est pas seulement fourni par les produits naturels des Indes, mais encore par la double décomposition du nitrate de soude et aussi par le traitement des eaux d'osmose de nos sucreries. Nous regrettons qu'aucun produit de cette intéressante industrie, qui tend à récupérer l'azote et la potasse extraits du sol par la betterave, n'ait été soumis à notre examen. Ce regret est, il est vrai, tempéré par cette considération que le nitrate de potasse, recherché par l'industrie et notamment par la fabrication de la poudre, est d'un prix actuellement trop élevé pour que l'on puisse conseiller son emploi aux agriculteurs.

Engrais à azote ammoniacal. — En étudiant cette seconde catégorie d'engrais azotés, nous sommes heureux de constater les efforts tentés par les fabricants pour arriver à fixer au profit de nos récoltes et à concentrer sous la forme d'un sel facile à transporter et à utiliser les torrents d'ammoniaque que dégagent dans l'atmosphère les eaux-vannes des dépotoirs et la distillation en vase clos de la houille et des matières animales.

Les matières premières de la fabrication du sulfate d'ammoniaque sont actuellement : 1° les eaux-vannes, c'est-à-dire les liquides qui surnagent dans les dépotoirs où sont déversées les matières de vidange; 2° les eaux ammoniacales provenant de la fabrication du gaz d'éclairage; 3° les eaux de condensation provenant de la distillation en vases clos des substances riches en azote, telles que les eaux.

Extraction de l'ammoniaque des eaux-vannes et des matières de vidange. — Pendant très longtemps les eaux-vannes des dépotoirs étaient écoulées dans les fleuves; ce n'est que vers 1856 ou 1860 qu'on commença en France à les distiller pour en retirer l'ammoniaque. Ces liquides contiennent en effet 2 à 3 kilogrammes, par mètre cube, d'azote ammoniacal, à l'état de carbonate et de sulfhydrate, provenant de la fermentation des matières azotées et principalement de l'urée.

L'exploitation de ces eaux-vannes dans toutes les villes de France produirait des quantités énormes d'ammoniaque; malheureusement pour l'agriculture, aussi bien que pour l'hygiène publique, l'extraction est loin d'être complète, et le nombre des usines qui fabriquent le sulfate d'ammoniaque à l'aide des matières de vidange est encore très restreint. Une des plus anciennes est celle de M. Ternois, à Saint-Denis, qui décrit ainsi sa manière d'opérer :

« Toutes les matières de vidange préalablement désinfectées sont transportées au dépôt.

« Cet enclos de 45,000 mètres carrés environ, entouré de plantations d'arbres, parsemé de massifs, est d'un aspect très luxuriant et parfaitement aménagé.

« Les vidanges sont reçues dans de grands bassins et, après décantation, les liquides ou eaux-vannes sont envoyés à l'usine par des conduites souterraines pour être transformés en sulfate d'ammoniaque ou eaux ammoniacales, pendant que les matières solides sont transformées en poudrette par le séchage et emmagasinées sous des hangars dont la superficie totale est de 3,100 mètres.

« L'usine a été construite vers 1879 et tout a été étudié pour que son installation ne laissât rien à désirer.

« Quatre générateurs furent construits :

2 du système Farcot ayant une surface de chauffe de	52^{m^2}
1 générateur Babcox-Wilcox	57
1 générateur Roser multi-tubulaire	150
Surface de chauffe totale	259^{m^2}

« Ces générateurs fonctionnent successivement et fournissent la vapeur nécessaire à la machine et aux colonnes montées pour l'évaporation des eaux-vannes.

« Les eaux ammoniacales obtenues sont placées dans des fûts et livrées au commerce.

« Le sulfate d'ammoniaque produit, après avoir été retiré des bacs et placé sur le séchoir disposé à cet effet, est emmagasiné ou mis en sacs pour être livré ensuite à la consommation.

« L'évaporation journalière des trois colonnes est environ de 150 mètres cubes d'eaux-vannes, produisant 1,800 à 2,000 kilogrammes de sulfate d'ammoniaque.

« La consommation du charbon est de 3,600 kilogrammes par jour, celle de l'acide sulfurique est de 1,100 kilogrammes et 1,500 kilogrammes de chaux sont employés journellement pour faciliter le dégagement des gaz ammoniacaux dans les colonnes.

« Toutes les eaux épuisées, après avoir traversé les colonnes ayant une température élevée, sont d'abord utilisées à réchauffer les eaux-vannes avant leur entrée dans les colonnes; elles sont ensuite employées au séchage du sulfate d'ammoniaque.

« La chaux après avoir servi au traitement des eaux-vannes, se trouvant à l'état de boue, est envoyée dans des filtres-presses, pour en extraire l'eau; les tourteaux obtenus sont livrés comme amendement à la culture. »

Dans cette manière de procéder, la plus usitée, nous voyons que les matières de vidange restent longtemps exposées à l'air libre; il en résulte, d'une part, de grandes déperditions d'ammoniaque, et, d'autre part, une émanation d'odeurs nauséabondes, qui se répandent dans le voisinage; c'est à remédier à ces graves inconvénients qu'on s'est attaché dans ces dernières années.

La commission d'assainissement de la Seine a proposé en 1882, sur le rapport de M. Aimé Girard, de supprimer les dépotoirs et d'appliquer le système de distillation en présence de la chaux aux matières tout venant; ce système, outre les considérations hygiéniques qui militent en sa faveur, offre l'avantage de donner des rendements en sulfate d'ammoniaque plus élevés et d'éviter des déperditions. Les usines Schlœsing frères, de Marseille, sont les premières, croyons-nous, à avoir appliqué ces idées.

C'est pour cette raison qu'il est utile de reproduire *in extenso* le rapport fourni à ce sujet par ces grands industriels :

« Les usines Schlœsing frères ont pour objet principal le traitement industriel des vidanges et leur transformation rapide en matières sèches et désinfectées.

« Ces matières sont ensuites additionnées de substances minérales convenables pour en faire les engrais les plus propres à chaque genre de culture.

« Des traités passés avec tous les entrepreneurs de vidange de la ville assurent un approvisionnement de 100 à 120 mètres cubes de matières par jour.

« Il en est retiré journellement 1,800 à 2,000 kilogrammes de sulfate d'ammoniaque et 8,000 à 10,000 kilogrammes de tourteaux secs dont l'analyse, légèrement variable, est en moyenne la suivante :

Matières organiques et volatiles, non compris l'azote	57
Azote	2
Acide phosphorique	3
Chaux (à l'état de carbonate et de sels organiques)	33
Fer, alumine, magnésie, etc	5
TOTAL	100

« Notre production d'engrais, dont ces tourteaux constituent la base, est d'environ 10 millions de kilogrammes par an.

« Le nombre d'ouvriers employés est, suivant les saisons, de 60 à 100.

« La consommation de charbon, par 24 heures, est de 5,000 kilogrammes.

« La puissance des générateurs de vapeur est de 100 chevaux.

« L'installation des appareils a été terminée au mois de janvier 1881 et la fabrication fonctionne depuis cette époque.

« Le traitement industriel des matières de vidange doit avoir un double but :

« 1° Débarrasser les villes de résidus repoussants et dangereux pour la salubrité publique; rendre les matières liquides et solides inoffensives par la destruction, due à l'emploi de températures suffisamment élevées, des ferments et des germes morbides; désinfecter complètement ces matières en les purgeant des gaz odorants et brûler ces gaz;

« 2° Restituer à l'agriculture, sous la forme d'un produit sec, pulvérulent, à peu près inodore, commode à employer, l'énorme quantité de principes fertilisants contenue dans les matières excrémentielles.

« Au point de vue commercial, le premier de ces services est rétribué par les sommes que payent les propriétaires d'immeubles aux entrepreneurs de vidange; le second par le prix des engrais.

« Le problème, ainsi posé, n'avait été réalisé, avant nous, que très imparfaitement.

« On se contentait de décanter les liquides clairs et de les distiller en présence de la chaux. Les boues, qui forment plus du tiers des matières retirées des fosses, étaient simplement séchées à l'air pour constituer de la poudrette, au prix d'énormes pertes de temps et d'espace, au prix surtout de l'infection complète du voisinage.

« De là le discrédit dans lequel la distillation des vidanges tendait à tomber; de là les plaintes des populations contre les usines à sulfate.

« Dans nos appareils, dus aux travaux de M. Th. Schlœsing (de l'Institut), toutes les matières liquides et solides sont reçues à la fois et distillées en présence de la chaux.

« L'ammoniaque qui s'en dégage est recueillie dans l'acide sulfurique. Les matières traversent, après leur distillation, des réchauffeurs dans lesquels elles transmettent leur chaleur à des liquides neufs. Elles en sortent refroidies et se rendent dans des filtres-presses qui séparent la partie solide sous forme de tourteaux.

« Ainsi, l'ammoniaque préexistante est recueillie à l'état de sulfate, les substances azotées des matières solides et les phosphates se retrouvent dans les tourteaux, en sorte que tous les principes fertilisants, à l'exception de la potasse, sont rendus à l'agriculture.

« Nous avons appliqué, en outre, dans notre usine, un perfectionnement important, dû également à M. Th. Schlœsing. On sait que, dans les appareils Mallet et autres, une grande partie de la vapeur entraînant l'ammoniaque est condensée dans l'acide, l'autre s'échappe dans l'atmosphère.

« Dans notre usine, au contraire, la vapeur, après avoir barboté dans les liquides et s'être chargée d'ammoniaque carbonatée ou caustique, est dépouillée d'alcali en traversant une colonne de coke incessamment imbibée d'acide sulfurique, sans qu'il soit nécessaire de condenser cette vapeur dans des réfrigérants. La vapeur ainsi dépouillée est refoulée par des propulseurs et retourne barboter dans les liquides. Il résulte de là une économie notable dans la dépense du combustible, la force mécanique nécessaire pour le refoulement représentant une consommation de chaleur beaucoup moindre que celle qu'il faudrait pour produire de nouveau la vapeur nécessaire.

« Les matières circulent dans les appareils hermétiquement clos, d'une façon continue, sans aucun arrêt. Les gaz et corps organiques volatils qui se dégagent pendant la distillation sont brûlés dans des gazogènes.

« La planche I donne en plan et en élévation l'ensemble des appareils à distillation et à fabrication du sulfate d'ammoniaque.

« Les vidanges, dépotées dans des hangars hermétiquement clos, sont dirigées par des conduits souterrains dans de grands réservoirs voûtés, où elles séjournent pendant quelques jours. Il se produit une fermentation accompagnée de très faible dégagement de gaz, et l'urée se transforme en carbonate et bicarbonate d'ammoniaque.

« Une pompe à piston plongeur, mue par un câble télodynamique, puise les matières ainsi préparées et les conduit, d'une façon continue, dans les réchauffeurs BBB. Ils se composent de deux cylindres concentriques dans lesquels se meuvent des agitateurs. Les vidanges neuves circulent dans l'enveloppe extérieure et s'y réchauffent à 70 degrés; les liquides traités traversent les enveloppes extérieures et s'y refroidissent jusqu'à 25 degrés environ.

« Suivons maintenant la circulation des liquides chauds sortant des réchauffeurs B.

« Ils sont remontés par la pompe centrifuge P dans une caisse g' où se trouvent des cuillers de distribution, animées d'un mouvement régulier et lent. Elles se remplissent et se vident alternativement en introduisant dans les distillateurs une quantité de vidange mathématiquement dosée. Un tuyau de surverse renvoie dans le dernier réchauffeur l'excès de liquide monté dans la caisse par la pompe p.

«Les vidanges versées par les cuillers circulent à travers une série de onze distillateurs CCCC placés en échelons.

«Les deux premiers servent uniquement au réchauffage à 100 degrés et à l'extraction des gaz sulfhydrique et carbonique. Le mélange de vapeurs et de gaz qui s'en dégage est conduit dans un tuyau vertical D, rempli de coke imbibé d'un liquide acide qui retient l'ammoniaque. Ce tuyau est seulement figuré sur le plan, on ne le voit pas en élévation. Les gaz sont repris par un ventilateur V et conduits dans un gazogène G où toutes les odeurs sont brûlées.

«Les flammes de ce gazogène fournissent la chaleur à une partie des générateurs de vapeur. Ce gazogène est également traversé par d'autres gaz odorants dont nous verrons plus loin la provenance.

«A la sortie des deux premiers distillateurs, les vidanges sont à l'ébullition et dépourvues de gaz. On y ajoute alors un lait de chaux préparé dans les cuves A et monté par la pompe P dans la caisse à cuillère *g*, qui le distribue d'une façon continue et uniforme dans le troisième distillateur.

«Les cuillers *g* et *g'* étant montées sur le même mouvement, on voit que la quantité de chaux est toujours rigoureusement dosée par rapport à la quantité de vidanges passant dans les appareils.

«Les vapeurs qui traversent les distillateurs passent dans les tombe-mousses *c*, se réunissent dans le tuyau *t'*, et vont se dépouiller de leur alcali dans la tour à coke D. Cette tour est construite sur le modèle des tours de Glower, usitées dans les fabriques d'acide sulfurique. Elle est munie, comme elles, d'un tourniquet hydraulique distribuant sur toute la surface du coke un liquide acide absorbant l'ammoniaque, mais ne condensant pas la vapeur d'eau. Celle-ci sort de la tour par le tuyau *t'* et est renvoyée dans les distillateurs au moyen d'injecteurs système Kœrting KKK. La vapeur motrice neuve, qui alimente ces appareils, supplée aux condensations inévitables par les parois des distillateurs et des tours. De plus, la vapeur d'échappement de la machine est introduite dans le circuit pour parer aux pertes continues de vapeur par les deux premiers distillateurs et le tuyau D'. Le circuit est, du reste, constamment purgé des gaz qu'il pourrait contenir, par cette prise de vapeur qui vient barboter dans les premiers distillateurs, et est ensuite rejetée dans le gazogène.

«Les liquides qui sortent de la tour sont constamment repris par la pompe *p* en caoutchouc durci et remontés dans celle-ci tant qu'ils sortent acides au papier de tournesol.

«Lorsqu'ils sont neutres, il suffit d'ouvrir le robinet *r* pour les envoyer dans un bac d'évaporation E, complètement fermé et chauffé par un serpentin.

«Les vapeurs qui s'en dégagent sont réunies aux vapeurs sortant des premiers distillateurs, condensées et brûlées.

«La liqueur de sulfate d'ammoniaque convenablement concentrée vient couler d'une façon continue dans des cristallisoirs F, où elle abandonne le sel par refroidissement;

les eaux mères qui surnagent sont reprises par une pompe et retournent au bac d'évaporation.

« La planche II donne l'ensemble des dispositions prises pour recueillir les matières solides.

« A la sortie des réchauffeurs, les vidanges traitées sont envoyées par le caniveau A dans les bassins de décantation B. Le liquide y circule lentement en abandonnant peu à peu les boues. La surface totale des bassins est de 100 mètres carrés. Ils sont disposés pour décanter méthodiquement. Le liquide tombe, par exemple, dans le bassin 1 et pénètre ensuite dans les bassins 2, 3, 4 et 5; pendant ce temps, on évacue les boues du bassin 6. Puis, le liquide est introduit dans le bassin 2, d'où il circule dans les bassins 3, 4, 5 et 6, pour s'écouler clair à l'égout; pendant ce temps, on évacue les boues du bassin 1 et ainsi de suite.

« Les boues, évacuées des bassins B, pénètrent dans le bac de distribution C d'où on les envoie, par les vannes V, dans un des monte-jus D. Des pompes à air P compriment les boues dans ces monte-jus et les envoient dans le tuyau souterrain T, d'où on peut les envoyer à volonté, au moyen d'un simple robinet, dans un des quatre filtres-presses H.

« Chaque pressée fournit 400 kilogrammes de tourteaux humides contenant environ 40 p. 100 d'eau. Nous faisons, avec les quatre presses, à peu près 40 opérations par vingt-quatre heures.

« Les tourteaux sortant des presses ne conservent qu'une très légère odeur. Ils se sèchent promptement à l'air. En cet état, ils sont broyés, tamisés et enrichis en potasse, acide phosphorique et azote, de façon à former nos différents types d'engrais. »

Puisque nous parlons de l'extraction de l'ammoniaque des matières de vidange, nous devons signaler ici le procédé employé par M. Th. Schlœsing, membre de l'Institut, pour recueillir cette ammoniaque, sans avoir recours à la distillation de ces liquides très dilués.

Si l'on met en contact 1 équivalent d'acide phosphorique ordinaire en solution avec 3 équivalents de magnésie caustique ou hydratée, on obtient un précipité solide de phosphate tribasique de magnésie. Si le sel est à son tour mis en présence d'une solution de carbonate d'ammoniaque, il se formera du carbonate de magnésie et du phosphate ammoniaco-magnésien. C'est là un moyen extrêmement simple et pratique de retirer l'azote des liquides qui le renferment, et de le mettre immédiatement sous une forme parfaitement appropriée aux demandes de l'agriculture.

Cette transformation de la fabrication du sulfate d'ammoniaque en fabrication de phosphate ammoniaco-magnésien a une haute portée économique.

Les usines Schlœsing, de Marseille, marchent vers la solution de cet important problème, en inaugurant la fabrication économique de la magnésie, suivant des procédés que nous décrivons plus loin.

IMPRIMERIE NATIONALE

Extraction de l'ammoniaque des eaux de condensation des fabriques de noir animal. — Tous les produits animaux distillés en vases clos dégagent de l'ammoniaque; c'était par ce procédé qu'à la fin du siècle dernier on produisait des sels ammoniacaux. Si, à cause de la faible différence entre le prix de l'azote ammoniacal et de l'azote organique, il n'y a plus avantage à traiter directement les matières organiques azotées, du moins on ne saurait trop encourager les efforts faits par les industriels pour récupérer l'azote ammoniacal dégagé dans certaines opérations dont le type nous est fourni par la fabrication des noirs de raffinerie.

De beaux échantillons de sulfate d'ammoniaque ainsi produits ont été fournis, notamment par la maison Tancrède et par la maison Pilon frères et Buffet, de Nantes; cette dernière expose ainsi sa manière d'opérer :

« Jusqu'en 1867, toutes les tentatives faites pour recueillir et utiliser l'azote des os soumis à la carbonisation pour leur transformation en *noir animal* avaient échoué, et faute d'un appareil pratique, fournissant qualité et rendement, aucun fabricant de noir animal ne pouvait encore à cette époque recueillir et condenser les gaz ammoniacaux de sa fabrication.

« C'est alors que nous prîmes nos premiers brevets et que nous fîmes construire dans ce but des appareils d'essai qui furent modifiés et perfectionnés jusqu'au type breveté en 1876, auquel nous nous arrêtions, puisque, entre autres avantages, il nous permettait de recueillir en sulfate d'ammoniaque jusqu'à 11 p. 100 du poids du noir obtenu.

« Nos usines purent alors produire environ 500,000 kilogrammes de sulfate d'ammoniaque et restituer ainsi annuellement à l'agriculture 100,000 kilogrammes d'azote.

« A la même époque, nous cherchions la réalisation d'un progrès du même ordre et, par des créations et des modifications successives de matériel, nous parvenions à rendre la granulation des *os crus* aussi facile et plus avantageuse que celle des *os carbonisés*. Nous pouvions dès lors ne transformer en noir animal que la partie des os susceptible d'être utilisée avec profit par la raffinerie et la sucrerie et obtenir comme produits secondaires, au lieu des *noirs fins*, de plus en plus délaissés par ces deux industries et sans autre valeur agricole que leur phosphate de chaux, des poudres d'*os crus* contenant, outre le phosphate de chaux, 4.50 p. 100 d'azote renfermé dans les 45 p. 100 de matière organique des os.

« Si l'on veut apprécier les avantages que l'agriculture a pu tirer de la substitution aux anciens procédés de fabrication du noir animal des deux nouveaux procédés ci-dessus, on aura en chiffres les résultats suivants :

« Par *distillation* des os nous avons produit depuis vingt ans 10 millions de kilogrammes de sulfate d'ammoniaque, soit 2 millions de kilogrammes d'azote;

« Par *production de poudre d'os* substituée à celle du noir fin, nous avons préservé de la destruction 13,500,000 kilogrammes de matière organique renfermant 1,300,000 kilogrammes d'azote.

« C'est donc par 3,350,000 kilogrammes d'azote, quantité suffisante pour plus de 55,000 hectares de froment, que se chiffre, pour nos seules usines, l'épargne en azote que nous avons pu mettre à la disposition du sol à titre de restitution de celui qu'il avait fourni pour la constitution des animaux dont les os sont venus alimenter nos usines, et comme nos procédés ou des procédés analogues ont été successivement mis en pratique par la majeure partie de nos confrères, le chiffre ci-dessus ne représente plus qu'une partie des restitutions dont profite l'agriculture. »

Extraction de l'ammoniaque des eaux de condensation du gaz. — Mais une source autrement importante d'ammoniaque existe dans les produits de distillation de la houille. Ce combustible contient environ 1 p. 100 d'azote; sa consommation pour l'Europe et les États-Unis dépasse 200 millions de tonnes correspondant à plus de 20 millions de quintaux d'ammoniaque. Si des procédés simples et économiques permettaient de recueillir toute cette ammoniaque que les foyers industriels lancent dans l'atmosphère, l'agriculture aurait à profusion l'engrais azoté qui lui est si nécessaire. Espérons que ce beau problème sera un jour résolu industriellement.

Pour le moment, on se borne à recueillir et à récupérer l'ammoniaque qui se dégage dans les combustions en vases clos, dont le type est offert par la préparation du gaz d'éclairage. Pour fixer les idées sur l'importance de la fabrication du sulfate d'ammoniaque par les eaux du gaz, disons seulement que la Compagnie parisienne distille annuellement environ 1 million de tonnes de houille qui donnent 140,000 mètres cubes d'eaux ammoniacales, dont on retire 8,000 tonnes de sulfate d'ammoniaque.

Malheureusement cette récupération est loin d'être complète; les petites usines à gaz n'ont pas encore d'installations qui permettent la distillation des eaux d'épuration et laissent perdre les liquides ammoniacaux.

Les sulfates d'ammoniaque figurent comme matière première dans les expositions de presque tous les fabricants d'engrais; les sels qui sortent de nos usines françaises ne laissent rien à désirer et ne présentent jamais certains défauts de fabrication qu'on observe souvent dans les produits d'origine étrangère.

Nous ne nous étendrons pas ici sur la partie mécanique ni sur les appareils relatifs à la fabrication du sulfate d'ammoniaque, tels que ceux par exemple de M. Chevalet qui ont du reste été exposés à la classe 51; nous signalerons cependant une heureuse tentative de cet ingénieur; il concentre les eaux ammoniacales jusqu'à avoir une richesse de 19 à 20 p. 100 d'ammoniaque, puis il fait absorber ces eaux ammoniacales par des superphosphates, il obtient ainsi un superphosphate azoté :

« En mélangeant des superphosphates de chaux avec de l'ammoniaque, on a saturé les acides libres du superphosphate, on a fait dans le mélange du sulfate d'ammoniaque et du phosphate d'ammoniaque, et on a précipité l'acide phosphorique qui était soluble dans l'eau par l'ammoniaque, en produisant un phosphate précipité ou bibasique, comme disent les chimistes. Par cette opération on a donc fait du sulfate d'ammoniaque et même du phosphate d'ammoniaque, et cela sans bassines en plomb, sans séchage, sans touries d'acide; seulement on a fait rétrograder ou rendu insoluble le superphosphate.

« L'avantage du fabricant d'engrais qui emploiera ce procédé, c'est qu'il achètera de l'acide sulfurique beaucoup moins cher que celui qui est mis dans les touries : en effet, les fabricants de superphosphates ne comptent guère l'acide à 52 degrés qu'à 3 fr. 25 les 100 kilogrammes, qu'ils mettent dans les superphosphates ; il n'y a pas d'emballages brûlés, de touries cassées, il n'y a pour eux qu'à tirer l'acide à la chambre et à le mettre dans le phosphate. On peut donc considérer le superphosphate comme un absorbant, comme par exemple, dans la dynamite, l'absorbant est une terre d'infusoire. »

Engrais à azote organique. — Plus que jamais nous voyons l'industrie porter ses efforts vers la transformation en engrais de tous les déchets animaux, autrefois perdus ou mal utilisés.

En étudiant la constitution des tissus animaux, nous voyons qu'ils sont formés presque exclusivement de matières azotées et de phosphate de chaux, c'est-à-dire de deux éléments fertilisants par excellence.

Les animaux pendant leur vie concentrent dans leur corps l'azote et l'acide phosphorique qui existent dans de grandes masses végétales; après leur mort ils restituent ces éléments qui seront de nouveau utilisés par les végétaux. De même qu'il a fallu une nourriture végétale abondante pour fournir l'azote et l'acide phosphorique nécessaires à la formation du corps de l'animal, de même celui-ci, restituant ce qu'il avait concentré, peut servir d'aliment à une grande masse végétale.

Les principaux éléments fertilisants des cadavres des animaux, l'azote et l'acide phosphorique, ne sont pas répartis uniformément dans leur organisme. La chair, le sang, les issues, la peau, les poils et tous les tissus charnus sont formés principalement de matière azotée; ce sont eux qui ont condensé l'azote; on n'y rencontre que de petites quantités d'acide phosphorique. Le contraire existe pour les tissus osseux qui sont extrêmement riches en phosphate de chaux et dans lesquels la matière azotée est moins abondante. Les premiers sont donc essentiellement des engrais azotés, les seconds des engrais phosphatés.

Les tissus charnus servent en général à l'alimentation; mais il est des conditions dans lesquelles ils ne peuvent pas être employés à cet usage; il y a aussi des parties des animaux qui n'entrent pas dans la consommation. Tout ce qui n'est pas utilisé comme nourriture doit l'être comme matière fertilisante.

Lorsque ces débris animaux s'accumulent en grandes masses, dans les abattoirs par exemple, ou dans diverses industries, au lieu d'en faire un engrais peu concentré comme les composts, on a tout intérêt à les transformer en engrais riches pouvant supporter le transport à une certaine distance.

Ordinairement ces produits contiennent de notables quantités d'eau; la dessiccation suffit pour les concentrer; d'autres fois, ils sont en masse plus ou moins dure et il est nécessaire de les diviser mécaniquement; souvent enfin, pour activer leur décomposition, on les traite par des procédés chimiques. Suivant la nature de ces produits, les modes de fabrication sont différents.

Dans les animaux de boucherie, les muscles proprement dits et certains viscères entrent dans l'alimentation; le sang, les tissus cornés, la peau, les os et divers déchets restent disponibles pour l'industrie et pour l'agriculture.

Le sang n'est utilisé que dans une mesure restreinte par l'industrie, qui l'emploie pour la clarification des liquides et pour la préparation de l'albumine; il n'entre que pour une faible proportion dans l'alimentation de l'homme et des animaux. La plus grande partie est transformée en sang desséché et livrée à l'agriculture. Les matières cornées servent pour la confection de divers ustensiles et les débris de l'industrie qui traite ces matières retournent à l'agriculture; une autre partie est transformée directement en engrais.

La peau est employée pour faire des cuirs, mais les résidus laissés pendant le cours de cette fabrication, poils, rognures diverses, retournent au sol ainsi que les vieux cuirs hors d'usage. La laine, travaillée pour la confection des tissus, laisse à l'agriculture des déchets de fabrication; les vieux chiffons eux-mêmes sont utilisés.

Les os sont pris également par l'industrie qui s'en sert principalement pour la fabrication du noir animal destiné à la décoloration des jus sucrés et qui n'est pas perdu pour l'agriculture, puisque les noirs qui sont hors d'usage sont employés comme engrais. Les os servent aussi à l'extraction de la gélatine; l'azote en est ainsi enlevé et les os dégélatinés, qui ne contiennent presque plus que des phosphates, retournent seuls à la culture.

Souvent encore les os avec l'azote qu'ils renferment vont directement aux fabriques d'engrais. Enfin, quoique la chair proprement dite soit le plus souvent consommée, une notable partie est transformée en viande desséchée, qu'elle provienne soit de débris non utilisables, soit d'animaux morts de maladie ou non comestibles; une partie des viscères se range dans cette dernière catégorie.

L'agriculture profite donc dans une large mesure des matières animales qui n'ont pas une utilisation dans l'alimentation ou l'industrie.

Il existe en outre de vastes pays où la valeur de la viande comme aliment est très inférieure par suite de l'absence de population, et où souvent on trouve intérêt à transformer en engrais la totalité des animaux abattus. Ces circonstances se réalisent dans certaines contrées de l'Amérique où de nombreux troupeaux concentrent dans leurs tissus les matières fertilisantes disséminées sur de larges surfaces et où la population humaine est impuissante à consommer toute la matière animale produite. La valeur des animaux y est extrêmement minime et la préparation des engrais peut se faire à défaut de l'utilisation pour la nourriture.

Ces engrais, réduits par la dessiccation à un très haut degré de concentration, sont facilement expédiés à de grandes distances.

Mais ce n'est pas seulement des animaux terrestres qu'on a pu tirer parti: les poissons qu'on prend en si grande abondance sur le littoral de certains pays nous fournissent également un engrais riche en azote et en acide phosphorique. Tantôt les engrais de poissons sont fournis par la totalité du corps de l'animal, la production de l'engrais étant le but principal de la pêche; tantôt leur fabrication est une industrie accessoire à celle de la préparation des produits alimentaires; ce sont alors les parties non comestibles qui sont seules utilisées pour cet usage.

La composition de la chair des poissons et celle de leurs tissus osseux se rapprochent beaucoup de la composition des tissus correspondants de mammifères. Cependant la chair, généralement un peu plus pauvre en azote, est plus riche en phosphate.

L'utilisation des animaux marins constitue une véritable exploitation de la mer au profit des continents qui s'enrichissent ainsi des éléments que l'animal avait puisés dans son alimentation marine.

Enfin nous trouvons une source importante de matières fertilisantes dans les guanos, engrais puissant déposé en certains lieux par les oiseaux marins. Ceux-ci vont chercher dans la mer une nourriture animale très riche en azote et en acide phosphorique et concentrent ces deux éléments dans leurs déjections, qui, accumulées et mêlées à leurs cadavres mêmes, constituent dans les régions équatoriales d'immenses gisements, dont l'agriculture européenne tire un large profit.

Nous passerons en revue les diverses matières animales que nous venons d'énumérer:

Sang. — Parmi ces déchets animaux, le sang occupe une place très importante; on peut estimer par exemple que l'abattoir de la Villette déverse annuellement plus de 8 à 10 millions de kilogrammes de sang, représentant environ 250,000 kilogrammes d'azote, 3,500 kilogrammes d'acide phosphorique et 5,000 kilogrammes de potasse. De nombreuses et importantes maisons ont créé des usines qui traitent ce sang et l'amènent, par une série d'opérations, sous une forme très concentrée et transportable.

L'une d'elles par exemple, la maison Bourgeois jeune, d'Ivry, livre à la culture 3 millions de kilogrammes de sang desséché, dosant 11 à 12 p. 100 d'azote. Elle recueille le sang, non seulement dans les abattoirs de Paris, mais dans ceux de quarante villes de France; de ce sang recueilli on retire plusieurs produits, par exemple, le sang dit *cristallisé,* utilisé par les raffineries de sucre, l'albumine pour impression sur étoffe, la poudre clarifiante.

La manipulation de ces grandes quantités de sang n'est pas sans danger pour l'hygiène publique; les procédés employés pour la coagulation, la dessiccation et la mouture paraissent aujourd'hui assez satisfaisants pour écarter tout danger; on obtient du même coup un engrais très riche et on débarrasse les villes d'un produit encombrant et malsain.

La manipulation du sang produisant des dégagements d'odeurs fétides, l'administration impose aux fabricants des grandes villes l'emploi du sulfate de protoxyde de fer, obtenu par le mélange du sulfate de fer, de l'acide sulfurique et du nitrate de soude. On est ainsi conduit à une coagulation rapide et à une désinfection complète; la dessiccation s'opère par pression, puis par étuvage.

Viande et chair. — Généralement les industriels qui traitent le sang des abattoirs traitent également les viandes d'équarrissage dont les chevaux fournissent le contingent le plus important. On sépare les pieds, les crins et les cuirs des cadavres, puis les chairs sont soumises à la cuisson par la vapeur; les graisses qui surnagent sont utilisées par les savonneries; les os sont séparés des viandes; ces dernières sont séchées dans des étuves et réduites en poudres plus ou moins fines, qui contiennent de 9 à 11 p. 100 d'azote avec des proportions très variables d'acide phosphorique (1 à 10 p. 100); l'examen de ces produits nous montre que la graisse, dont la présence retarde la décomposition de l'engrais, est dans presque tous les cas parfaitement éliminée.

Cette fabrication de viande desséchée prend dans certains pays une importance considérable, là, par exemple, où les animaux ont une valeur extrêmement minime; c'est ainsi que l'Amérique du Sud expédie en Europe de grandes quantités de résidus de chairs desséchées provenant de la fabrication de l'extrait Liebig et connus sous le nom de *guano de Fray-Bentos*. La maison Armour et Cie, de Chicago, expose dans la section des États-Unis d'Amérique des échantillons très intéressants d'engrais animaux; cette maison est la plus importante qui existe pour l'abatage des bœufs, porcs, etc.; elle emploie les résidus de ces abatages, os, cornes, viandes desséchées, etc., à faire des engrais en poudre d'excellente qualité.

Cette industrie, si importante aux environs des grandes villes et des grands centres de consommation, doit aussi trouver sa place dans les petites villes de province, et l'on ne saurait trop encourager les industriels modestes qui cherchent à tirer parti, au profit de l'agriculture, de tous ces résidus que l'on voit le plus souvent dispersés dans les fleuves au grand détriment de la salubrité des villes. Aussi a-t-on voulu attribuer des récompenses aux fabricants qui se sont établis dans ce but, tels que MM. Merlin à Sens, Martin à Perpignan, Hyvert à Carcassonne, Durand à Béziers, etc.

Déchets divers. — Ce n'est pas seulement le sang et les résidus d'équarrissage qu'on cherche à transformer en engrais; ce sont encore des débris d'origine animale, ayant déjà été utilisés, tels, par exemple, que les déchets de cuir, les déchets de laine, plumes, poils, crins, cornes, bourres, etc.; quelquefois ces produits sont traités séparément et désagrégés par la vapeur surchauffée ou par la torréfaction et fournissent les cornes et les cuirs torréfiés; d'autres fois le mélange en est réuni et traité par les mêmes procédés pour fournir un produit connu sous le nom de *matières animales désagrégées*.

Pour montrer jusqu'à quel point l'on pousse l'utilisation des déchets accumulés dans les villes, citons ce fait curieux qu'une importante maison (Delaunay et Cie) fait entrer dans sa fabrication les vêtements recueillis à la Morgue. Nous reproduisons ici les détails relatifs à l'installation de cette usine qui peut servir de type pour le traitement des déchets animaux divers :

« Le but principal de la maison Delaunay et Cie, dont le siège est à Paris, 14, quai d'Orléans, est le traitement des détritus animaux et végétaux, pour la fabrication des engrais azotés et l'utilisation aussi complète que possible des déchets de cette fabrication.

« Les matières premières arrivant à l'usine sous des formes différentes, qui imposent des procédés opératoires distincts, ont été classées en deux grandes catégories générales : 1° les détritus de forme résistante, tels que cornes, ergots, déchets de fabrication d'articles en os, cuirs provenant des tanneries, des articles de cordonnerie ou apportés sous forme de vieilles chaussures, etc., 2° les débris de tissus ou de matières textiles, tels que chiffons de laine pure ou de laine et de coton, bourres, poils, feutres, etc.

« Avant d'indiquer le travail général qu'ont à subir les matières de la première série, notons un travail qui donnera une idée des précautions prises, dans l'usine dont nous parlons, pour tirer parti de tous les déchets, afin de diminuer d'autant, au profit de l'agriculture, le prix de revient des produits fabriqués.

« Les vieilles chaussures, avant d'être soumises à la suite des opérations qui les transformeront en engrais organiques, sont soigneusement examinées.

« Les contreforts, s'ils se trouvent en état de conservation suffisante, sont mis de côté, classés par pointures, séparés par douzaines, aussi bien que les semelles, qu'on recoupe généralement à l'emporte-pièce, pour supprimer les parties détériorées par la couture ou par les chevilles, et le tout est conservé en magasin pour être livré aux fabricants de chaussures à bon marché.

« Ce sont, du reste, d'excellentes matières premières, à qui l'usage même a donné de grandes qualités de souplesse, et dont la ténacité est infiniment supérieure à celle des cartons et autres matières dont on fourre trop souvent les semelles neuves.

« Toutes les parties utilisables à un titre quelconque : clous, œillets, boutons, etc., sont également mises à part.

« Il en est de même du caoutchouc, après qu'une opération spéciale l'a débarrassé des fils de coton dont il est généralement enveloppé, et des doublures en étoffe de coton, qui sont réservées à la fabrication du papier.

« Quand les matières de la première série ont subi ce triage, elles sont chargées sur des wagonnets à jour et, après avoir été pesées, sont transportées, par les voies ferrées qui sillonnent toute l'usine, dans deux énormes cylindres métalliques de 1 m. 75

de diamètre à la base et de 6 mètres de longueur, où elles sont torréfiées par la vapeur, avec dégagement d'acide sulfhydrique.

« L'eau provenant de la condensation de la vapeur est saisie par un monte-jus qui la transporte dans des bassins où elle est purifiée avant d'être rejetée à la Seine, tandis que les gaz sont brûlés intégralement dans des foyers spéciaux.

« Après avoir subi cette première préparation, les matières sont extraites des wagonnets, placées dans d'autres wagonnets munis de châssis et introduites dans deux tunnels où des ventilateurs puissants projettent des courants d'air chaud.

« Le plus grand de ces appareils ne fournit pas moins de 10 mètres cubes d'air par seconde.

« Les gaz qui se développent en grande quantité dans les tunnels sont soigneusement brûlés à leur sortie, toujours pour obéir à cette préoccupation hygiénique que nous avons signalée déjà.

« Quand les opérations précédentes n'ont pas donné aux produits le degré voulu de siccité, on achève de les dessécher dans quatre tourailles spéciales, et l'on peut ensuite les soumettre à une dernière opération, celle du broyage.

« Aux broyeurs employés dans l'usine, sont annexés des sasseurs munis de toiles métalliques qui donnent la matière à divers états de division et en séparent les fragments qui ont résisté aux opérations précédentes, notamment les clous, qui sont encore mis à part.

« Les matières de la deuxième catégorie : chiffons de laine, de laine et coton, feutres, poils, etc., sont introduites dans deux cylindres tournants, d'où la matière animale, après avoir subi une sorte de fusion, est rejetée dans deux réservoirs, évaporée dans le vide et finalement amenée à la consistance du goudron : c'est l'azotine, celle de toutes les matières connues qui a réalisé de la façon la plus complète, au profit de l'agriculture, le grand problème de l'azote organique soluble et assimilable.

« Après avoir été soumise, dans une étuve spéciale, à une dessiccation très complète, l'azotine est pulvérisée et peut être dès lors livrée pour être employée directement comme engrais, ou entrer, comme matière première, dans la préparation d'engrais composés. »

Sans insister davantage sur ces traitements des matières animales qui sont ou chimiques (dissolution par l'acide sulfurique), ou mécaniques (torréfaction et vapeur surchauffée), disons seulement que les produits présentés par l'industrie des engrais ne laissent en général rien à désirer au point de vue de la siccité, de la pulvérisation et de la facile conservation. Mais nous devons à la vérité de déclarer ici que le prix de l'azote organique est beaucoup trop élevé par rapport à celui de l'azote nitrique et de l'azote ammoniacal. Tandis que le cours de ces derniers est allé sans cesse décroissant, celui du premier est au contraire resté stationnaire; il n'est pas logique de payer cet azote plus cher que l'azote minéral des sels; à notre sens, ces engrais organiques sont vendus trop cher aux agriculteurs, et nous désirerions voir cesser cet état de choses qui, s'il se perpétuait, ne tarderait pas à détourner de l'emploi de ces utiles produits organiques.

Déchets de poissons. — Nous venons de parler des débris laissés par les cadavres des animaux terrestres : on tire encore parti des poissons. Sur certaines côtes, la pêche prend des proportions énormes; les poissons préparés en vue de la conservation ou de l'extraction de l'huile laissent des déchets qu'on utilise comme engrais. Souvent même la pêche a pour but unique la fabrication de véritable guano : c'est à Ch. de Molon et Rohart qu'on doit l'initiative de cette industrie aujourd'hui florissante. En France, le traitement des déchets de poissons n'a pas encore pris toute l'extension qu'il pourrait prendre; cependant nous devons signaler les produits présentés par M. Laureau, avec le rapport descriptif qui les accompagne :

«M. Jules Laureau expose des engrais dont les matières premières naturelles sont des poissons entiers ou des débris de poissons, et des plantes marines.

«Sur les côtes de la Bretagne ces matières sont abondantes ; des grèves et des ports de la Manche en fournissent aussi leur contingent, sans parler d'autres provenances assez importantes. De l'ensemble on pourrait retirer chaque année plus de 20,000 tonnes de poissons et de 80,000 tonnes de plantes marines grasses appelées *goémon*.

«Les débris de poissons sont fournis à l'époque des pêches de la sardine et du thon par les nombreuses fabriques de conserves alimentaires de poisson réparties sur la côte. Les poissons entiers sont procurés par des pêcheurs qui arrivent parfois avec le produit de leur pêche avarié par l'effet de l'entassement et de la chaleur. Des poissons entiers, tels notamment que les harengs, sont, à certaines époques, rebutés par des industriels qui en ont fait des salaisons mal réussies ou de mauvaises ventes, et dont il faut qu'ils se débarrassent à tout prix, pour faire place à des poissons frais. D'autres poissons entiers, d'une grande abondance trop peu remarquée, pourraient provenir de pêches spéciales faites de poissons voraces, destructeurs, mais non comestibles, qui trop souvent entravent les pêches et que les pêcheurs de profession auraient un intérêt double à détruire, s'ils en avaient le placement, même à prix modique, car la destruction de ces fauves de la mer rendrait le poisson comestible plus abondant et plus facile à prendre.

«Les plantes marines sont, à l'état d'épaves, amenées sur les grèves à la pointe des flots. Exposées et séchées à l'air, puis entassées, elles sont d'une conservation indéfinie. On pourrait en récolter à basse mer sur les rochers où elles croissent rapidement et à profusion en se conformant à certains règlements administratifs.

«Plantes marines et poissons sont donc très abondants et d'autant plus faciles à se procurer qu'ils sont presque délaissés. C'est à les recueillir et à les utiliser que M. Laureau s'est consacré depuis plusieurs années.

«Avec les poissons et les plantes marines on a tout ce dont l'agriculture a besoin en engrais : azote, acide phosphorique, potasse, soude, magnésie, chlore, soufre, humus, etc.

« On peut obtenir ces éléments de fertilité à tous les états voulus par les agriculteurs, en combinaisons organiques ou purement chimiques : azote ammoniacal, nitrique ou organique; acide phosphorique tribasique, bicalcique ou monocalcique; alcalis en combinaisons avec la matière organique ou les acides minéraux. On peut aussi satisfaire à toutes les formules, à tous les besoins du commerce des engrais, à toutes les demandes des cultivateurs : en un mot, on peut faire avec ces matières fertilisantes de la mer *tous les engrais possibles*.

« La richesse fertilisante dans les poissons est représentée par une proportion d'azote de 4 à 11 p. 100 et de 20 à 30 p. 100 d'acide phosphorique : la proportion varie selon celle de la chair, qui donne l'azote, et celle des os ou arêtes, qui donnent l'acide phosphorique. Dans le goémon séché et conservé à l'air, l'azote est de 1 à 2 p. 100, les sels alcalins de 20 à 30 p. 100. Les cendres de ces plantes marines ont de 10 à 20 p. 100 de potasse.

« M. Laureau tire parti de ces matières marines en en composant trois principaux genres d'engrais :

« 1er GENRE : TOURTEAU DE POISSON. — Ce tourteau est la matière presque sèche qui reste sous une presse, après que d'une chaudière on retire l'huile du poisson qui surnage (qui a son placement assuré dans l'industrie), et que par compression on a extrait l'eau saumâtre et animalisée, cette eau ayant son emploi recherché dans les cultures du voisinage. Le tourteau de poisson, comme le montre l'exposition de M. Laureau, est en pains entiers ou en pains divisés par morceaux, ou en poudre plus ou moins fine.

« Ce tourteau contient : azote, 5 à 6 p. 100; acide phosphorique, 9 à 11 p. 100; eau, 15 p. 100 environ, et le surplus en matière organique.

« 2e GENRE : GOÉMON, PLANTES MARINES DIVERSES. — Ce second engrais peut être expédié en branches, en vrac ou bottelé, avec 20 et 25 p. 100 d'eau; ou bien il est broyé en poudre et mis en sacs, après qu'on lui a retiré par le séchage en four spécial la presque totalité de son eau. Son dosage varie dans ces deux états de 1.50 à 2.50 p. 100 d'azote et de 4 à 6.50 p. 100 de potasse, sans compter divers sels et son utile matière organique. Nous ajoutons que le goémon, matière très hygrométrique, absorbe de 2.6 à 3 fois son poids de purin ou autre liquide à retenir et à concentrer.

« 3e GENRE : ENGRAIS BRETON OU MIXTE, résultant du mélange des deux premiers genres. — L'engrais breton, composé partie de débris de poisson, partie de goémon, peut être fait à dosage constant, selon sa destination et la demande qui en est faite. Le plus souvent il comprend les éléments de fertilité comme le fumier normal des étables, mais en plus fortes proportions, ce qui le rend plus riche et de plus grand prix : ainsi on y introduit 3 à 4 p. 100 d'azote, 2 à 3 p. 100 d'acide phosphorique, 3 à 4 p. 100 de potasse. »

Mais si nous voulons étudier cette fabrication des engrais de poisson, c'est dans l'exposition norvégienne que nous en trouverons des exemples frappants. Les maisons Foyn, à Taënsberg, Jensen, à Bretesnoë, Henningswier, à Lofoten, la Société pour la pêche à la baleine, à Finmarken, présentent toute la série des échantillons d'engrais de poissons :

	Azote.	Acide phosphorique.
Guanos de morue, dosant	7.5	14.5
Guanos de baleine, dosant	7.5	9.5
Os de baleine pulvérisés, dosant	3.0	25.0
Farine de baleine pour les bestiaux, dosant	11.5	1.5
Guanos de harengs, dosant	11.0	8.0

Ces engrais servent de base à des mélanges plus complexes, dans lesquels on fait entrer les sels potassiques.

La fabrication des guanos de poissons représente, comme valeur d'exportation annuelle, une somme variant de 900,000 à 1,400,000 francs. Les procédés de préparation se réduisent à la cuisson qui donne l'huile d'un côté et, de l'autre, une matière insoluble constituée par un mélange de tissus fibreux et osseux qu'on presse et qu'on dessèche.

Dans les usines les plus perfectionnées, on presse d'abord les poissons sous de puissantes presses hydrauliques qui enlèvent de l'huile et de l'eau, puis on achève le dégraissage par l'eau bouillante; enfin on passe à l'autoclave pour obtenir la gélatine; finalement, les tourteaux, après avoir subi une légère torréfaction, sont broyés et tamisés.

Les poudres qu'on livre au commerce sont très sèches et presque entièrement débarrassées d'huile; elles constituent un engrais très apprécié et dont l'emploi, très répandu en Belgique, commence à pénétrer en France.

Guanos. — Les produits provenant de poissons frais tendent, dirait on, à prendre la place d'un produit qui autrefois a joui d'une grande vogue : les guanos naturels, provenant eux aussi de la consommation des poissons par les oiseaux marins. La diminution de la richesse en azote de guanos naturels, l'extension de l'emploi et de la fabrication des engrais chimiques, le prix relativement élevé des premiers par rapport aux seconds, enfin les fraudes scandaleuses qui se sont produites sous le couvert de ce qualificatif, ont fait cesser l'engouement dont les agriculteurs s'étaient pris pour ce produit, dans les premières années de son importation. Tandis que, dans les expositions antérieures, nous voyons les guanos occuper une place très importante (Ollendorf, Dreyfus, etc.), nous avons été au contraire très surpris, en 1889, de les voir, pour ainsi dire, briller par leur absence. Seuls MM. Dior, de Nantes, la Mexican phosphat C° de San Francisco, la London Manure C° de Londres, nous présentent des guanos naturels ou des engrais à base de guano.

Si les guanos naturels ont eu au début une vogue exagérée, il ne convient pas cependant de négliger leur utilisation, car ils constituent un engrais à la fois azoté et phosphaté de premier ordre.

Les derniers produits que nous venons d'examiner ne sont pas des engrais exclusivement azotés, ils sont souvent accompagnés de quantités importantes d'acide phosphorique, mais c'est l'azote qui en constitue la principale valeur.

Tourteaux. — Il en est de même d'un autre produit qui appartient à la catégorie des déchets végétaux, mais qu'on peut cependant rapprocher des précédents; ce sont les tourteaux de graines oléagineuses qui sont utilisés, soit comme aliment, soit comme engrais. L'extraction de l'huile de graines exotiques a pris à Marseille une importance énorme; la production des tourteaux dépasse annuellement 20 millions de kilogrammes. Soit comme aliment, soit comme engrais, ce traitement de graines exotiques a pour heureux résultat d'amener sur notre sol les éléments fertilisants empruntés à des pays lointains.

Au point de vue des engrais qui nous intéresse surtout ici, nous avons à signaler l'exposition de tourteaux sulfurés de M. L. Guys, de Marseille. Cet intelligent industriel a installé une usine importante qui a pour but d'enlever aux tourteaux, particulièrement aux tourteaux de sésame, l'huile qui reste après l'expression (environ 8 à 10 p. 100) et dont l'industrie bénéficie. Quant au tourteau, le départ de l'huile l'enrichit d'autant; les éléments fertilisants s'y trouvent, en outre, à un état plus assimilable; enfin le sulfure de carbone qui peut y rester n'est pas sans utilité pour éloigner les insectes du sol. Cette industrie est donc intéressante à bien des points de vue.

II. ENGRAIS PHOSPHATÉS.

Parmi les engrais dont l'emploi a été jugé nécessaire pour compléter l'action du fumier de ferme, les phosphates sont ceux dont la production et l'utilisation ont le plus augmenté dans ces dernières années. On observe en effet qu'un grand nombre de terres ne contiennent pas une quantité suffisante d'acide phosphorique, et que l'apport peu dispendieux de cet élément y produit des résultats surprenants. Dans les régions granitiques par exemple, qui occupent le cinquième du territoire français, le phosphatage est de toute nécessité, pour augmenter la fertilité du sol.

En 1856, Élie de Beaumont appela l'attention sur les gisements de phosphate et fut l'initiateur d'un grand mouvement qui ne s'est pas encore ralenti et auquel prirent surtout part MM. Nesbit, Meugy, Delanoue, Poumarède, de Molon, etc. Nous n'avons pas ici à faire l'historique de cette question, mais à nous occuper seulement des formes sous lesquelles les fabricants d'engrais présentent cet élément aux agriculteurs.

C'est à trois sources principales qu'on emprunte l'acide phosphorique :

1° Aux phosphates d'origine animale;

2° Aux phosphates extraits du sein de la terre;

3° Aux phosphates métallurgiques.

Phosphates d'origine animale. — Nous avons précédemment étudié les engrais azotés fabriqués à l'aide des déchets animaux; ces derniers fournissent, en outre, des produits riches en acide phosphorique, tels que les os.

Poudres d'os. — Ces os sont recueillis avec beaucoup de soin dans les boucheries, dans les ménages, dans les ateliers d'équarrissage, et deviennent l'objet d'un commerce important; ceux qui ont une dimension et une dureté suffisantes sont employés à la fabrication de divers ustensiles; les déchets de ces industries (sciure et râpure, tournures) font retour à l'agriculture. Une autre partie des os, les gros os (tibia, fémur, etc.) servent à la fabrication du noir animal; mais la majeure partie sert à l'extraction de la gélatine.

L'os brut ou vert est un engrais à la fois azoté (4 à 6 p. 100 d'azote) et phosphaté (20 à 25 p. 100 d'acide phosphorique). Mais deux considérations entravent son utilisation directe. La première est d'ordre économique : au lieu de vendre à l'agriculture la matière organique azotée, on trouve beaucoup plus avantageux de la vendre à l'industrie qui la paye beaucoup plus cher, soit sous forme de noir animal, soit sous forme de gélatine. La seconde est d'ordre mécanique: la pulvérisation de l'os brut, même après dégraissage, est extrêmement difficile.

Cependant certaines usines s'attachent à conserver l'os naturel à la culture (Xardel, Pilon, Coignet, etc.), et savent fabriquer d'excellents engrais très appréciés et d'une action très rapide. En Angleterre, la poudre d'os est d'un emploi presque populaire, et le traitement de ces os bruts est arrivé au dernier degré de perfection. La maison Edward Cook et Cie nous présente des *bones manure* (engrais d'os) et des *dissolved bones* (os dissous) très remarquables. Faisons observer en passant que l'usage se perpétue dans ce pays d'exprimer le titre des matières fertilisantes en ammoniaque et non pas en azote, en phosphate et non pas en acide phosphorique.

En France, le commerce des poudres d'os dégraissés est peu important, l'os servant de matière première à deux industries plus rémunératrices, celle de la gélatine et celle du noir animal.

Os dégélatinés. — La première, après avoir débarrassé l'os de la matière grasse qui l'imprègne, au moyen de l'eau bouillante ou de la benzine, transforme ensuite la matière azotée ou osséine en gélatine ou colle-forte, et laisse comme résidu utilisable par l'agriculture l'os dégélatiné qui se réduit très facilement en une poudre d'une extrême finesse, dosant 60 à 70 p. 100 de phosphate de chaux. Des produits de ce genre ont été présentés par les maisons Tancrède, Coignet, Pilon, Jacquemier, etc; leur usage est très répandu malgré la concurrence que leur font les phosphates minéraux.

Noir animal. — Dans la fabrication du noir animal, que la maison Xardel est une des premières à avoir inaugurée, l'os brut est carbonisé en vases clos dans des cornues placées dans des fours à réverbère. Le noir animal qu'on obtient ainsi, ou noir vierge, est rarement employé par l'agriculture, mais par les sucreries et les raffineries qui, après en avoir utilisé les propriétés décolorantes, le livrent à l'agriculture. Ces noirs ont été les premiers engrais phosphatés employés en Bretagne ; c'est grâce à leur intervention qu'on a pu transformer en terres arables des landes infertiles.

Phosphates minéraux. — L'os était autrefois le seul engrais phosphaté dont disposât l'agriculture, mais la découverte des gisements de phosphates minéraux et leur exploitation de jour en jour plus grande ont singulièrement diminué l'importance de cette source d'acide phosphorique.

Les phosphates se rencontrent dans presque tous les étages géologiques : dans les terrains primitifs, nous trouvons les immenses gisements d'apatites du Canada, ceux de Norvège, qui ont eu une période d'exploitation très active; dans les terrains de transition et le dévonien, les amas d'apatites du Nassau et de l'Estramadure; dans le lias, de nombreux gisements sont exploités (Côte-d'Or); l'étage oolithique nous offre les gîtes du Quercy (Lot, Tarn-et-Garonne, Aveyron). C'est surtout le terrain crétacé qui est le grand réservoir de l'acide phosphorique; presque tous ses calcaires sont phosphatifères de bas en haut. Dans le néocomien, on rencontre les gisements du Gard; mais c'est l'étage albien qui, jusqu'à ce jour, a fourni les quantités les plus considérables de phosphates minéraux. Partout où cet étage affleure (sables verts, gaize, gault), on rencontre le phosphate. C'est ainsi que M. G. Weterlé a découvert dans la province de Constantine, à Souk-Ahras, un gisement de phosphates constitué par des nodules du grès vert que l'on retrouve sur une longue zone traversant l'Algérie et s'étendant jusqu'en Tunisie. Cette importante découverte, qui fait le plus grand honneur à son auteur, est de nature à augmenter la fertilité du sol de notre belle colonie.

Enfin, dans ces dernières années, on a mis à jour de très importantes accumulations de phosphates dans l'étage cénomanien et surtout dans l'étage sénonien, sous forme de sables et de craies.

On peut résumer dans un tableau la situation des divers gisements de notre pays :

- Crétacé
  - Danien.
  - Sénonien.
    - Oise (Breteuil).
    - Somme (Doullens et Halleucourt).
    - Pas-de-Calais (Orville).
    - Nord (Quiévy).
  - Turonien.
  - Cénomanien (Pernes-en-Artois).
- Infracrétacé
  - Albien
    - Gault (Cher, Marne, Pas-de-Calais).
    - Sables verts (Ardennes, Meuse).
    - Grès vert (Ardèche, Drôme, Vaucluse, Yonne).
  - Aptien.
  - Urgonien.
  - Néocomien (Gard).
- Jurassique
  - Oolithe inférieur (Aveyron, Lot, Tarn).
  - Lias (Côte-d'Or, Indre, Haute-Saône, Vosges).

Ce n'est pas ici le cas de faire l'étude de ces divers gisements; nous renvoyons à la publication si remarquable du Ministère des travaux publics, la *Statistique des phosphates de chaux*.

Nous ne nous étendrons pas sur les gisements de l'étage albien, non plus que sur ceux de l'étage oolithique; ils sont exploités avec habileté par d'importants industriels (Desailly, Lagache et Joulie, Fould Dupont, Société de Saint-Gobain, Berthier, Pillet et Buffon, etc.) et les procédés d'extraction, de lavage, de monture, sont depuis longtemps connus. Disons seulement que de plus en plus on attache de l'importance à la pulvérisation des phosphates, et que l'usage de joindre à la garantie de composition chimique celle du degré de finesse ne tardera pas à se généraliser et constituera un très réel progrès dans le commerce de ces produits.

Toute l'activité s'est portée dans ces dernières années sur les gîtes nouveaux du cénomanien et du sénonien. Dans le cénomanien, la Société de Pernes-en-Artois exploite des nodules empâtés d'une craie glauconieuse, d'une richesse assez grande et d'une assez grande friabilité; la potasse qui accompagne l'acide phosphorique, se trouvant à l'état de silicate, n'est nullement assimilable et par conséquent sans valeur agricole. La Société de Pernes, qui occupe environ 300 ouvriers, a installé un puits avec cage guidée et machine à vapeur, et pousse son extraction jusqu'à 30 mètres de profondeur.

C'est l'étage crayeux du sénonien qui offre aujourd'hui les plus considérables gisements d'acide phosphorique. Ils ont été signalés par M. de Mercey, en 1863 et en 1867; mais il appartient à M. Merle, géologue de l'Indre, agissant comme représentant et associé de M. Poncin, géologue de Lyon, d'avoir reconnu la richesse des sables phosphatés et d'en avoir provoqué l'exploitation. Nous devons ici rendre hommage à ces infatigables chercheurs qui ont découvert dans le Nord, dans la Somme et dans l'Indre, de nombreux gîtes de phosphates et enrichi notre pays par leurs beaux travaux. Dès lors, un grand nombre de compagnies françaises, belges et anglaises, se sont disputé la possession et l'exploitation de ces phosphates; nous citerons, entre autres, les maisons Berthier, Desailly, la Société des phosphates de Pernes, la Société des phosphates de l'Oise, M. Boitel, à Hardivilliers, etc.

Ces phosphates se divisent en deux groupes bien distincts :

1° *Les phosphates arénacés* (Doullens et Beauval) qui se rencontrent dans des poches coniques, dont la contenance peut varier de 25 à 500 mètres cubes. Le sable phosphaté très riche en acide phosphorique, d'une extraction facile, est surtout utilisé à la fabrication des superphosphates. Des expériences nombreuses démontrent en effet que leur emploi direct est peu avantageux, et les études cristallographiques qu'on en a faites les rattachent à la classe des phosphates cristallisés. Leur richesse en acide phosphorique d'une part, leur faible teneur en fer, alumine et carbonate de chaux, d'autre part, en font une matière première excellente pour la fabrication des superphosphates.

2° *La craie phosphatée* occupe dans le sénonien d'immenses étendues, mais sa richesse est en général trop faible pour que l'exploitation en soit fructueuse; elle dépasse rarement 30 p. 100 de phosphate et varie ordinairement de 12 à 24; elle n'est exploitée activement qu'à Breteuil et à Hallencourt. Cette craie phosphatée offre une source énorme d'acide phosphorique; mais son utilisation intégrale ne sera permise que si l'on parvient, par des procédés pratiques, à enrichir ce produit en le débarrassant des matières encombrantes et particulièrement du carbonate de chaux qui l'accompagnent et qui rendent son transport trop onéreux, et la transformation en super phosphate peu avantageuse.

Les industriels qui ont exposé leurs produits (Société des produits chimiques de Saint-Denis, Desailly, Boitel, Berthier, Pilet, etc.) parlent des efforts qu'ils ont tentés dans ce sens avec plus ou moins de succès; ils donnent peu de détails sur les procédés d'enrichissement qu'ils mettent en œuvre. Deux d'entre eux semblent plus couramment adoptés : l'un consiste à laver la matière pulvérisée de manière à entraîner le carbonate de chaux plus léger; l'autre à soumettre à la cuisson, dans des fours à chaux, la craie phosphatée qui perd ainsi environ 6 p. 100 de son poids; ce procédé semble préférable au premier.

Un gisement analogue à celui du sénonien de France est exploité en Belgique où la craie phosphatée occupe dans le bassin de Mons (à Ciply notamment) de puissantes assises, puisqu'elle affleure sur une surface d'au moins 250 hectares exploitables à ciel ouvert. On a calculé que le volume de la roche qu'on pourrait ainsi enlever est d'environ 20 millions de mètres cubes contenant plus de 7 millions de tonnes de phosphate de chaux.

Imprimerie nationale.

M. Léopold Bernard, dont les travaux ont vivement attiré l'attention du jury et ont valu à l'auteur le grand prix, a découvert à Mesvin-Ciply, au milieu de la craie grise de l'étage danien, des dépôts de phosphates riches et pulvérulents, analogues aux phosphates arénacés et dont le titre dépasse 70 p. 100. Ces phosphates riches ne se rencontrent que dans de rares localités (Mesvin-Ciply et Bois-d'Havré); c'est la craie qui constitue le grand gîte, capable de fournir pendant de longues années à toutes les demandes de l'exportation.

En Belgique peut-être plus qu'en France, on s'est attaché à enrichir les craies qui, à l'état naturel, ne sont ni transportables, ni susceptibles d'être transformées en superphosphate. A en croire l'exhibition des phosphatiers belges et les renseignements oraux ou verbaux qu'ils ont présentés, il semblerait que les résultats obtenus soient déjà très satisfaisants; nous voyons, par exemple, les maisons Solvay, Bernard, Falloise, etc., porter de 30 à 40 et même 50 p. 100 la teneur en phosphate de chaux.

Nous devons à l'obligeance de MM. Solvay des détails fort intéressants sur le mode de traitement de la craie et sur les procédés d'enrichissement inaugurés dans leurs importantes usines de Mesvin-Ciply, Spiennes, Orville, la Madeleine-les-Lille, Hamixem-les-Anvers. La publication *in extenso* de ces précieux documents est de nature à intéresser vivement ceux qui s'occupent de la question des phosphates.

Traitement de la craie de Ciply (usines Solvay).

« La craie brune phosphatée de Ciply constitue la couche supérieure du sénonien aux environs de Mons. Son affleurement décrit autour de cette ville, partant de Cuesmes à l'ouest et arrivant à Havré à l'est, en passant au sud par Ciply, Mesvin, Spiennes et Saint-Symphorien, une courbe de 15 kilomètres environ de longueur.

« L'épaisseur de la couche de la craie phosphatée varie de 2 à 8 mètres; elle renferme de 18 à 27 p. 100 de phosphate de chaux.

« La craie brune de Ciply est une roche à texture grossière, friable, d'une couleur gris brunâtre et dans laquelle on distingue facilement à l'œil nu des grains bruns qui sont du phosphate de chaux.

« A certains points et notamment à Mesvin, Spiennes, Saint-Symphorien et Havré, la craie grise recouverte par du sable a été enrichie par les eaux météoriques, c'est-à-dire que celles-ci ont peu à peu dissous le calcaire et laissé dans de nombreuses cavités, dites *poches*, le grain brun isolé qui constitue le phosphate riche des environs de Mons.

« Ainsi que l'a reconnu notre chimiste M. Ortlieb, ce phosphate est d'une nature particulière et il a pu lui assigner la formule ci-dessous et lui donner le nom de *ciplyte*,

$$PO^5 \begin{cases} 2\ CaO \\ 2\ CaO \quad \begin{pmatrix} FeO \\ Fe^2O^3 \end{pmatrix} \end{cases} \begin{cases} \pm CO^2 \\ \pm SiO^2 \end{cases}$$

formule dans laquelle la quantité de SiO^2 est complémentaire de celle de CO^2.

« La ciplyte est le phosphate de la craie grise de Ciply, Spiennes, Mesvin et du phosphate noir de Saint-Symphorien et du Bois-d'Havré.

« Autrefois et primitivement s'exploitaient à Ciply des nodules phosphatés qui, eux, appartiennent au contraire à la phosphorite ou phosphate de chaux tribasique ordinaire. Il en est de même des phosphates de Beauval et d'Orville.

« De la disposition du dépôt de la craie grise de Ciply entre deux poudingues phosphatés, de ses caractères paléontologiques caractérisant un littoral, de l'examen chimique et minéralogique des grains bruns de la ciplyte, nous sommes disposés à voir l'origine de la ciplyte dans un ancien gisement de guano remanié sur place. Ce guano était primitivement déposé sur la côte crayeuse formée par les assises de la craie blanche plus ancienne, dont la surface s'est imbibée des eaux phosphatées qui traversaient le guano en temps de pluie. Il n'est pas invraisemblable qu'un gravier crayeux séparait le guano de la roche en place; dès lors ce gravier, supposé, se trouvait dans d'excellentes conditions pour absorber la lessive phosphatée produite par la pluie en traversant la couche meuble.

« Le remaniement sur place de ce gravier phosphaté et la destruction par les flots des bancs durs ont donné naissance aux nodules des divers poudingues entre lesquels s'étend l'assise de la craie phosphatée de Ciply.

« Cet affaissement et cet envahissement par la mer mirent fin aux temps secondaires en Belgique.

« *Enrichissement artificiel.* — Ce phénomène d'enrichissement que la nature a accompli grâce au temps, l'industrie devait nécessairement chercher à le réaliser chaque jour et de nombreux essais ont été tentés pour produire la ciplyte.

« *Le 40 p. 100.* — En délayant de la craie brune dans de l'eau et en agitant vivement on constate que les petits grains bruns tombent rapidement au fond, tandis qu'il reste longtemps en suspension une poudre gris jaunâtre, très fine, très légère et que l'on sépare facilement par décantation.

« Mais cette séparation faite, on n'obtient pour la partie dense qu'un titre de 30 à 35 p. 100 de phosphate tribasique, que l'on amène à 40 à 42 p. 100 par un tamisage très fin.

« Depuis l'origine de l'exploitation de la craie brune de Ciply, c'est la méthode employée par tous les exploitants : enlever la folle farine soit par décantage dans des bacs à marche discontinue, soit par séchage préalable et insufflation d'un courant d'air, opérations suivies d'un tamisage à des toiles n°s 90 et 120.

« L'enlèvement de la folle farine étant une opération préliminaire nécessaire, nous nous sommes efforcés de la rendre la plus économique possible.

« Nous avons visé et nous pouvons dire que nous avons obtenu le meilleur rendement et le plus bas prix de revient par la colonne laveuse Solvay, à marche continue, brevetée le 16 août 1882 et dans laquelle la séparation par ordre de densité s'opère d'une manière continue, le courant d'eau claire amené par le bas enlevant constamment par le haut la folle farine dont la séparation est facilitée par la hauteur de l'appareil.

« *Le 50/55.* (*procédé Bouchez*). — Sortant de la colonne Solvay, nous faisons passer le produit débarrassé de la folle farine à l'appareil Bouchez, appareil également continu et basé sur un principe intéressant à constater et dont l'application est assurément nouvelle et originale.

« Si dans un tube rempli d'eau on fait tomber du produit dense (le 40 p. 100) en tenant le tube verticalement, tout le produit tombe au fond sans classement appréciable.

« Au contraire si l'on incline le tube on voit deux courants s'établir nettement : sur la paroi inférieure glissent lentement les grains denses, brun foncé, riches, tandis que les grains plus légers, blanc grisâtre et pauvres sont enlevés rapidement par le contre-courant qui se forme au-dessus.

« Réunissons toute une série de tubes ou de plaques en cuivre, faisons classer ainsi successivement par plusieurs séries le phosphate venant de la colonne, soutirons par divers robinets adaptés à la plaque ou au tube inférieur, et nous aurons aux robinets n° 1 le phosphate le plus dense, du 55/60, aux n°s 2 du 50/55, aux n°s 3 du 45/50, tandis que le courant sortant enlèvera de l'appareil des schlamms dosant de 7 à 10 p. 100.

« Le procédé Bouchez permet donc d'obtenir la séparation de grains denses et riches, sans force mécanique, sans perte, d'une manière continue, donc économique.

« Au double point de vue de la vente et de notre consommation pour superphosphate, nous nous bornons à faire par le procédé Bouchez deux titres supérieurs : le 45/50 et le 50/55, dont voici les analyses :

	45/50		50/55	
Eau	0.36		0.90	
Insoluble	3.30		2.60	
Matières organiques	2.50		4.08	
Acide carbonique	15.70	= carbonate 35.64	14.90	= carbonate 33.86
Acide phosphorique	22.14	= phosphate 48.25	23.79	= phosphate 51.93
Fer et alumine	1.66		1.76	
Chaux totale	50.72		49.10	
Éléments non dosés	3.62		2.87	
	100.00		100.00	

« Comme on le voit le phosphate renferme peu de fer et d'alumine et la proportion de carbonate de chaux rentre dans les limites recherchées pour la fabrication du superphosphate.

« Nous avons actuellement quatorze appareils Bouchez fonctionnant dans nos usines de Mesvin-Ciply, et nous comptons encore développer cette installation. (En janvier 1891 le nombre était porté à 19.)

« Afin de montrer la difficulté qui se présentait dans le classement par ordre de densité des différentes parties constituantes de la craie grise de Ciply, nous donnerons le tableau suivant :

	Densité.
Craie grisâtre brute en poudre	2.50
Folle farine	2.38
Schlamms des appareils Bouchez	2.44
40/45	2.56
45/50	2.63
50/55	2.68

« Ainsi qu'on le voit les différences sont très réduites dès que l'on a atteint le 40/45.

« *Le 60/65 (procédé Ortlieb).* — Nous avons constaté : 1° que le phosphate tribasique de chaux en suspension dans l'eau est attaqué et dissous par l'acide sulfureux; 2° que le carbonate de chaux dans les mêmes conditions est aussi attaqué et dissous par l'acide sulfureux; 3° que dans les deux cas il se forme du bisulfite de chaux qui entre en dissolution. Nous avons en outre découvert ce fait important que la ciplyte en suspension dans une dissolution de bisulfite de chaux n'est plus attaquée par l'acide sulfureux.

« Il en résulte que la dissolution du phosphate ne peut se faire en même temps que celle du carbonate, car celui-ci est tout d'abord attaqué et donne du bisulfite qui n'attaque plus la ciplyte.

« Nous prenons donc la craie brune de Ciply comme nous l'avons vu; nous enlevons la folle farine à la colonne laveuse, puis nous la faisons passer aux appareils Bouchez.

« Nous éliminons ainsi la plus grande partie du calcaire qui aurait absorbé inutilement l'agent chimique à l'aide duquel nous poursuivons l'enrichissement du phosphate de Ciply, c'est-à-dire l'acide sulfureux.

« Dans le premier mode d'opérer, dû à notre chimiste, M. Ortlieb, nous employions les gaz d'un four à pyrite, qui, passant à travers un absorbeur, donnent une solution d'acide sulfureux.

« Le phosphate à enrichir est introduit à la partie supérieure d'une colonne Solvay munie de plateaux alternativement libres à la circonférence et au centre; de telle façon qu'un arbre vertical placé au centre et armé de bras à la hauteur de chaque plateau fasse descendre le phosphate méthodiquement de chute en chute depuis le haut jusqu'en bas, en marchant de la circonférence au centre et du centre à la circonférence de chaque plateau. La solution de gaz sulfureux est introduite par le bas et marche à la rencontre du phosphate. Nous avons ainsi la continuité et la méthodicité assurées.

« Par le bas sort la ciplyte au titre variable de 60/65 p. 100, et par le haut s'échappe le bisulfite chargé de plus ou moins de sulfate de chaux suivant la quantité d'air qui dilue le gaz.

« Cette réaction est absolument complète à condition qu'il y ait assez d'eau pour dissoudre toute la craie à l'état de bisulfite.

« Ce bisulfite peut se vendre ou peut refournir la moitié de l'acide sulfureux qu'il renferme par la distillation.

« M. Ernest Solvay a perfectionné ce premier mode d'opérer en supprimant la distillation.

« L'opération n'est plus poussée jusqu'à la dissolution complète de la craie, mais jusqu'au monosulfite.

« Les appareils sont les mêmes; seulement nous opérons avec le minimum d'eau. Il en résulte que dans le bas de la colonne, se soutire encore la ciplyte; à l'arrivée de la solution du gaz sulfureux, qui se trouve toujours à la partie inférieure de la portion cylindrique de l'appareil, la craie est totalement dissoute et forme du bisulfite; mais celui-ci en montant rencontre un excès de craie qui réduit la solution à l'état de monosulfite insoluble. Celui-ci, très léger, est enlevé facilement par le courant ascendant.

« *Le phosphate précipité (procédé Ortlieb).* — En mettant la ciplyte obtenue par l'opération précédente dans une solution sulfureuse nouvelle, la ciplyte ne renfermant plus de calcaire en excès se trouvera seule dans la solution sulfureuse et ne sera plus préservée par la formation d'un bisulfite qui, précédemment, était fourni par le calcaire. La ciplyte entre donc en solution.

« Nous nous servons toujours des mêmes appareils, de la même colonne pour arriver à ce résultat.

« La solution phosphatique étant chauffée laisse s'échapper l'acide sulfureux, et le précipité est du phosphate dosant, comme l'échantillon que nous exposons le prouve, de 30 à 35 p. 100 d'acide phosphorique soluble dans le citrate neutre.

« Ce procédé s'applique naturellement aussi bien à tous les phosphates riches qu'à la ciplyte et notamment à ceux d'Orville et de la Somme.

« *Le superphosphate.* — Dans la fabrication du superphosphate nous n'avons poursuivi qu'un but : la continuité et, par conséquent, l'économie dans les opérations. Le phosphate brut est amené au sécheur mécanique qui le déverse dans un broyeur, d'où une chaîne à godets l'élève à un peseur automatique réglant le poids de chaque opération.

« Les citernes dans lesquelles se fait la prise du superphosphate se trouvent au niveau du sol. Le superphosphate est ainsi amené de plain pied à un sécheur mécanique, d'où un transporteur métallique l'emmène aux appareils de broyage et de tamisage.

« Notre usine de La Madeleine produira cette année 6,000 tonnes, Mesvin 8,000 et annuem 25,000. Au total nous fournirons donc à l'agriculture près de 40,000 tonnes de superphosphates. »

Phosphates de Mons. (Statistique.) — A l'effet de montrer combien rapide a été l'extension de l'exploitation des phosphates de Mons et de constater les conséquences de ce brusque accroissement de la production, nous terminerons en donnant ci-dessous quelques chiffres qu'il était intéressant, pensons-nous, de reproduire ici.

ANNÉES.	SIÈGES de PRODUCTION.	OUVRIERS.	TONNES.	PRIX DE VENTE par tonne du 40/46 calcareux.	PRIX DE VENTE par tonne de 55/60.
				francs.	francs.
1877........	3	87	3,910	25	//
1878........	3	127	5,720	30	//
1879........	4	194	7,700	36	//
1880........	4	309	15,745	Maximum 40	57
1881........	9	350	30,000	36	Maximum 66
1882........	9	480	41,050	30	55
1883........	16	734	59,800	24	51
1884........	32	683	69,720	22	46
1885........	42	994	162,250	20	44
1886........	29	1,122	145,520	18	42
1887........	26	943	166,900	17	40
1888........	26	888	190,000	17	40
1889........	32	1,003	206,080	18	44

Si, pour la Belgique, les gîtes du sénonien constituent l'unique source d'acide phosphorique, hâtons-nous de dire que la France est beaucoup mieux dotée. Certes, les gisements du sénonien constituent un apport très sérieux à notre richesse en phosphates; mais l'étage albien qui est extrêmement développé sur notre territoire restera, pensons-nous, le grand fournisseur de phosphates; c'est à lui qu'on sera obligé de recourir et les exploitations de ce terrain qui, aujourd'hui, semblent péricliter, reprendront tôt ou tard toute leur importance.

L'activité fiévreuse que l'on apporte à l'exploitation des gisements phosphatés en France aurait tout lieu de nous satisfaire si nous examinions la question au seul point de vue industriel. Mais en l'envisageant au point de vue agricole, qui doit nous intéresser plus particulièrement, un sentiment de regret s'empare de notre esprit; nous voyons avec peine nos phosphates exportés en grande masse à l'étranger, alors que plus du cinquième de notre territoire manque d'acide phosphorique. Nous ne pouvons faire un crime à nos industriels de céder leurs produits à ceux qui les leur demandent, mais nous ne saurions trop recommander à nos agriculteurs de profiter de cette période d'exploitation active et économique pour enrichir leurs sols. Ce serait un malheur pour notre agriculture nationale de voir un engrais si précieux aller enrichir surtout des terres étrangères.

Phosphates métallurgiques. — On sait que depuis peu d'années, MM. Thomas et Gilchrist ont imaginé un ingénieux procédé pour débarrasser la fonte du phosphore qui accompagne les minerais de fer. Ce procédé consiste à oxyder le phosphore et à combiner l'acide phosphorique à la chaux pour former un laitier riche en acide phosphorique et connu sous le nom de *scorie de déphosphoration, phosphate Thomas*, ou *phosphate métallurgique*.

Comme il s'agit d'un engrais très important et dont la production est toute récente, il est intéressant de donner ici la description d'une opération de déphosphoration, telle que la décrit la Société des forges et aciéries du Nord et de l'Est.

«La fabrication de l'acier par le procédé de déphosphoration se pratique dans un convertisseur Bessemer de la forme ordinaire, dont la garniture est en matière basique.

«Cette garniture se fait en dolomie frittée, broyée partie très fin, partie en gros grains et le tout malaxé avec environ 10 p. 100 de goudron de gaz anhydre. Cette matière est damée en pisé, ou l'on en fait des briques dans des moules en tôle dans lesquels on les fait sécher à une chaleur rouge sombre. Ces briques sont employées à joint sec dans le convertisseur.

«La dolomie employée donne à l'analyse la composition suivante :

Perte au feu	46.84 p. 100
Silice	0.50
Alumine et oxyde de fer	1.15
Chaux	31.50
Magnésie	20.25

«Les fontes traitées proviennent des minerais ordinaires. Notre Société possède à Jarville, près Nancy, quatre hauts fourneaux et une des meilleures mines de la contrée : la mine de Chavigny, bien connue par son minerai de composition toute particulière. Ce minerai ne demande pour la fabrication de la fonte pour fer aucune addition, il apporte tous les éléments de son fondant, d'où une très grande régularité dans les produits.

«Pour la fabrication de la fonte à acier, nous ajoutons à notre minerai du minerai manganésifère et de la castine. Notre minerai seul donne une fonte contenant 1.80 p. 100 de phosphore. Or cette teneur en phosphore, pour certaines fabrications d'aciers, est insuffisante et nous la portons à 2.25 p. 100 par l'addition de scories de fours à puddler.

«Nos fontes à acier sont classées en quatre numéros et chacune de ces divisions comprend deux classes : des fontes peu phosphoreuses et des fontes phosphoreuses. Ces fontes sont blanches, truitées blanches, ou truitées grises.

« A leur arrivée aux aciéries, elles sont mises en tas et, malgré que la division des fourneaux ait fait une analyse de la fonte, coulée par coulée, on fait une prise d'essai sur un tas de 300 à 400 tonnes, de manière à avoir bien exactement la composition moyenne de l'ensemble. Il est indispensable de faire des mélanges réguliers de manière à obtenir des opérations régulières et des produits réguliers.

« Suivant qu'il s'agit d'acier doux ou extra-doux, aciers spéciaux ou aciers pour rails, la composition de la charge employée varie entre les limites suivantes :

Silicium	0.50 à 0.70
Soufre	0.05 à 0.10
Phosphore	2.25 à 2.00
Manganèse	1.80 à 1.60

« Les charges varient de 8,000 à 9,000 kilogrammes et sont refondues au cubilot avec généralement 14 p. 100 de coke, de manière à obtenir une fonte bien liquide, bien chaude physiquement.

« Pour éviter la corrosion trop rapide du revêtement basique du convertisseur, on fait dans celui-ci, avant d'y mettre la fonte, une addition de chaux, qui varie de 16 à 20 p. 100 de la charge en fonte.

« La chaux employée doit être très pure, peu ou point argileuse. Celle que nous traitons donne à l'analyse :

Perte au feu	2.59
Silice, oxyde de fer et alumine	1.55
Chaux	93.70
Magnésie	1.97

« Au moment de la coulée de la fonte dans le convertisseur, on prend un échantillon qui est coulé en coquille, puis trempé. La cassure de cette fonte donne déjà de nombreuses indications sur l'allure probable de l'opération.

« Quand on donne le vent et qu'on relève le convertisseur pour une charge en déphosphoration, on n'a pas de périodes d'étincelles comme dans le Bessemer ordinaire. La flamme sort immédiatement et toute violette pendant une ou deux minutes, puis elle verdit, jaunit et blanchit enfin sur la fin de la décarburation. On cherche à obtenir une scorie bien fluide et basique, le plus rapidement possible, de manière que le phosphore se combine même pendant la décarburation. Aussitôt le dard de la flamme tombé, ce qui accuse la fin de la décarburation, commence le sursoufflage; si l'opération est très chaude, des fumées blanches apparaissent au bout de une ou deux minutes. Ces fumées se sont épaissies et sont devenues rougeâtres : c'est alors que le fer et le manganèse se brûlent le plus et que la véritable déphosphoration s'opère. Le sursoufflage est, d'ailleurs, une troisième période d'opération qui n'existe pas dans le Bessemer et qui caractérise le procédé de déphosphoration.

« On souffle de 8 à 12 minutes et le sursoufflage dure en outre de 2 1/2 à 4 minutes, suivant la teneur en silicium et la chaleur de la charge traitée.

« Aussitôt le convertisseur baissé, on prend un échantillon qui est, comme dans les opérations Martin-Siemens, martelé en une plaquette de 0 m. 005 à 0 m. 008 d'épaisseur. Cet échantillon est trempé et cassé en deux. Si la cassure présente un nerf brillant et allongé, l'opération est terminée; si la cassure présente de longs grains plats et très brillants, c'est que le sursoufflage a été insuffisant.

« La pratique est arrivée par les mélanges réguliers des fontes mises au cubilot, par la régularisation de la chaleur de cet appareil, par l'observation de la marche de l'opération au convertisseur, à produire des aciers d'une régularité remarquable.

« Si le sursoufflage a été insuffisant, on remet le vent pendant 1/4 ou 1/2 minute, et on prend un nouvel échantillon qui est martelé, trempé, cassé; il est bien rare que l'on ne soit pas à point.

« On décrasse, c'est-à-dire que l'on fait couler le plus possible de la scorie dans un bac en fonte pour pouvoir la conduire hors de l'atelier. On la recueille avec soin, parce que cette matière est utilisée aujourd'hui pour engrais, avec grand succès. Cette scorie contient de 14 à 18 p. 100 d'acide phosphorique; 45 à 50 p. 100 de chaux et de magnésie; 7 à 7.5 p. 100 de fer; 3 à 4 p. 100 de manganèse et 7 à 7.5 p. 100 de silice.

« La dolomie qui nous convient le mieux est exploitée dans les environs de Bavay, près de Maubeuge, ensuite près de Ferrière-la-Grande, enfin dans la vallée de la Meuse au delà de Namur, vers Liège.

« Cette dolomie doit renfermer le moins possible de silice, fer et alumine.

« La dolomie est concassée en morceaux comme un poing, et chargée dans un cubilot garni également en dolomie. On souffle dans ce cubilot avec une pression de 0 lit. 10 à 0 lit. 12 d'eau, pour fritter la dolomie, c'est-à-dire qu'il y ait dans la masse un commencement de fusion. Cette dolomie frittée est broyée, puis passée dans un mélangeur où l'on ajoute 8 à 10 p. 100 de goudron. Cette masse, ainsi préparée, sert à faire la garniture de l'appareil Bessemer, soit en pisé, c'est-à-dire le damage autour des moules, soit au moyen de briques obtenues par le damage de la masse dans les moules en tôle; ensuite ces moules sont fermés solidement, chauffés au rouge sombre dans une étuve pour distiller le goudron, de manière que la matière charbonneuse réunisse les grains de dolomie.

« Un revêtement ainsi préparé peut faire sans réparation une centaine de charges. Les fonds ou soles de convertisseurs ne font que 15 à 20 opérations.

« La chaux est ajoutée dans le convertisseur quand il est bien chaud, à raison de 16 à 20 p. 100 du poids de la fonte qu'on coule ensuite dans le convertisseur.

« Quand l'acier est bon, c'est-à-dire que la plaquette montre bien tout le phosphore à peu près disparu, on coule la scorie qui est excessivement fluide-liquide dans une grande bâche, c'est-à-dire une caisse en fonte, et on la conduit sur le talus où on la coule.

« Nous comptons de 20 à 25 p. 100 de scories du tonnage d'acier produit. Nous en avons en stock une dizaine de mille tonnes dont la teneur en acide phosphorique ne descend pas au-dessous de 17 p. 100.

« Pour le broyage en poudre fine, comme nous exposons, qui est absolument le travail de chaque jour, nous avons 4 broyeurs à boulet, système Jenkins, garnis à l'extérieur d'abord de tamis en fer pour garantir les tamis en fils de laiton qui sont à l'extérieur; le tout tourne dans une caisse en bois au bas de laquelle se fixe le sac.

« On charge les morceaux de scories par l'ouïe d'un côté de l'appareil et la poudre fine se réunit dans le sac. Il y a quatre appareils qui tournent jour et nuit; chacun prend en moyenne 7 chevaux de force, de sorte que nous avons une locomobile de 30 chevaux qui fait tourner nos quatre moulins, nous donnant chacun 10 tonnes par vingt-quatre heures, soit 40 tonnes de production.

« Les scories sont très dures, car il arrive qu'il y a des morceaux qu'on retire et qui sont polis, usés, et qui ne peuvent se broyer.

« On vide les broyeurs au bout de deux fois vingt-quatre heures pour retirer l'acier qui s'amasse dedans, car il y a des morceaux d'acier qui restent dans la scorie.

« Ce broyage, avec entretien des appareils, main-d'œuvre, charbon, nous coûte de 8 à 9 francs la tonne, suivant la bonne marche des broyeurs.

« La scorie fraîche se broie plus facilement que celle qui reste sur parc quelques mois. »

Les scories, telles qu'elles sortent de la cornue Bessemer, se présentent en fragments plus ou moins gros; les plus pauvres se délitent après une longue exposition à l'air, mais les scories riches ne se délitent nullement. On ne doit pas conseiller aux agriculteurs d'avoir recours aux scories brutes, mais seulement aux scories finement pulvérisées.

Cette opération de mouture qui n'est pas sans inconvénients pour la santé des ouvriers et pour l'usure du matériel, n'est pas aussi sans augmenter le prix de l'engrais; mais la valeur fertilisante en est considérablement accrue, ainsi que le démontrent des expériences très précises. En Allemagne, l'industrie a fait sous ce rapport de très grands progrès et livre des produits presque impalpables. L'industrie française semble encore avoir de sérieux efforts à tenter dans ce sens, ainsi que dans le but d'obtenir plus d'homogénéité dans la composition des scories phosphatées.

Trois forges seulement livrent à l'agriculture des phosphates métallurgiques : la Société anonyme des forges du Nord et de l'Est, la Société des aciéries de Longwy et les Usines du Creusot; quelques rares usines (Dior et Pillet à Nantes) s'occupent spécialement de la mouture des scories.

Superphosphates. — On doit établir entre les phosphates naturels que nous avons examinés de grandes différences au point de vue de leur utilisation par les récoltes. Les produits d'origine animale, os en poudre, os dégélatinés, noirs, etc., sont tous directement et rapidement assimilables; les scories phosphatées sont également d'un emploi très certain, particulièrement dans les sols riches en matières organiques. Quant aux phosphates minéraux, on peut les classer en deux catégories : l'une comprend les phosphates cristallisés tels que les apatites, les sables phosphatés, les craies phosphatées, ou fortement agglomérés tels que certaines phosphorites; tous ces produits, même réduits en poudre très fine, restent presque inertes au sein de la terre. La seconde catégorie comprend les phosphates fossiles; ceux-ci, appliqués à des sols riches en matières organiques, agissent à coup sûr, mais à la longue; appliqués à des sols calcaires et en général à des sols pauvres en humus, leur action est extrêmement lente. C'est pour permettre l'utilisation de ces phosphates résistants d'une part, c'est, d'autre part, pour fournir à certains sols un élément plus rapidement et plus sûrement assimilable que l'industrie des superphosphates trouve sa raison d'être; ajoutons aussi que, dans beaucoup de cas, la pratique a reconnu la très réelle supériorité des superphosphates sur les phosphates naturels. Les premiers, en effet, agissent plus rapidement et, avec la tendance actuelle qu'a notre agriculture intensive de rentrer au plus vite dans ses déboursés, on ne doit pas s'étonner de voir l'usage de ces produits se répandre de plus en plus. C'est, du reste, grâce à la consommation énorme qu'on en fait que l'industrie est parvenue peu à peu à abaisser le prix de revient dans de fortes proportions et à diminuer l'écart par trop considérable qui existait il y a peu d'années entre le prix du kilogramme d'acide phosphorique solubilisé et celui du kilogramme d'acide phosphorique insoluble.

Les matières premières de la fabrication des superphosphates sont l'acide sulfurique et la matière phosphatée. Mais c'est moins cette dernière que la première qui semble régler la production et le prix de revient des superphosphates. Nous voyons, en effet, que le traitement chimique des phosphates s'est pour ainsi dire concentré dans les fabriques d'acide sulfurique. Pour ces grandes usines, la fabrication du superphosphate semble être le régulateur de la production; elles emmagasinent leurs excédents dans du phosphate et utilisent ainsi leurs acides bas titres ou impurs; le superphosphate est un produit accessoire qui donne à la fabrication, au travail du personnel et du matériel, une plus grande régularité. Il semble même aujourd'hui que le phosphate naturel se transporte vers l'usine à acide sulfurique plus volontiers que l'acide sulfurique vers le gisement de phosphate.

C'est ainsi que les grandes fabriques de produits chimiques possédant des chambres de plomb ont établi comme annexes des fabriques d'engrais et particulièrement de superphosphates. Ajoutons que souvent ces annexes ont pris un grand développement. Les types des installations de ce genre, nous les trouvons, par exemple, à la Manufacture de Saint-Gobain qui traite des pyrites de fer, à la Société pour l'exploitation des minerais du Rio-Tinto, à Marseille, qui traite des pyrites de cuivre.

Nous n'entendons pas, par ce qui précède, dire que les fabricants d'acide sulfurique monopolisent la fabrication des superphosphates; nous voyons, au contraire, de nombreux fabricants d'engrais produire des superphosphates avec l'acide sulfurique acheté soit aux usines françaises, soit aux usines étrangères; c'est précisément la concurrence de ces dernières qui écarte tout danger de monopole. Certaines grandes maisons ont même installé des fabriques d'acide sulfurique exclusivement pour le traitement chimique des phosphates naturels (maisons Joulie et Lagache, Tancrède, etc.).

Quant aux matières phosphatées, utilisées à cette fabrication, elles sont très diverses; certaines usines fabriquent exclusivement des superphosphates d'os ou des os dissous (Tancrède, Xardel, Coignet, etc.) et en général les fabriques de gélatine et les ateliers d'équarrissage; d'autres, des guanos dissous (Dior). Mais c'est la fabrication des superphosphates minéraux qui prime de beaucoup les autres et c'est de beaucoup la plus rationnelle. Les produits d'os étant très assimilables de leur nature même, nous ne voyons pas la nécessité de leur appliquer le traitement sulfurique, qui doit être réservé aux produits plus résistants.

Hâtons-nous de dire que, quelle que soit la matière première employée, os, nodules, sables, apatites ou phosphorites, notre industrie est arrivée à un degré de perfection très grand. Toutes les opérations de broyage du minerai, d'attaque acide, de malaxage et de tamisage sont confiées à d'excellentes machines. Les précautions capables d'assurer les ouvriers contre les dégagements de gaz nuisibles sont prises par des grandes fabriques. Voici la marche des opérations, telles qu'elles sont pratiquées à l'usine de la Compagnie du Rio-Tinto à Marseille :

« La Compagnie d'exploitation des minerais de Rio-Tinto a employé, jusqu'à ce jour, des phosphates de Cacérès ou de provenance de gisements français, ayant tous une teneur de 62 à 65 p. 100. Ces phosphates en roches arrivent à l'Estaque par voie de terre ou par voie de mer, au port même de l'usine, et sont entreposés dans des soutes couvertes, où ils acquièrent le degré de siccité indispensable pour une bonne mouture.

« L'outillage de cet atelier est composé d'un broyeur à cylindres de cinq paires de meules de 1 m. 25 de diamètre et d'une batterie de quatre bluteries de 6 mètres de longueur.

« Le phosphate bluté est conduit et pesé dans des cônes à bascule qui se vident directement dans les appareils de malaxage, où arrive, d'autre part, l'acide sulfurique mesuré dans des bassins de jauge.

« Cette attaque se fait dans des malaxeurs à axe horizontal, du système Vicker, pouvant recevoir une charge de 200 kilogrammes environ de phosphate. L'opération du brassage ne dure que deux minutes, à partir du moment où l'acide est mis en contact avec la matière à traiter.

« Le superphosphate formé à l'état de mortier clair est vidé par renversement de l'appareil dans des caves voûtées où se termine la réaction.

«Les gaz qui se dégagent pendant l'attaque, ainsi que ceux qui proviennent des caves, sont aspirés par un ventilateur et refoulés, à travers une colonne absorbante, avant leur émission dans la cheminée de l'usine.

«Au bout de quatre jours, le produit enfermé dans les caves peut être conduit aux magasins ; il est d'une homogénéité parfaite au point de vue de la contexture et de la composition. Pour une même matière les écarts de teneur, pendant une campagne entière, n'ont jamais dépassé deux dixièmes de degré.

«L'atelier de l'Estaque produit 25 tonnes de superphosphates à 15-16 degrés, par journée de dix heures, et n'exige le concours que de cinq ouvriers. Les malaxeurs de Vicker débiteraient jusqu'à 40 tonnes, si les appareils de mouture leur fournissaient une alimentation suffisante.

«Pour la fabrication des superphosphates d'os l'usine de l'Estaque reçoit :

«Des os dégélatinés ;

«Des cendres d'os ;

«Des noirs de raffinerie.

«Les matières, préalablement concassées dans des moulins à noix, sont pulvérisées au moyen d'un broyeur Carr et blutées, avant l'attaque, par l'acide sulfurique.

«Le brassage avec l'acide se fait, soit dans les malaxeurs de Vicker, soit à la main sur des aires spéciales, situées au-dessus des magasins de dépôt.

«Dans le cas de travail à la main, les charges de poudre et d'acide, régulièrement pesées, sont conduites, jusqu'au lieu du travail, au moyen de caisses et de vases suspendus à des rails fixés dans la charpente.

«Dans cette fabrication, le blutage préalable, l'exactitude imposée pour les dosages et les pesées ont pour conséquence la régularité des produits. L'atelier peut fabriquer, par jour, 15,000 kilogrammes de superphosphate dosant 18-20 degrés.»

Assainissement des ateliers. — Voici, quant à l'assainissement des ateliers, les précautions prises dans les ateliers des usines de Saint-Gobain :

«Les gaz dégagés au cours de la fabrication des engrais sont les suivants : acide carbonique, acide sulfureux, hydrogène sulfuré, acide sulfurique, hydrogène arsénié, fluorure de silicium. On les rencontre dans le malaxage et dans l'enlèvement des caves. Dans l'opération du malaxage, ces gaz sortent des fissures toujours mal jointes des appareils ; les ouvriers qui les conduisent en sont fortement incommodés.

«Dans le défournement du superphosphate, ils se dégagent surtout dans le piochage, pénètrent dans l'appareil respiratoire des hommes et provoquent des embarras gastriques d'une certaine gravité.

«De plus, ces gaz évacués directement par une cheminée de bois, ainsi que cela se pratique parfois, occasionnent dans le voisinage des usines des dégâts aux récoltes. Nous signalons un fait curieux constaté à Chauny avant l'installation des appareils d'assainissement : les vitrages des bâtiments placés en face de l'atelier des engrais se trouvaient dépolis au bout d'un certain temps.

« Il a donc été étudié à la Compagnie de Saint-Gobain un système permettant de condenser ces gaz d'une façon complète; l'installation est identique dans tous les établissements.

« Celle de l'usine d'Aubervilliers en particulier a servi de type au service des établissements classés de la préfecture de police; et actuellement elle est imposée dans les autorisations aux industriels qui fabriquent des superphosphates.

« Voici en quoi consiste cette installation :

« Les gaz sont aspirés par un tuyau en bois d'une certaine longueur et arrivent jusqu'à un système de deux colonnes également en bois.

« Dans cette gaine en bois, une partie du fluorure de silicium, en présence de l'eau se dégageant de la cave, se décompose en silice gélatineuse et en acide hydrofluosilicique.

« Ce dernier acide peut être recueilli à l'aide de pipettes à joints hydrauliques et la silice gélatineuse qui tapisse le tuyau peut être enlevée à des intervalles assez éloignés si la section de ce tuyau est suffisante.

« Les colonnes en bois que les gaz traversent ensuite portent à l'intérieur des morceaux de pitch-pin entrecroisés de façon à offrir un grand contact au gaz et à l'eau dont on les arrose à la partie supérieure.

« Les gaz passent d'une colonne à l'autre, et, à la sortie de la deuxième, on ne rencontre plus que de la vapeur d'eau.

« Il se dépose dans le bas de ces colonnes de la silice gélatineuse en grande abondance; l'eau qui est évacuée directement à l'égout est à peine acide au goût, elle possède une odeur caractéristique particulière : c'est l'odeur du superphosphate.

« Pour que la condensation soit parfaite et que l'eau ne contienne plus de trace d'acide au goût, il faut l'employer en quantité suffisante pour qu'à la sortie de la colonne elle ne marque pas plus de 30 degrés de température au thermomètre.

« Un fait assez curieux à signaler dans cette opération, c'est la concentration dans l'acide hydrofluosilicique que l'on condense dans la gaine d'une grande partie de l'iode qui se trouve dans le phosphate.

« Cet iode se trouve à l'état d'acide iodhydrique dans cette liqueur qui marque 25 degrés Baumé.

« L'appel des gaz à travers cette gaine et les colonnes se fait au moyen de ventilateurs en bois ou en fonte. Ces ventilateurs doivent être aspirants et foulants; ils doivent être à grand débit et en même temps à grande dépression, car ils aspirent concurremment et dans des espaces fermés (les malaxeurs) et dans les caves en défournage qui sont ouvertes à air libre.

« Ils refoulent la vapeur d'eau sortant des colonnes dans une cheminée en bois surmontant la toiture des ateliers.

« La Compagnie de Saint-Gobain a donc réalisé dans cette voie de l'assainissement de ses ateliers d'engrais des perfectionnements considérables qui lui permettent d'élever le rendement de ses ouvriers et en même temps rendent le recrutement beaucoup plus facile que dans les usines ne possédant pas ces appareils. »

On doit attacher une très grande importance aux qualités physiques des superphosphates, finesse, homogénéité, siccité ; les produits livrés par les petites usines, surtout au moment des fortes livraisons, laissent parfois à désirer et se présentent sous une forme pâteuse qui est très peu favorable à l'épandage. De pareils produits doivent être refusés par les cultivateurs. Mais ce vice de fabrication, autrefois très fréquent, devient de plus en plus rare et nous constatons avec satisfaction que les grandes usines, en France (Saint-Gobain) et en Belgique (Société du Bois-d'Havré, Tercelin Briard, etc.), ne craignent pas de faire subir aux superphosphates une dessiccation spéciale qui facilite leur mélange avec les engrais et leur épandage par les semoirs.

En Belgique, l'industrie des superphosphates a pris, concurremment avec l'exploitation des gisements de Ciply et la production abondante et économique de l'acide sulfurique, un remarquable développement; nous devons mettre en relief, parmi les produits qu'expose ce pays, un superphosphate dont le procédé de fabrication, basé sur l'enrichissement par l'acide phosphorique, est encore très peu répandu en France.

Superphosphates enrichis. — Ce procédé consiste, en principe, à substituer à l'acide sulfurique l'acide phosphorique pour l'attaque des phosphates. L'acide phosphorique est obtenu facilement en traitant le phosphate naturel par un excès d'acide sulfurique ; l'acide phosphorique ainsi mis en liberté est, après concentration, employé directement comme le serait l'acide sulfurique au traitement des phosphates naturels; on arrive ainsi à obtenir des superphosphates à 35 et 40 p. 100 d'acide phosphorique soluble au citrate. Ce procédé est particulièrement intéressant pour l'enrichissement des produits à gangue calcaire, tels que les craies phosphatées.

Phosphates précipités. — La transformation en superphosphates n'est pas la seule méthode qu'on emploie pour amener à un plus grand degré de division les divers engrais phosphatés. On fabrique encore des phosphates précipités qui sont le résultat d'une véritable précipitation au sein d'un liquide qui tenait le phosphate en dissolution.

Cette fabrication donne naissance à un produit blanc, très faiblement aggloméré, d'une parfaite homogénéité, d'une assimilabilité tout à fait comparable à celle des superphosphates et dont la richesse en acide phosphorique, soluble au citrate d'ammoniaque, est généralement comprise entre 36 et 40 p. 100.

Ces phosphates précipités sont obtenus presque exclusivement dans les fabriques de gélatine et constituent un sous-produit de cette industrie; dans les eaux acidulées par l'acide chlorhydrique et tenant en dissolution le phosphate de chaux, on précipite ce dernier en fractionnant l'addition de lait de chaux et en laissant toujours dans les liquides de l'acide phosphorique en excès qui réagit sur le phosphate tribasique formé. Le précipité, lavé à la turbine et séché à basse température, est presque tout entier soluble au citrate d'ammoniaque. Cette fabrication qui paraît très simple offre dans la pratique de grandes difficultés; ce n'est qu'en France et en Belgique où elle est arrivée à un certain degré de perfection, et où le phosphate est presque tout entier à l'état bibasique.

Ce procédé de concentration de l'acide phosphorique mériterait, pensons-nous, de prendre une plus grande extension; à en juger par le nombre restreint des produits exposés, il semblerait que le commerce des engrais y attache une importance très secondaire et réserve les produits obtenus dans les fabriques de gélatine comme matière de mélange pour les engrais complexes.

III. ENGRAIS POTASSIQUES.

Après les engrais azotés et phosphatés, viennent par ordre d'importance les engrais potassiques. D'une façon générale on peut dire que, si dans les terrains extrêmes, craie, sable ou tourbe, la potasse est indispensable, dans un plus grand nombre de cas, représentés par les terres cultivées de longue date, recevant du fumier d'une façon régulière et constituées par un mélange de sable, de calcaire et d'argile, son avantage est très problématique et son emploi ne peut y être conseillé qu'à la suite d'expériences démonstratives, dans lesquelles on tiendra compte non seulement du surcroît de récolte, mais aussi du bénéfice net.

M. Dehérain a fait observer depuis plusieurs années «qu'il ne s'est pas créé un marché des sels potassiques, comparable à celui qui s'est établi sur les phosphates; il est donc vraisemblable qu'habituellement les sols cultivés renferment une quantité suffisante de potasse pour qu'il soit inutile d'en ajouter.»

En examinant les opérations effectuées dans ces dernières années par différents Syndicats agricoles, nous constatons de notre côté que la tendance des agriculteurs n'est pas vers l'achat de sels potassiques.

Quoi qu'il en soit, les sources principales d'engrais potassiques sont les cendres de bois et de plantes marines, les mélasses, vinasses et eaux d'osmose provenant du traitement de la betterave, les eaux de désuintage, les sels extraits des eaux mères des marais salants et surtout les gisements de Stassfurt.

Une source d'engrais potassique peu importante, il est vrai, mais que nous devons cependant signaler, à cause de sa nouveauté, a été exploitée dans les usines de M. Fould-Dupont: ce sont les poussières déposées dans les appareils à air chaud.

«On sait que les métallurgistes modernes emploient des tours formées de briques empilées laissant entre elles des canaux verticaux, l'ensemble étant logé dans une enveloppe en briques surmontée d'une calotte. On envoie alternativement les gaz sortant

IMPRIMERIE NATIONALE.

du haut fourneau, en les allumant à leur entrée dans l'appareil, et l'air de la soufflerie. On réalise ainsi une notable économie de combustible par ce chauffage du vent. Les gaz venant du haut fourneau entraînent avec eux des poussières impalpables qui nécessitent un nettoyage périodique des appareils en briques.

« Ces poussières sont riches en alcalis et surtout en potasse, comme l'indique l'analyse ci-après :

	1re analyse.	2me analyse.
Silice	48.30	57.05
Alumine	20.59	16.44
Oxyde ferreux	2.78	2.78
Chaux	9.10	8.40
Alcalis	18.60	14.75
Acide phosphorique	0.73	0.78

« Il y a en effet près de 19 p. 100 de potasse et un peu de soude. Cette potasse provient des cendres du coke.

« La production de l'usine peut atteindre plus d'un millier de tonnes de ces poussières immédiatement assimilables, car elles sont absolument impalpables du fait même de leur entraînement par les gaz dans des conduits plus ou moins étroits et surtout à travers les blocs des charges des hauts fourneaux.

« Il est utile de faire connaître cette utilisation des poussières aux métallurgistes et aux agriculteurs : les premiers y trouveront la vente d'un déchet et les seconds un élément indispensable (la potasse) d'un engrais complet. »

Dans les vitrines de nos exposants d'engrais figurent bien quelques échantillons de sels potassiques, mais seulement comme produits servant à la fabrication des engrais complexes; aucun d'eux ne s'est présenté comme producteur direct; nous aurions cependant désiré voir notre production indigène, quelque restreinte qu'elle soit, affirmer son existence et s'effacer moins devant les produits naturels de l'Allemagne. D'une part les bas prix de ces derniers encouragent peu, il est vrai, nos industriels à porter leurs efforts sur la récupération de la potasse des résidus industriels. D'autre part, un courant d'idées très accentué parmi les agronomes qui ont étudié la composition des sols français tend à considérer la potasse comme généralement suffisante dans les terrains ordinaires pour que l'apport de cet élément soit rarement utile. Il existe cependant des catégories de plantes, les légumineuses, la vigne, les pommes de terre, qui se montrent sensibles à son action, et de vastes étendues de terrains (terrains crétacés) qui tireraient un parti très avantageux de son emploi. Pour ces diverses raisons, nous regrettons que les producteurs de sels potassiques n'aient pas cherché à mettre en relief les produits de leur fabrication.

IV. ENGRAIS CALCAI ES.

Les engrais calcaires sont représentés par la chaux et la marne. Ces amendements utilisés depuis si longtemps n'ont plus à faire leurs preuves; leur emploi s'est imposé concurremment avec celui des phosphates, dans les régions nombreuses dont le sol manque de chaux, et c'est à rechercher les gisements exploitables, situés à proximité de ces régions et capables de les alimenter, sans que les frais de transport de l'amendement viennent trop fortement grever le prix de revient à pied d'œuvre, que de tous côtés se sont portés les efforts.

Les bas prix des chaux et des marnes, ainsi que l'extrême abondance des gisements, leur caractère tout à fait local, enlèvent à l'exposition de ces produits naturels tout cachet d'intérêt général, et nous n'avons pas lieu d'être surpris de la rareté des exposants de cette catégorie.

V. ENGRAIS DIVERS.

Outre les engrais azotés, phosphatés, potassiques et calcaires, apportant aux plantes les principaux éléments que la nature ne met pas en quantité suffisante à leur disposition, il y a d'autres substances dont le rôle est moindre, soit parce qu'elles sont répandues plus abondamment dans le sol, soit parce que leur insuffisance ne se traduit pas, comme pour les premières, par un abaissement aussi considérable de récolte. Parmi ces substances nous citerons le sulfate de chaux, le sulfate de fer, la magnésie.

Plâtre. — Le plâtre est devenu d'un emploi courant dans la culture des légumineuses fourragères et dans le mélange avec les engrais chimiques, et particulièrement avec les superphosphates. Cet emploi s'étendra encore, pensons-nous, et nous ne serions pas surpris de voir cette matière prendre une importance agricole plus grande et figurer dans la fumure des terres au même titre que le phosphate de chaux, comme engrais à acide sulfurique.

Quoi qu'il en soit, les gisements de plâtre ne sont pas, comme les gisements calcaires, abondamment répandus à la surface de notre territoire. La France possède la mine la plus puissante qu'on connaisse, située dans le terrain tertiaire des environs de Paris (étage dit *des marnes à gypse*); elle alimente une partie de nos départements et l'Amérique même.

Un des plus grands fabricants de plâtre, M. Morel, ingénieur des arts et manufactures à Montreuil-sous-Bois, présente des types de produits spécialement préparés pour l'agriculture : plâtres cru, demi-cuit, cuit. Avec juste raison, une grande importance est attachée au degré de finesse de cet engrais. Nous croyons utile de reproduire ici les renseignements qui nous ont été fournis par cet important industriel :

«Il y a une vingtaine d'années, le développement presque journalier des réseaux de chemins de fer nous excita à faire employer les plâtres pour engrais dans toutes les contrées traversées par la Compagnie d'Orléans, celle de Lyon et, plus tard, celle de l'État, dont les gares au départ de Paris sont à proximité de notre exploitation.

«Jusqu'à cette époque, on n'avait employé les plâtres qu'en petite quantité, à titre d'essais, sauf peut-être pour le département de l'Yonne et celui des Deux-Sèvres; ce dernier était alimenté surtout par les plâtres de la Saintonge. Les plâtres vendus n'étaient alors que des résidus de carrière grossièrement tamisés et qui, par cela même, ne pouvaient adhérer que très imparfaitement aux plantes.

«Notre fabrication déjà très soignée nous valut un grand succès; aussi, dès 1874-1875, nous dûmes adjoindre à notre usine pour plâtres à construction des bâtiments nouveaux et une nouvelle machine à vapeur de 30 chevaux, pour la fabrication des plâtres blutés crus et cuits pour engrais.

«Nous eûmes bientôt la satisfaction de voir se répandre l'emploi du plâtre dans des départements qui n'en avaient jamais reçu.

«Encouragé par un succès toujours croissant, nous voulûmes développer encore la consommation.

«Des démarches faites auprès des Compagnies de Lyon, d'Orléans, nous firent obtenir des abaissements de tarifs pour certaines contrées qui, jusque-là, n'avaient pas encore tenté l'emploi du plâtrage; l'abaissement du prix de transport contribua sensiblement à développer notre production.

«En 1865-1866, nous expédiions à peine 400,000 kilogrammes sur les voies ferrées.

«Dès 1874-1875, notre production atteignit 10,500,000 kilogrammes, et, dix ans plus tard, nous avons dépassé 19 millions de kilogrammes tant en plâtres *crus* que *demi-cuits* et *cuits*, vendus pour l'agriculture.

«Nous devons dire que, depuis ces dernières années, il y a un arrêt très marqué dans le développement de la consommation et, cependant, nos prix ont toujours été en diminuant.

«Ce n'est pas qu'on ne reconnaisse les bons effets du plâtrage, mais la réponse de nos consommateurs est presque invariablement la même : *Nous ne pouvons faire des achats.*

«Il faut attribuer aux différentes natures du sol de la France et même à celles d'un même département, l'emploi des trois sortes de plâtre pour engrais, savoir :

«Plâtre cru, broyé, fin;
«Plâtre demi-cuit, broyé, très fin;
«Plâtre cuit, broyé, très fin

« Le plâtre cru est du sulfate de chaux dont la composition moyenne est de :

Sulfate de chaux	70.0
Eau	18.8
Carbonate de chaux	7.6
Argile et matières organiques	3.2

« Le plâtre demi-cuit est un mélange intime de moitié plâtre cru et moitié plâtre cuit, broyés très fin.

« Le plâtre cuit livré pour engrais est le même que celui employé en province pour les enduits et plafonds.

« Nous donnons ci-après la liste, par ordre alphabétique, des départements où nous expédions nos plâtres, en indiquant la nature des plâtres que nous y expédions.

Aveyron	cuit.		
Cantal	cuit,	1/2 cuit.	
Charente	cuit.		
Charente-Inférieure	cuit,	1/2 cuit.	
Cher		1/2 cuit,	cru.
Corrèze	cuit,	1/2 cuit.	
Côte-d'Or	cuit.		
Côtes-du-Nord			cru.
Creuse	cuit,	1/2 cuit.	
Dordogne	cuit,	1/2 cuit.	
Eure-et-Loir		1/2 cuit,	cru.
Finistère			cru.
Garonne (Haute-)	cuit.		
Gers	cuit,	1/2 cuit.	
Gironde	cuit.		
Indre	cuit,	1/2 cuit.	
Indre-et-Loir	cuit,	1/2 cuit.	
Loiret	cuit,	1/2 cuit.	
Loir-et-Cher	cuit,	1/2 cuit,	cru.
Loire-Inférieure	cuit,	1/2 cuit.	
Lot	cuit.		
Lot-et-Garonne	cuit.		
Lozère	cuit,	1/2 cuit.	
Maine-et-Loire		1/2 cuit,	cru.
Orne			cru.
Sarthe			cru.
Sèvres (Deux-)			cru.
Somme	cuit.		
Tarn	cuit.		
Tarn-et-Garonne	cuit.		
Vendée		1/2 cuit,	cru.
Vienne		1/2 cuit,	cru.
Vienne (Haute-)	cuit,	1/2 cuit.	
Yonne			cru.

«Nous devons faire cette remarque, que nous permet notre vieille expérience de fabricant, c'est que certains départements ont commencé le plâtrage avec des plâtres crus, ont employé ensuite beaucoup de plâtres demi-cuits et font usage actuellement de plâtres demi-cuits et de plâtres cuits.

«La conclusion à tirer de cette remarque, c'est que probablement les plâtres cuits conviennent mieux aux légumineuses et aux diverses sortes de terrains.

«Jusqu'à ces dernières années, les plâtres nous étaient presque exclusivement demandés par des marchands de province qui les revendaient aux agriculteurs, avec une majoration de prix le plus souvent considérable. Certains fermiers ou grands propriétaires s'adressaient également à nous, mais ils faisaient exception.

«Le petit cultivateur ne pouvait recevoir tout un wagon de plâtre (5,000 kilogrammes au minimum), dont il n'avait pas l'emploi. Pour des quantités moindres, les tarifs spéciaux des compagnies de chemin de fer n'étaient pas applicables.

«Les choses sont bien changées depuis quelques années :

«Les Syndicats agricoles, au début de leur formation, achetaient leurs plâtres à ces mêmes marchands de province; mais bientôt, mieux renseignés, ils s'adressèrent directement à nous. Nous avons la satisfaction de dire qu'ils n'y ont pas seulement trouvé une grande économie, mais, ce qui vaut mieux encore, toute sécurité pour le poids réel des livraisons et une composition uniforme et invariable des produits vendus.»

Sulfate de fer. — Dans ces dernières années, on a cherché à faire entrer largement dans la pratique agricole le sulfate de fer ou couperose verte, jusqu'ici utilisé comme un spécifique contre la chlorose des arbres et pour faire disparaître les mousses des prairies. On a voulu faire considérer cette matière comme un véritable engrais, au même titre que le phosphate de chaux par exemple.

Quoi qu'il en soit de cette théorie qui, avant d'être adoptée par les agriculteurs, demande à être soumise à des expériences nombreuses et précises, nous devons signaler les produits (sulfate de fer et cendres pyriteuses) préparés par M. Margueritte-Delacharlonny, dans les usines d'Urcel, et le sulfate de fer de la Compagnie du Rio-Tinto à Marseille.

Magnésie. — La magnésie entre dans la constitution de tous les végétaux; plus que le fer, elle mérite d'être considérée comme un véritable engrais, et le jour où des études plus approfondies auront montré jusqu'à quel point son introduction dans le sol peut être utile, nous serons heureux de trouver abondamment et à bas prix cette matière première, grâce aux travaux de M. Schlœsing, de l'Institut, mis en œuvre par MM. Schlœsing frères, de Marseille.

Il est bon de faire connaître ici un procédé de fabrication encore peu connu, et qui est intéressant, non seulement au point de vue de la préparation de la magnésie même, mais aussi au point de vue de la préparation ultérieure du phosphate de magnésie pouvant servir à la précipitation de l'ammoniaque des matières de vidange :

« On retire la magnésie des eaux de la mer qui contiennent par mètre cube 2 kilogrammes de magnésie pure à l'état de sulfate et de chlorure. Si l'on verse dans ces eaux un lait de chaux convenablement préparé, il se forme immédiatement un précipité laiteux d'hydrate de magnésie. Le chlorure de calcium et une petite quantité de sulfate de calcium restent en dissolution.

« Jetée sur du sable fin, la liqueur filtre en laissant une couche boueuse de magnésie qui se dessèche au soleil, s'écaille et se détache d'elle-même du sable sous-jacent. C'est sur ces principes qu'une petite usine traitant par jour 1,000 mètres cubes d'eau a été établie à Aigues-Mortes.

« Les appareils sont disposés de telle sorte, que la quantité de lait de chaux fabriquée d'une façon continue soit toujours dans un rapport constant avec le débit des pompes puisant l'eau de mer.

« Le lait de chaux et l'eau de mer mélangés sont battus par des agitateurs dans trois cuves en maçonnerie qu'ils traversent successivement.

« Ils se rendent ensuite aux tables à filtrer.

« Ce sont des bassins de 300 mètres de longueur et de 5 mètres de largeur, dont les parois sont formées de planches et dont le fond est constitué par du sable de mer très pur. Ces tables opèrent à la fois comme décanteurs et comme filtres.

« La boue magnésienne se dépose sur le sable; l'eau surnageante s'écoule limpide au bout de la table opposé à celui de l'arrivée. Lorsque la table est pleine de boue magnésienne ne se décantant plus, on arrête l'opération. La boue se ressuie lentement et forme des plaques qui se fendillent et sèchent au soleil.

« La filtration nécessite environ dix jours et le séchage vingt à trente, suivant la saison. Cette fabrication ne peut, du reste, avoir lieu que pendant les six mois d'été.

« On fabrique environ un kilogramme de magnésie par mètre carré de sable et par jour, soit 15,000 tonnes par hectare et par campagne. »

VI. PRODUITS DIVERS.

Un certain nombre de produits divers ont été exposés sous des noms plus ou moins fantaisistes, et leurs inventeurs leur prêtent des propriétés merveilleuses : ceux-ci détruisent le phylloxéra, ceux-là font disparaître toutes les maladies cryptogamiques, d'autres donnent aux semences une vigueur jusqu'ici inconnue. Nous avons, vis-à-vis de ces produits mystérieux, observé la plus grande circonspection, pour des motifs faciles à comprendre.

Dans cette catégorie de matières diverses dans laquelle figurent les insecticides, deux produits ont seuls retenu notre attention, parce que leur efficacité a été consacrée par une longue pratique et par des expériences scientifiques: le sulfate de cuivre et le soufre.

Sulfate de cuivre. — La compagnie d'exploitation des minerais de pyrites de cuivre de Rio-Tinto (à Marseille) fabrique en même temps le cuivre et l'acide sulfurique; elle est évidemment dans des conditions particulièrement favorables pour la production du sulfate de cuivre. Le cuivre, obtenu à l'état de cément riche, est oxydé dans des fours spéciaux, puis transformé en sulfate par l'action de l'acide à 53 degrés. Ces usines fonctionnant dès 1887 produisent actuellement chaque jour 4,500 kilogrammes de sulfate de cuivre en cristaux ou en neige. Ces produits proviennent d'une deuxième cristallisation et titrent 98 à 99 p. 100.

Soufre. — Tandis que le sulfate de cuivre est le remède efficace contre le mildew, le soufre reste toujours le remède contre l'oïdium, et l'espoir qu'on avait de pouvoir combattre à la fois les deux maladies par l'un ou l'autre de ces produits n'existe plus.

L'efficacité du soufre est d'autant plus grande que le soufre est plus finement divisé, plus impalpable; sous ce rapport le soufre précipité passe en première ligne.

L'épuration du gaz d'éclairage est une source abondante de soufre précipité, dont MM. Schlœsing frères ont tiré un excellent parti.

« En sortant des cornues, le gaz emporte avec lui le soufre de la houille à l'état d'acide sulfhydrique et l'abandonne ensuite à l'état de soufre précipité dans la matière dont on se sert pour l'épurer. Cette matière épurante du gaz, lorsqu'elle est hors de service, renferme jusqu'à 40 p. 100 de soufre précipité. Malheureusement elle renferme aussi des cyanures et des sulfocyanures, poisons redoutables tant pour les animaux que pour les végétaux dont ils brûlent les feuilles et les fruits, et il y aurait danger à lui donner un emploi agricole avant de l'avoir décyanurée, c'est-à-dire avant de l'avoir dépouillée, par des procédés chimiques, des cyanures et sulfocyanures. »

Après qu'elle a été décyanurée, puis séchée et mise en poudre, la matière épurante du gaz, dans l'état où MM. Schlœsing la livrent à la consommation, donne à l'analyse les résultats suivants :

Soufre précipité	25 à 30 p. 100.
Sulfate de chaux	25 à 30
Peroxyde de fer	10 à 12
Cyanogène (uni à la chaux et au fer)	2 à 3
Acide carbonique, matières organiques et goudronneuses	15 à 30

VII. ENGRAIS COMPOSÉS.

Par engrais composés, nous entendons l'immense catégorie des engrais formés par le mélange, en proportions très diverses, des matières premières apportant les principaux éléments fertilisants : azote, acide phosphorique, potasse.

Ces engrais sont innombrables; ils sont offerts à l'agriculteur avec des titrages variables à l'infini, sous des dénominations qui en rappellent plus ou moins l'origine, la composition, ou la destination, sous des aspects également variés. En les composant, les fabricants loyaux se proposent surtout de donner à chaque plante, d'après son analyse, en proportion voulue, les matériaux nécessaires à son développement; chaque maison a ses formules spéciales.

Le plus souvent ces engrais sont constitués par le mélange des engrais simples que nous avons passés en revue, et le travail du fabricant se réduit à rendre ce mélange aussi parfait et aussi homogène que possible. On y arrive dans les petites fabriques à l'aide de pelletages et de tamisages; dans les grandes usines, à l'aide de machines puissantes opérant le concassage, le blutage et le brassage des matières premières. Sous le rapport des qualités physiques, les engrais présentés par nos grandes maisons (Berthier, Saint-Gobain, Joulie-Lagache, Dior, Schlœsing, Coignet, Linet, etc.) sont très remarquables et notre fabrication n'a pas à craindre le parallèle avec les produits étrangers. Parmi ces derniers, nous signalerons ceux d'un fabricant belge, M. Tiercelin. Ils sont obtenus par le mélange simultané des matières premières fournissant l'azote et la potasse, préalablement dissoutes dans l'eau, au moment même de la solubilisation de l'acide phosphorique, c'est-à-dire lors de la transformation du phosphate et superphosphate par l'acide sulfurique.

Quelquefois aussi les matières premières de la fabrication sont plus complexes; la base en est constituée tantôt par des matières de vidange transformées en tourteaux pulvérulents (Schlœsing); tantôt par des déchets d'animaux, tels que produits d'équarrissage, déchets de laines, de cornes, de poissons (Tancrède, Laureau etc.). Dans ce dernier cas, le procédé de fabrication consiste ordinairement à dissoudre les matières animales, soit à chaud, soit à froid, dans l'acide sulfurique, à saturer ensuite cet acide par du phosphate minéral; on atteint le degré de richesse voulu par l'addition de matières premières convenablement choisies. Pour obtenir la fixité de composition de mélanges complexes, les fabricants habiles évitent le contact des nitrates et des superphosphates, de la chaux et du sulfate d'ammoniaque, qui peut provoquer des pertes d'azote.

Les procédés qui consistent à transformer en engrais pulvérulents et concentrés des matières encombrantes sont dignes de tous les encouragements; mais nous ferons des réserves en ce qui concerne les simples mélanges, et nous voyons avec satisfaction que les agriculteurs ont de plus en plus tendance à se charger eux-mêmes de la fabrication des engrais composés contenant les éléments réellement utiles au sol qu'ils cultivent. C'est en effet la composition du sol, bien plus que la composition de la récolte, qui doit déterminer la nature et la proportion des principes fertilisants constitutifs. Lors même que les formules d'engrais complexes ont été établies sur des bases scientifiques par des industriels au courant des principes de la chimie et de la physiologie agricoles, nous ne les critiquerons pas moins. Il faut en effet, nous le répétons, considérer avant tout la richesse du sol, que les fabricants ne peuvent pas prévoir.

Ce que surtout nous n'avons pas voulu encourager, c'est l'éclosion de ces mélanges interlopes, qui, sous des noms plus ou moins bizarres, n'ont d'autre but que de faire payer au cultivateur, à un prix exagéré, les facultés mystérieuses que certains fabricants prêtent à leurs produits.

FABRICATION DU SULFATE D'AMMONIAQUE
(USINES SCHLŒSING DE MARSEILLE)

Élévation et coupe des appareils

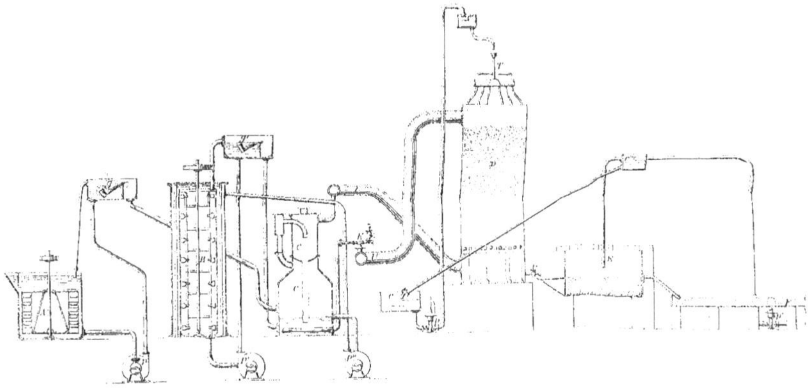

Plan

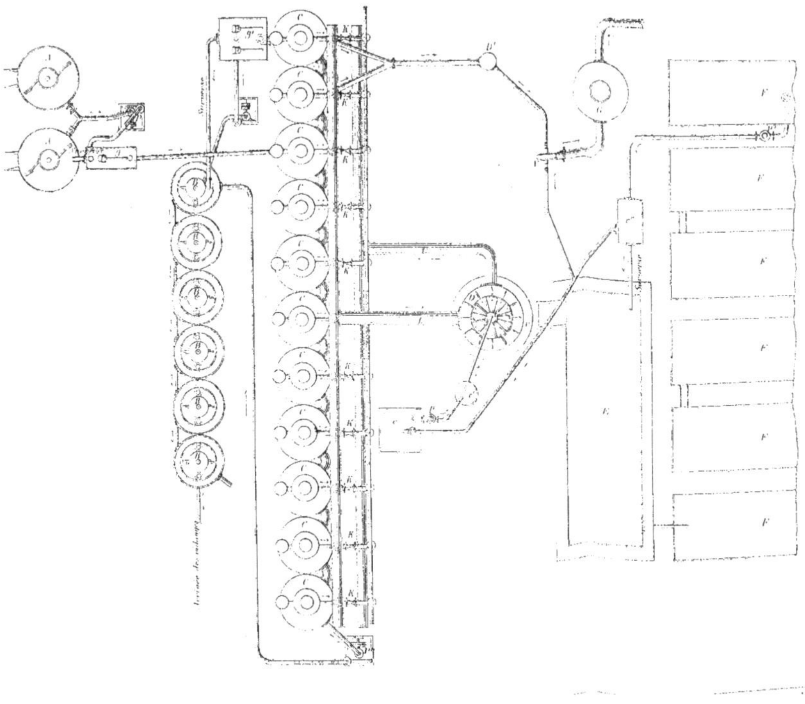

FABRICATION DES TOURTEAUX.

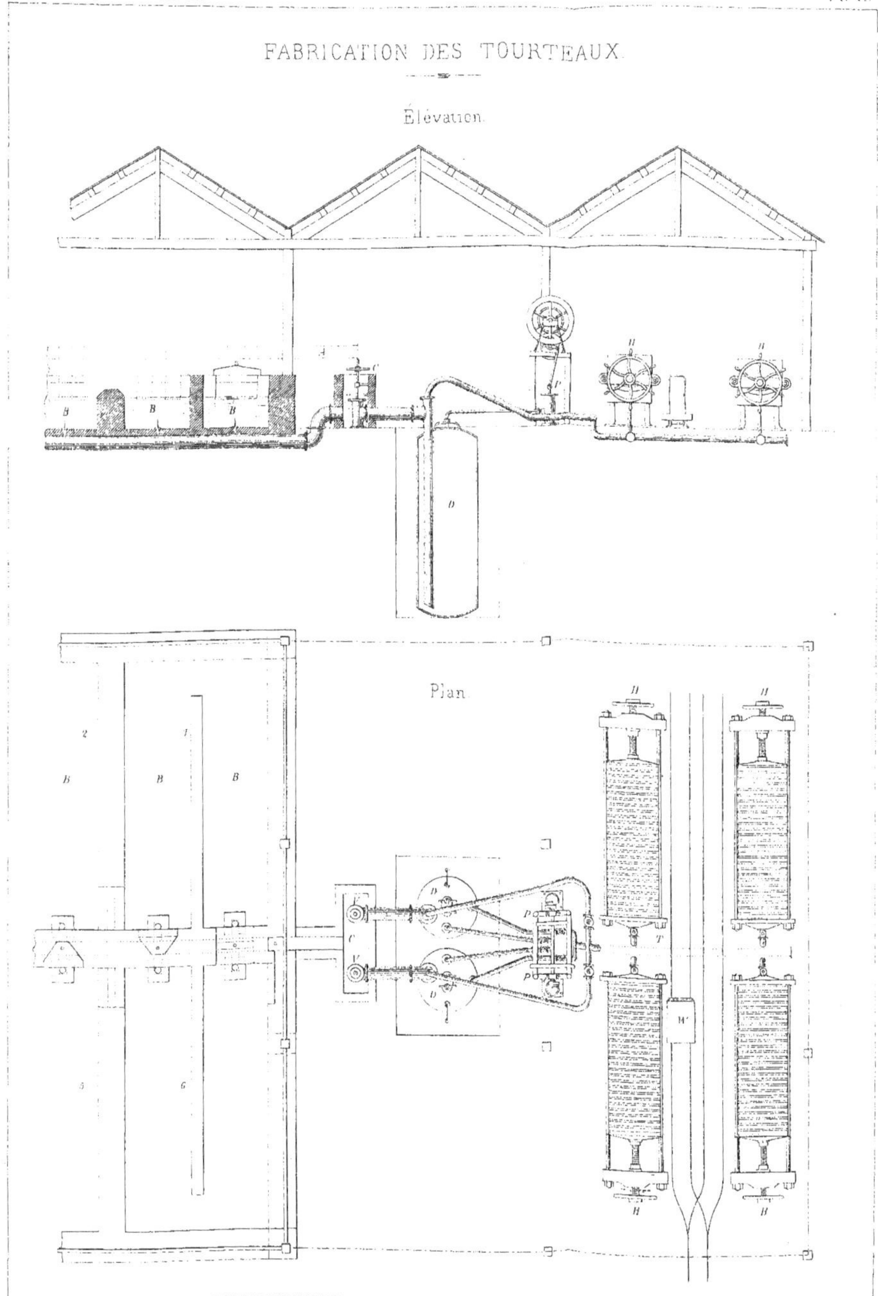

Colonne Solvay

Broyeur

Appareil Bouchez

Aspiration

USINES SOLVAY ET CIE

Enrichissement de la craie grise.

Traitement par l'acide sulfureux

Four à pyrites

PL. IV.

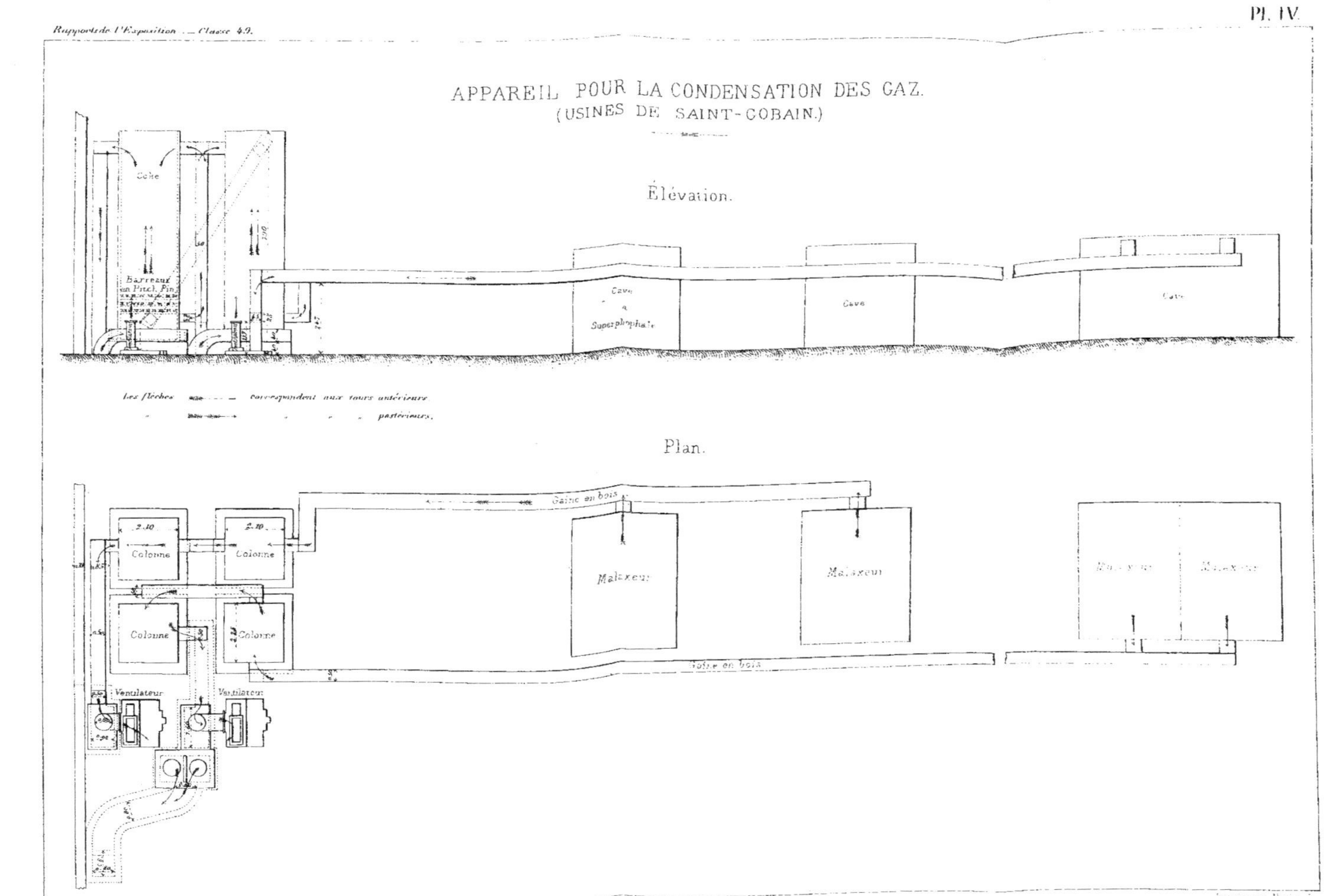

Imprimerie Nationale.

TRAVAUX D'ENDIGUEMENT, IRRIGATIONS ET DRAINAGES

RAPPORT

PAR

M. EUGÈNE RISLER

DIRECTEUR DE L'INSTITUT NATIONAL AGRONOMIQUE

TRAVAUX D'ENDIGUEMENT, IRRIGATIONS, DESSÉCHEMENTS, ETC.

Société des polders de Bouin, département de la Vendée.

(N° 255 du catalogue.)

Un grand prix a été accordé à M. Achille Le Cler, directeur de la Société des polders de Bouin (Vendée).

Cette Société, fondée en 1852, et dirigée depuis 1855 par M. Achille Le Cler, ingénieur civil, a endigué et mis en culture successivement 700 hectares de polders ou lais de mer, situés l'un (celui de Barbâtre) sur la côte de l'île de Noirmoutiers, et les autres (les polders des Champs, du Dain, de la Coupelane et de Beauvoir), vis-à-vis du premier, près de Bouin, sur la côte du département de la Vendée et dans la baie de Bourgneuf qui sépare cette côte de Noirmoutiers. Ces cinq polders présentent un développement de digues de 18 kilomètres et demi. Nous allons donner quelques détails sur l'exécution de ces travaux, d'après l'éminent ingénieur qui les a dirigés.

La ligne d'endiguement se trouve à peu près à la limite de la baisse des mortes-eaux de sorte que les terrains des polders étaient, avant leur enclôture, couverts par la mer dans toutes les marées des vives-eaux. Les marées d'équinoxe donnent une hauteur d'eau de 2 m. 50 au pied des digues. Dans ces conditions, des digues de 4 m. 50 de hauteur totale en moyenne, c'est-à-dire de 2 mètres au-dessus du niveau de ces marées d'équinoxe, ont suffi pour le polder de Barbâtre, au sud de l'île de Noirmoutiers. Mais, pour les autres polders, les digues, exposées aux vents d'Ouest qui soufflent souvent avec violence dans la baie de Bourgneuf, ont leur sommet élevé de 2 m. 50 au-dessus du niveau des plus grandes marées, ce qui donne 5 mètres, en moyenne, pour leur hauteur totale, avec 21 mètres de largeur à la base et 1 mètre au sommet.

Les surfaces endiguées ont été :

Polder de Barbâtre	117	hectares	(terminé en 1855)
Polder des Champs	100	—	(— 1860)
Polder du Dain	140	—	(— 1863)
Polder de la Coupelane	183	—	(— 1867)
Polder de Beauvoir	160	—	(en cours d'exécution).

Les travaux de ce dernier, qui avaient été interrompus en 1875, ont été repris depuis quelques années, mais par parties de 30 à 40 hectares, ce qui permet de ne donner aux digues que 3 m. 50 de hauteur, tout en assurant encore davantage leur résistance aux plus violentes tempêtes.

Voici comment M. Le Cler procède, lorsque la terre du polder, accumulée derrière les chaînes de pierres qui en tracent le périmètre, est prête pour l'endiguement.

Il fait construire les aqueducs et mettre en place des conduites en bois appelées *coëfs* qui seront établis sous les digues et munis de clapets se fermant d'eux-mêmes quand la mer s'élève.

Ces aqueducs en maçonnerie ou en bois sont destinés, après l'endiguement, à l'écoulement des eaux du polder. Ils servent aussi, dans certains cas, à l'écoulement des eaux des anciens terrains ou aux prises d'eau salée pour les marais salants situés dans l'intérieur du pays, en arrière du polder. Dans ce dernier cas, il faut que les aqueducs construits sous les digues se continuent à travers le polder, par un canal appelé *étier*, formé de deux digues parallèles, élevées en hauteur au-dessus du niveau des plus grandes marées. Sans cela, l'aqueduc ouvert à mer haute pour l'alimentation des marais salants inonderait le polder. Comme l'écoulement des eaux ne peut avoir lieu qu'à mer basse, il faut que le nombre des coëfs et aqueducs et leurs dimensions soient déterminés de manière à satisfaire à une prompte évacuation et à un complet assainissement du polder, ce qui en constitue le drainage et est, par suite, extrêmement important.

Il y a encore une opération préliminaire qui doit précéder le commencement des terrassements, et qu'on appelle *l'ouverture des vides*.

On donne ce nom à des ouvertures que l'on réserve dans la chaîne de pierres, et par lesquelles la mer pourra entrer et sortir facilement à chaque marée jusqu'au jour où les digues se trouveront élevées, sur toute la ligne de l'endiguement, à une hauteur suffisante pour tenir la mer en dehors du polder. Ces ouvertures permettent à la mer de remplir facilement le polder à chaque marée et de se mettre de niveau de chaque côté du remblai en construction. Le terrassement se trouve mieux protégé de cette manière contre les tempêtes et les vagues, que si, dès l'origine, on empêchait la mer d'entrer à l'intérieur. En effet, les vagues en passant avec chute, sur le remblai, l'entraîneraient, en partie, à chaque marée. Les mêmes avaries ne sont pas à redouter quand les vagues viennent tomber et s'amortir dans l'eau qui couvre le terrassement. L'emplacement, les dimensions et le nombre des vides sont donnés à la fois par l'expérience et par le calcul. Pour la première partie du polder du Dain, deux vides de 80 mètres de longueur chacun se sont trouvés dans d'excellentes conditions.

Il faut paver les vides avec les pierres de la chaîne, car, à chaque marée, c'est-à-dire deux fois en vingt-quatre heures, l'eau entre et sort avec une vitesse dépendant de la surface du polder, de la hauteur de la marée et de la longueur des vides. Cette vitesse s'augmente au fur et à mesure de l'avancement des digues. Si la surface des vides n'était pas pavée, il se produirait aisément des affouillements dans le sol. Des musoirs en pierre sont établis sur les parties latérales des vides pour retenir les extrémités du terrassement jusqu'au moment de la fermeture.

On cherche ainsi à gagner une hauteur de 50 centimètres au moins au-dessus du niveau des plus hautes marées. C'est à partir du moment où l'on est arrivé à cette hauteur sur toute l'étendue de l'endiguement qu'on peut songer à la fermeture des vides. Les travaux que nous venons de décrire pour cette première partie de l'opération doivent être poussés avec vigueur, autant que peut le permettre la nature vaseuse du remblai; et il faut faire en sorte d'arriver à ce degré d'avancement dans le mois de juin.

C'est vers la fin de ce mois que se présentent les plus petites marées de l'année, dites *marées de la Saint-Jean ;* il faut en profiter pour la *fermeture des vides.* Les vides peuvent être fermés l'un après l'autre ou le même jour. Il est cependant préférable de les fermer en même temps. Cette opération doit avoir lieu le jour de la plus basse mer de la morte-eau. Comme les digues sont établies à peu près à la ligne des mortes-eaux, il n'entre, ce jour-là, que peu d'eau dans le polder.

Dans les deux ou trois jours qui précèdent la fermeture, on enlève le pavage des vides et on rétablit les chaînes de pierres. Les musoirs qui retenaient les extrémités du terrassement sont retirés avec soin. On ne doit pas laisser, sous la base de la digue, des pierres ou chaînes transversales qui pourraient amener plus tard des filtrations dans le corps du terrassement.

Les deux chaînes longitudinales sont donc rétablies avec les pierres du pavage, et on installe des ponts de roulage de manière à placer un grand nombre de terrassiers pour chaque vide. On en met ordinairement une centaine pour un vide de 100 mètres d'ouverture. Il faut faire le plus de remblai possible le jour de la fermeture. Dès ce soir-là, la mer ne doit plus rentrer dans le polder. On continue le lendemain et les jours suivants à l'élever en hauteur, car la mer gagne chaque jour de la hauteur, de son côté, en s'avançant vers la vive-eau, et il faut continuer à rester au-dessus du niveau des marées. Cette opération de la fermeture est très importante, capitale même pour le succès de l'entreprise. C'est la clef de voûte de l'endiguement d'un polder. On choisit les meilleurs ouvriers pour ce travail et on les encourage par des gratifications et une paye plus élevée pendant les premiers jours de l'opération.

Les ouvriers comprennent d'ailleurs l'importance du succès de la fermeture. Ils y mettent de l'ardeur et de la bonne volonté. Le jour de la fermeture est une fête dans le pays. La fermeture du polder de Barbâtre (île de Noirmoutiers), par suite de la disposition particulière des heures des marées et de la morte-eau, dut avoir lieu obligatoirement un dimanche, bien que le chantier fût fermé ordinairement les jours de fête. M. le curé de Barbâtre se prêta de bonne grâce à engager en chaire ses paroissiens à se rendre au chantier. Les heures des offices furent changées et M. le curé vint assister à l'opération avec la plus grande partie des habitants de la commune. Je rappelle ces circonstances pour montrer tout l'intérêt qui s'attache à la fermeture d'un polder, et combien la population entière apprécie l'utilité de ces travaux dont elle est la première à retirer le bénéfice. Après la fermeture des vides, le chantier change d'aspect. Le terrain enlevé désormais à la mer s'assèche assez rapidement à l'intérieur du polder, et au bout d'une dizaine de jours on installe les terrassiers en dedans des digues pour la continuation et l'achèvement du remblai qui les compose. Les ouvriers peuvent maintenant traverser le polder en tous sens pour se rendre à leur travail, tandis que, avant la fermeture, il était impossible de marcher dans cette plaine de vase et de boue liquide, produite par les derniers colmatages. Avant la fermeture, on ne peut se rendre à un point quelconque du chantier qu'en passant par les extrémités des digues et en suivant péniblement le chemin des chaînes de pierres et la ligne du remblai en construction. Cette course, sur plusieurs kilomètres, est longue et fatigante.

Le déblai qu'on emprunte parallèlement aux digues pour leur achèvement permet de faire un large fossé intérieur destiné à recevoir les eaux du polder. Il est utile que ce fossé ne soit établi qu'à une assez grande distance, de 7 à 8 mètres, du pied du remblai, pour éviter des éboulements et les tapements dans la digue. Il est même préférable de laisser une largeur d'une vingtaine de mètres entre le pied des digues et le fossé qui sert de collecteur aux rigoles. Ce fossé a une largeur moyenne de 10 mètres et une profondeur de 1 m. 50.

L'achèvement des digues suit une marche régulière et assez rapide dans la dernière période de la construction. Les ouvriers ne sont plus assujettis aux heures variables de la basse mer; ils travaillent toute la journée et dans de meilleures conditions.

Quand les digues sont terminées, en terrassement et en perré, on en plante la partie supérieure d'arbustes particuliers aux terrains salés des bords de la mer. Les arbrisseaux qui couronnent les digues sont connus dans les marais de la Vendée sous le nom de *sart* et d'*arroche de mer;* ce sont l'ansérine ligneuse (*Suæda fruticosa Forst*) et l'ansérine maritime (*Suæda maritima*). Un troisième arbuste, le tamarix, vient bien sur les digues sablonneuses. On plante ces arbrisseaux par boutures, au mois de novembre, entre les joints des pierres du perré, et sur une longueur de 2 mètres, à partir de la crête de la digue sur le talus extérieur et sur le talus intérieur. Au bout de deux à trois ans, ces plantations forment une véritable haie fort épaisse, de 1 mètre de hauteur, qui sert d'excellente défense contre les vagues dans les tempêtes.

Cette haie empêche aussi que les pêcheurs et les promeneurs puissent monter sur la crête des digues et la détériorer par de fréquents passages. Des escaliers en pierre ou des rampes sont ménagés à l'extrémité des chemins qui aboutissent à la mer. Il est important de veiller au bon entretien du sommet des digues, car c'est par la tête que les digues périraient si des écrêtements présentaient une amorce aux vagues dans les violentes tempêtes.

C'est pour obtenir toute sécurité que l'on élève les digues à une grande hauteur au-dessus des plus hautes marées, et que le sommet est perreyé et planté avec soin. Aussitôt que les digues approchent de leur achèvement, et que le sol du polder s'est affermi par l'assèchement, on s'occupe du réseau des fossés.

Les fossés sont établis suivant la pente du terrain, c'est-à-dire qu'ils sont généralement perpendiculaires aux digues nouvelles. Ils vont se jeter dans le large fossé dont nous avons parlé, établi à peu de distance du pied des digues et parallèle à leur direction. Ce large fossé sert de réservoir, à mer haute, pour l'accumulation des eaux des rigoles alors que l'écoulement dans la mer est impossible, et leur permet de s'évacuer à mer basse par les coëfs et les aqueducs.

Les petits fossés ont une profondeur de 0 m. 80 à 1 mètre et une largeur en tête de 1 m. 50 à 1 m. 70. Ces fossés, avec une distance de 23 mètres d'axe en axe, produisent un excellent assainissement. C'est un drainage à ciel ouvert.

Au surplus, tout agriculteur comprendra combien il est important d'arriver au plus grand abaissement possible de la nappe d'eau, par un système bien combiné de rigoles, de collecteur général et de buses à clapets, qui, fermés à mer haute, s'ouvrent d'eux-mêmes à mer basse et permettent le dégorgement des eaux deux fois en vingt-quatre heures, pendant cinq à six heures chaque fois.

M. Le Cler fait des essais de drainage avec tuyaux dans les polders de Bouin. Mais le drainage ne produit pas dans ces terrains tous les résultats désirables. Il ne peut suppléer qu'imparfaitement aux fossés qui doivent recueillir, à mer haute, c'est-à-dire pendant la période de non-écoulement des eaux, celles qui proviennent des pluies et de quelques infiltrations maritimes.

Il ne faut pas oublier que les eaux restent sans s'écouler pendant six heures de haute marée. Quand celle-ci baisse, les clapets des coëfs s'ouvrent et le dégagement s'effectue.

Après quelques années de culture, quand le sol du polder a été parfaitement dessalé, aéré et assaini, on peut ne conserver qu'un certain nombre de fossés principaux, et les petits fossés se trouvent réduits à une largeur suffisante en tête de 0 m. 80 à 1 mètre.

Après l'endiguement d'un polder, vient son exploitation par la culture.

Les polders de Bouin sont cultivés, suivant l'usage du pays, à *moitié fruits*, par les habitants qui deviennent les colons des terres conquises sur la mer.

Les polders nouvellement endigués sont fort recherchés par les cultivateurs qui s'inscrivent à l'avance pour obtenir quelques parcelles. Les demandes s'élèvent à deux et trois fois la surface endiguée. On choisit les meilleurs cultivateurs, et comme ils ont déjà à cultiver d'autres terres dans la commune, on ne donne à chaque colon que 3 à 5 hectares de polder.

Dans les conditions ordinaires du marais de la Vendée, les colons sont chargés de tous les frais de la culture : semence, labour, récolte. Après le battage, ils portent, dans le grenier du propriétaire, la moitié du grain récolté, nettoyé et prêt à être vendu.

M. Le Cler a apporté quelques modifications à ces conditions de partage.

La qualité exceptionnelle de ses polders, dont le colmatage est si profond et si fer-

IMPRIMERIE NATIONALE.

tile, leur donne une plus-value sur les autres terres, et, outre la moitié des fruits, il obtient une redevance annuelle en argent de 10 francs par hectare; c'est donc une sorte de milieu entre le métayage pur et simple et le bail à prix d'argent.

On peut dire d'une manière générale que les terres des polders de Bouin sont cultivées sans engrais au moins pendant un grand nombre d'années, quelquefois même indéfiniment, avec la rotation continuelle de blés et fèves, qui est le seul assolement invariable du pays. Cet état de choses est susceptible de grandes améliorations.

Déjà l'on a introduit la culture du colza, de l'avoine et de la luzerne. L'assolement que l'on se propose d'adopter est semblable à ceux qui ont été appliqués dans les polders du comté de Norfolk et de la Hollande, savoir :

Colza, froment, fèves, froment, avoine, ou bien colza, froment, fèves, avoine, luzerne ou prairies.

On ne met pas d'engrais, d'une manière générale, dans les premières années. Il est vrai de dire que le curage des fossés, qui se remplissent de colmatage, fournit un amendement qui est jeté avec soin sur les parcelles.

Un jour viendra, sans doute, où l'on pourra augmenter la portion cultivée en luzerne, en plantes fourragères, diminuer, par contre, l'étendue cultivée en froment, et se livrer à l'élève et à l'engraissement du bétail, comme cela se fait du côté de Marans (Charente-Inférieure). Il est infiniment probable que des terres aussi riches, aussi fertiles, pourront produire la viande dans des conditions très avantageuses; mais il faudrait pour cela transformer radicalement les habitudes des colons, augmenter considérablement l'étendue des étables et les capitaux engagés dans l'acquisition des bestiaux. Une pareille modification ne peut être que l'œuvre du temps.

Quand les travaux d'endiguement sont exécutés dans un état suffisant d'envasement et pour des hauteurs de digues ne dépassant pas 5 mètres, que M. Le Cler a adoptées dans nos polders, on arrive à des résultats satisfaisants de prix de revient.

Dans de telles conditions, on obtient un prix moyen de 3,500 francs par hectare qui assure à ces entreprises agricoles des revenus rémunérateurs. La valeur de ces terres est de 4,000 à 4,500 francs l'hectare.

Le rendement des polders est, en général, relativement assez faible et irrégulier dans les deux ou trois premières années de l'exploitation, surtout si ces années sont accompagnées de sécheresse et de chaleur. Le sel se trouve en excès dans le sol, et il faut que la terre soit délavée et dessalée par les pluies, égouttée par un système suffisant de rigoles et de fossés, et ameublie et aérée par de fréquents labours et la culture. C'est ainsi que l'on a obtenu, dans les premières années, un rendement qui a été, suivant les emplacements, de 15 à 25 hectolitres de blé ou de colza. C'est un faible rendement pour ces terrains.

Dans la première année, c'est-à-dire immédiatement après l'endiguement, on a l'habitude d'ensemencer le polder en orge. C'est l'ensemencement qui réussit le mieux dans la terre imparfaitement desséchée et dessalée.

Le blé peut être semé dans la deuxième année ainsi que le colza.

Les fèves ne réussissent bien, en général, qu'au bout de trois à quatre ans. A cette période leur rendement total est de 10 à 25 hectolitres, d'une valeur moyenne de 13 francs l'hectolitre.

Il en est de même de la luzerne, qui ne doit être semée que dans la troisième ou la quatrième année après l'endiguement.

Après trois ans de culture, on arrive à des rendements partiels d'une trentaine d'hectolitres pour le blé; mais un rendement général et uniforme de cette importance ne s'obtient qu'après un nombre double d'années, quand la culture a ameubli et aéré convenablement le sol, et l'a amené à un état uniforme de fertilité. Cet état est très inégal à l'origine de l'endiguement, suivant les parcelles, quoique au premier aspect la terre obtenue, et pour ainsi dire créée par les mêmes causes aidées des mêmes moyens, semblât avoir une composition parfaitement régulière.

Des terres de la commune de Bouin, dont le colmatage était moins complet que celui des polders de M. Le Cler, et endiguées depuis quarante ans avec l'assolement continuel, sans engrais, de blé et de fèves, ont donné, comme moyenne des vingt dernières années, 28 hectol. 50 par hectare en blé et 24 hectolitres en fèves.

Avec un meilleur assolement, on doit attendre un rendement supérieur à ces chiffres, pour des terrains vierges si profondément colmatés. La moyenne du rendement atteindra, il y a lieu de l'espérer, si elle ne le dépasse, 30 hectolitres par hectare pour le blé, les fèves et le colza.

Les essais de luzerne ont donné près de 9,000 kilogrammes à l'hectare, 4 coupes pour la deuxième année. On espère arriver à 10,000 kilogrammes. Dans ces sols profonds, la luzerne pourrait durer de six à huit ans.

Les polders de Bouin, qui se trouvent encore dans la période imparfaite des premières années de culture, ont donné 160 francs par hectare, pour la moitié du rendement total.

M. Le Cler compte arriver aisément à un revenu net de 200 francs par hectare, pour la moitié, qui forme la part de la Société. Il faut ajouter une redevance de 10 francs par hectare.

Pour chaque polder, les demandes de location dépassent deux à trois fois la surface endiguée. On peut affirmer que toutes les familles d'ouvriers et de cultivateurs des communes de Bouin, Beauvoir et Barbâtre sont intéressées dans ces travaux.

Ces conquêtes pacifiques, en augmentant la richesse publique et le bien-être des populations, réalisent une amélioration précieuse dans les conditions hygiéniques des pays marécageux de cette partie de la Vendée, exposée aux fièvres paludéennes. L'intensité de ces fièvres diminue chaque année par suite de l'assainissement et du bien-être des populations.

Compagnie agricole du desséchement des marais de Fos et colmatage de la Crau.

(Médaille d'or.)

Voici comment M. Dornès, directeur de la Compagnie, décrit les travaux qu'elle a entrepris :

Il n'est pas de voyageur allant à Marseille, qui n'ait été frappé par la vue de cette immense plaine déserte et couverte de pierres, que le chemin de fer traverse sur plus de 15 kilomètres entre Arles et Miramas (Bouches-du-Rhône), et qui porte le nom de Crau (probablement du celte *Kroâ* ou *Groâ*, «lieu uni, plat»).

Cette plaine se présente à peu près sous la forme d'un grand triangle isocèle, dont la base, orientée du N. O. au S. E., a environ 20 kilomètres de longueur, et dont la hauteur est d'environ 30 kilomètres. Le sommet de ce triangle se trouve au col de Lamanon, dans la chaîne des Alpines, et les villages de Fos et du Mas-Thibert se trouvent placés à chaque extrémité de sa base, le premier à l'Est, le second à l'Ouest.

C'est le long de cette base que s'étend, sur une largeur d'environ 2 kilomètres en moyenne, la vaste surface de marais connus sous le nom de «marais de Fos». Ceux-ci sont eux-mêmes limités au S. E. par le canal de navigation d'Arles à Bouc, qui borne en même temps dans le N. E. la plaine formant l'estuaire du Rhône et dont la Camargue occupe le centre.

Travaux d'amélioration de la Crau. — Si l'on passe à l'examen de la constitution du sol et du sous-sol de la Crau, on reconnaît que le sol est uniformément constitué par une couche de 0 m. 30 à 0 m. 60 d'épaisseur, formée par des cailloux roulés de toutes grosseurs, mélangés d'une terre argilo-siliceuse. Ce sol proprement dit repose sur une couche de rocher ou poudingue très dur, d'épaisseur variable et formé des mêmes cailloux roulés agglutinés par une gangue calcaire. En dessous de cette couche de poudingue on retrouve encore, sur une très grande épaisseur, ces mêmes cailloux roulés, mélangés de sable plus ou moins calcaire.

Or tous ces cailloux et graviers sont identiques à ceux roulés encore actuellement par la Durance, non seulement comme aspect, mais aussi comme composition chimique. On y retrouve en particulier la variolite qui est la caractéristique des roches de cette vallée.

Restait toutefois à expliquer la présence de cette couche de rocher ou poudingue existant d'une manière uniforme au milieu de cette masse de cailloux roulés, et qui avait toujours dérouté les observateurs.

La formation de ce poudingue sous-jacent est évidemment due à des phénomènes postérieurs à l'époque où la Durance se déversait encore à la mer en franchissant le col de Lamanon.

L'analyse chimique démontre, en effet, que la couche de terre qui recouvre le poudingue et qui constitue le sol de la Crau est très pauvre en éléments calcaires (1 p. 100 environ), alors qu'au contraire la gangue qui agglutine les cailloux formant le poudingue est presque exclusivement calcaire.

On peut donc en conclure que ce sont les eaux pluviales qui, en l'absence de toute végétation, ont dissous progressivement, à la faveur de l'acide carbonique, le calcaire qui était contenu dans les alluvions crétacées mélangées aux cailloux, de sorte que, finalement, toute la chaux s'est trouvée entraînée dans le sous-sol où elle s'est déposée par suite du départ de l'acide carbonique, aucun végétal n'étant là pour la ramener à la surface. Elle a ainsi constitué la gangue calcaire formant le poudingue.

Aucun doute n'est donc plus permis aujourd'hui quant à l'origine de la Crau, qui est bien l'ancien cône de déjection de la Durance.

Tentatives faites pour mettre la Crau en valeur. — Dans les temps les plus reculés jusqu'à nos jours, la Crau a toujours été livrée à l'industrie pastorale de l'élevage des moutons qui se contentent des maigres herbages qui poussent au milieu des cailloux dont toute la surface de cette immense plaine est recouverte.

Mais aussi, de tout temps, des tentatives, plus ou moins couronnées de succès, ont été faites pour fertiliser et gagner à la culture ces immenses territoires en friche. L'expérience a prouvé, en effet, qu'il suffit de pouvoir faire sur ce sol des irrigations régulières pour y développer et y entretenir facilement la végétation.

Dès le XVIe siècle (1554-1559), Adam de Craponne, pénétré de cette vérité, exécuta le canal qui porte son nom et amena les eaux de la Durance à Salon, Eyguières, Istres et jusqu'à Arles, en franchissant le col de Lamanon et en suivant le pied des collines qui bordent la Crau à l'Est et au N. O.

Ce canal, très remarquable pour l'époque, fut très probablement exécuté en partie suivant le tracé d'un ancien canal entrepris par les Romains pour amener les eaux de la Durance à Salon.

La construction du canal de Craponne amena la prospérité de toute cette région stérile jusque-là.

Aussi, deux siècles plus tard, lorsque toutes les eaux disponibles du canal de Craponne (dont la portée n'excède guère 12 mètres cubes par seconde) furent plus ou moins bien utilisées, cette œuvre de fertilisation progressive de la Crau se continua par la création d'un nouveau canal également dérivé de la Durance, le canal dit «des Alpines», construit en 1787 par les États de Provence avec le concours des communes et d'un certain nombre de propriétaires de la région réunis en syndicat. Ce canal, dont la branche mère dite «de Boisgelin» (du nom de l'évêque d'Aix qui était à la tête de la province lors de sa construction) a une portée de 10 mètres cubes environ, passe également au col de Lamanon et amène dans la Crau et sur sa lisière les eaux de la Durance prises à Mallemort, c'est-à-dire au point où le cours de cette rivière est le plus rapproché de la Crau.

Les conséquences de la création de ces deux canaux sont considérables.

Au XVIe siècle, la Crau n'était, en effet, qu'un immense pâturage d'environ 40,000 hectares. Deux siècles après, suivant état dressé en 1778, et grâce à la création du canal de Craponne, on n'y trouvait plus que 30,000 hectares environ de pâturages naturels. Aujourd'hui que les effets du canal des Alpines sont venus s'ajouter à ceux du canal de Craponne, la superficie des terres en friche de la Crau n'est plus que d'environ 20,000 hectares. Les eaux d'irrigation apportées dans la Crau ont donc permis de gagner à la culture près de 20,000 hectares.

Les résultats ainsi obtenus depuis trois siècles par l'emploi des eaux plus ou moins limoneuses de la Durance, ayant démontré de toute évidence la possibilité de transformer ces déserts arides de la Crau en terres cultivables et particulièrement en prairies arrosées, la question de la fertilisation générale de la Crau resta constamment à l'étude, et, en 1853, M. de Gabriac, ingénieur des ponts et chaussées, à Arles, présenta un projet très rationnel de la fertilisation de la Crau par la création de nouveaux canaux destinés à amener les eaux de la Durance dans toutes les parties de cette plaine dont il chercha, mais en vain, à syndiquer tous les propriétaires pour la mise à exécution de son projet.

Projet Nadault de Buffon pour la fertilisation de la Crau par voie de colmatage. — Une dizaine d'années plus tard, M. Nadault de Buffon reprit ce projet de fertilisation générale de la Crau, mais transforma la solution de la question en se plaçant au point de vue exclusif du colmatage. Il proposa l'exécution d'un canal devant avoir le débit énorme de 80 mètres cubes par seconde, ne prenant en Durance que les eaux de crues, c'est-à-dire celles qui sont les plus chargées de limons.

Les limons charriés par les eaux de ce canal devaient servir à colmater, c'est-à-dire à recouvrir d'une couche de limon plus ou moins épaisse (de 0 m. 20 à 0 m. 30 en moyenne) non seulement toute la surface de la Crau, mais encore toute celle des marais de Fos, dont le sol devait se trouver ainsi exhaussé. Comme complément de cette dernière opération, le plan d'eau de ces marais devait être abaissé au moyen de puissantes machines d'épuisement.

Ce projet, approuvé par l'Administration supérieure après enquêtes et instructions administratives, a donné lieu à une concession pour la mise en œuvre de laquelle a été constituée, en 1882, une Compagnie dite *Compagnie agricole du desséchement des marais de Fos et du colmatage de la Crau*, au capital de 6 millions.

Laissant de côté l'étude des conditions financières qui devaient permettre l'exécution de ces travaux par le jeu d'une garantie d'intérêt de l'État, nous ne traiterons que les questions techniques ayant trait à cette entreprise.

Résultats pratiques à attendre du colmatage. — Ce colmatage, en admettant même son efficacité, n'était, en effet, qu'un des facteurs de la question; l'autre facteur, et le plus important, résidait dans la possibilité de pourvoir ces terrains colmatés, d'une manière régulière et en quantité suffisante, des eaux d'irrigation indispensables à leur mise en culture, car sous le soleil de la Provence, en dehors de la vigne, les cultures irriguées peuvent seules donner des résultats tant soit peu rémunérateurs.

Or, au point de vue de l'irrigation, le projet Nadault de Buffon laissait fortement à désirer. La concession accordait bien, il est vrai, la possibilité de dériver de la Durance 80 mètres cubes d'eau par seconde, mais à la condition d'en laisser toujours au moins 50 dans le fleuve; par suite de cette réserve, le débit du canal de dérivation devenait essentiellement irrégulier, et comme volumes et comme époques. Cette réserve équivalait de plus à la suppression, à peu près absolue, de toute disponibilité d'eaux pour arrosages pendant la période estivale, c'est-à-dire à l'époque où ces eaux sont le plus indispensables.

Composition chimique du sol de la Crau et des limons de la Durance amenant à conclure à l'inutilité du colmatage pour la fertilisation de la Crau. — Les analyses comparatives du sol de la Crau à l'état vierge et de la Crau colmatée de longue date par le seul effet des arrosages avec les eaux plus ou moins limoneuses provenant soit du canal de Craponne, soit de celui des Alpines, ont permis de se rendre un compte exact des effets qu'on pouvait attendre du colmatage proprement dit dans la Crau. Ces analyses ont démontré, d'une manière péremptoire, d'abord que le sol de la Crau vierge était loin d'être absolument impropre par lui-même à toute culture comme on l'avait toujours prétendu jusque-là, et, en second lieu, que les qualités fertilisantes qu'on avait attribuées aux limons de la Durance tenaient moins à la nature même de ces limons qu'à l'action particulièrement bienfaisante de l'eau qui les charrie.

En effet, si l'on examine la composition du sol naturel de la Crau, on reconnaît qu'il est constitué presque exclusivement de sable siliceux (66 à 70 p. 100) et d'argile (26 à 27 p. 100); qu'il est relativement pauvre en azote et en chaux, mais que ce qui lui fait surtout défaut, ce sont les éléments minéraux indispensables à toute culture intensive, c'est-à-dire l'acide phosphorique et la potasse.

Or les limons de la Durance, eux aussi, sont très pauvres en potasse et en acide phosphorique

L'apport rapide dans le sol de la Crau de la quantité de chaux nécessaire à la végétation (c'est-à-dire 2 à 3 p. 100) rentre dans les opérations culturales faciles à réaliser. Même sans chaulage, cet apport de chaux peut se faire sans frais, par l'importation des phosphates de chaux qui sont en tous cas nécessaires pour augmenter la teneur en acide phosphorique des terres de la Crau.

L'expérience est venue, d'ailleurs, consacrer ces prévisions théoriques, car un grand propriétaire, M. Jullien, a pu créer en pleine Crau une centaine d'hectares de magnifiques prairies irriguées, au moyen d'eaux puisées par des pompes à vapeur dans le sous-sol en quantité suffisante pour pourvoir à l'arrosage de ces prairies. Ces prairies prospèrent ainsi dans d'excellentes conditions avec des eaux d'arrosage ne contenant aucune trace de limons. Cet arrosage a été, bien entendu, complété par l'emploi d'engrais chimiques (superphosphates, sels de potasse et azote).

Il est donc bien démontré que le colmatage est loin d'être indispensable pour la création de cultures irriguées dans la Crau et en particulier de prairies.

Restait à résoudre la question de savoir si le colmatage permettrait au moins la création dans la Crau de cultures non irriguées.

Or l'expérience des siècles a démontré que dans la Crau, en fait de cultures non irriguées, la vigne pouvait seule donner des produits rémunérateurs.

D'ailleurs, avant l'invasion du phylloxera, il existait déjà plusieurs milliers d'hectares de vignes plantées dans le sol naturel de la Crau; ces vignes donnaient un vin de qualité exceptionnelle très connu et très apprécié, mais en assez faible quantité.

Il n'était donc pas besoin de colmatage pour créer des vignes en Crau.

L'Administration supérieure et le Parlement ont reconnu la réalité et l'exactitude de cette conception nouvelle de la mise en valeur de la Crau, et une loi récente (26 avril 1889) est venue modifier la concession primitive en ce qui concerne la question du colmatage auquel a été substituée une concession éventuelle d'eaux d'arrosage.

Si, en effet, comme cela paraît certain, on arrive, soit par des concessions nouvelles, soit par des combinaisons avec les canaux existants, à doter la Crau d'eaux d'irrigation prises en Durance ou prélevées sur les concessions non utilisées jusqu'ici, on pourra facilement, par la création de prairies et de vignes, gagner à la culture des milliers d'hectares de terres en friche de cette plaine.

C'est donc en suivant cette voie et en abandonnant toute idée de colmatage, qu'on doit chercher la vraie solution de la fertilisation de la Crau.

La Compagnie a déjà commencé la mise en exécution de ce nouveau programme. Sur les 7,000 hectares dont elle est propriétaire, elle a créé cinq centres d'exploitation comportant chacun 30 à 50 hectares de vignes et une surface de prairies irriguées suffisantes pour fournir la nourriture des bêtes de travail nécessaires à l'exploitation.

Situation topographique des marais de Fos. — Ainsi qu'on l'a vu, les marais de Fos s'étendent sur une vingtaine de kilomètres, entre le canal d'Arles à Bouc et la partie inférieure de la Crau.

Leur superficie est d'environ 4,500 hectares.

Au centre de ces marais se trouvent deux grandes dépressions formant deux étangs dits du «Landre» et du «Galéjon». Ces étangs communiquent entre eux par une série de canaux dits «des Gazes», l'étang du Galéjon étant lui-même en communication avec le canal d'Arles à Bouc par une brèche, d'une quarantaine de mètres de largeur, faite dans la berge nord de ce canal. C'est dans ces étangs que viennent se réunir toutes les eaux des écoulages supérieurs et en particulier celles provenant de tous les territoires supérieurs d'Arles et de Tarascon, qui sont amenées dans ces étangs par les canaux dits «de la Vidange», «du Vigueirat» et «des Gazes», construits en 1642 par un ingénieur hollandais nommé Van Ens, qui avait entrepris, à cette époque, le desséchement de toutes les parties marécageuses, s'étendant sur près de 40.000 hectares aux environs d'Arles et de Tarascon.

Toutes ces eaux ont comme émissaire général vers la mer le canal d'Arles à Bouc, qui communique avec celle-ci par ses écluses de Bouc, en même temps que par une série de pertuis établis à travers la berge sud de ce canal, en face de la brèche faisant communiquer ce canal avec les marais. Ces pertuis sont munis de clapets battants laissant les eaux du canal de s'écouler vers la mer lorsque le niveau de celle-ci le permet, mais empêchant les eaux de la mer, en cas d'intumescence de celle-ci, de rentrer dans le canal.

Par leur situation et par suite surtout des travaux de desséchement entrepris par Van Ens, les marais de Fos se trouvaient donc être le réceptacle de toutes les eaux d'écoulages supérieurs dont le régime est réglé ainsi qu'on vient de le voir par celui du canal d'Arles à Bouc. Or les eaux du canal d'Arles à Bouc varient de l'altitude + 0 m. 86 au-dessus du niveau moyen de la mer à l'altitude — 0 m. 26 au-dessous de ce niveau. Leur régime moyen pendant la majeure partie de l'année étant la cote + 0 m. 30 au-dessus du niveau de la mer, il en résultait que la majeure partie des marais, dont l'altitude moyenne est inférieure à cette cote, était à peu près constamment noyée.

De plus, lorsque la mer était haute et que par suite tout écoulage y était suspendu, c'est dans cette immense cuvette formée par les marais de Fos que s'accumulaient toutes les eaux supérieures en attendant de pouvoir s'écouler à la mer, et, dans ce cas, les marais étaient recouverts par les eaux sur toute leur surface.

Pour réserver cette situation spéciale, en ce qui concerne les écoulages supérieurs, le cahier des charges de la concession du desséchement des marais de Fos a prévu que les étangs du Landre et du Galéjon ne seraient pas compris dans le périmètre des terrains devant jouir du bénéfice du desséchement, et resteraient en eaux vives pour servir de réservoir éventuel aux eaux supérieures qui continueront à venir s'y déverser pour, de là, se rendre au canal d'Arles à Bouc et à la mer.

Abandon du projet Nadault de Buffon pour le desséchement et la mise en culture des marais de Fos. — En ce qui concerne le desséchement et la mise en culture des marais de Fos, la solution du problème, telle qu'elle avait été proposée par M. Nadault de Buffon et acceptée par l'État, n'était malheureusement pas plus pratique que la fertilisation de la Crau, telle que la concevait cet ingénieur.

Son projet était aussi basé sur le colmatage de ces marais au moyen des limons de la Durance.

Des colmatages successifs devaient, tout en fertilisant le sol, l'exhausser peu à peu, en même temps que l'asséchement de ces marais aurait été obtenu par abaissement du plan d'eau au moyen de machines d'épuisement.

Mais, dans ce cas, comme dans celui de la Crau, les dépenses de premier établissement à faire en vue du colmatage des marais étaient disproportionnées au résultat à en obtenir au point de vue cultural, alors, surtout, que le colmatage ne pouvait dispenser de l'exécution de tous les travaux et installations de machines d'épuisement, nécessaires pour apurer le desséchement de ces marais.

Dans ces conditions, la Compagnie, abandonnant toute idée de colmatage des marais de Fos, se préoccupa tout d'abord d'assurer leur desséchement dans les délais prévus, sauf à poursuivre en même temps l'étude de leur mise en culture ultérieure sans avoir recours au colmatage. C'est dans ce sens qu'un projet du desséchement de ces marais fut dressé et présenté à l'État qui l'approuva.

Le desséchement des marais de Fos a été projeté par la création de quatre bassins de desséchement :

1° Le bassin dit «de Fos», de 570 hectares;

2° Le bassin dit «du Galéjon», de 570 hectares (séparé du bassin de Fos par une grande étendue de marais qui ont été distraits du périmètre du desséchement comme étant des terrains industriels pour extraction de tourbes);

3° Le bassin dit «de Capeau», de 1,500 hectares;

4° Le bassin dit «de l'Étourneau», de 1,350 hectares.

Les deux premiers bassins de desséchement de Fos et du Galéjon sont déjà en état de desséchement, le premier depuis 1884, le second depuis 1885.

En se basant sur les données que pouvaient fournir les desséchements de marais similaires, on a admis que le sol naturel, sous l'influence du desséchement et de la culture, s'affaisserait d'environ 0 m. 50, et comme il faut toujours laisser une revanche de 0 m. 50 au-dessus du plan d'eau de desséchement, on a dû prévoir la possibilité d'abaisser le plan d'eau à 1 mètre au-dessous du niveau du sol primitif des marais dans les points les plus bas. Ces points bas étant aux environs du niveau de la mer moyenne, on en a conclu que le plan d'eau devait pouvoir être abaissé de 1 mètre au-dessous dudit niveau, soit à la cote — 1 mètre.

Le plafond des canaux collecteurs a donc été fixé à la cote — 1 m. 50 afin d'avoir toujours environ 0 m. 50 d'eau dans ces canaux.

Restait à déterminer la quantité d'eau qu'auraient à enlever les machines d'épuisement pour maintenir d'une manière constante et régulière le plan d'eau du desséchement à cette cote de 1 mètre au-dessous du niveau de la mer.

On n'avait malheureusement aucune donnée précise à cet égard, car la présence au milieu des marais de très nombreuses sources artésiennnes dites *laurons,* dont le nombre est très variable d'un bassin à un autre, ne permettait aucun mode de détermination pratique par comparaison avec des travaux similaires. La présence de ces sources avait fait même craindre que le desséchement de certaines parties des marais où elles sont plus nombreuses fût impossible par simple abaissement du plan d'eau. L'expérience est venue heureusement démontrer que ces craintes étaient exagérées.

On dut, en conséquence, procéder par voie d'expériences successives.

Dans le premier bassin dit «de Fos» (570 hectares), on commença par installer provisoirement deux pompes centrifuges de 0 m. 35 de diamètre d'orifice, pouvant donner ensemble un débit de 700 à 750 litres à la seconde.

Après une série d'essais et d'expériences, on arriva à cette conclusion qu'il fallait s'installer pour pourvoir à des épuisements pouvant atteindre jusqu'à 4 litres par seconde et par hectare, pour les deux bassins de Fos et du Galéjon, soit 2,200 à 2,300 litres par seconde pour le bassin de Fos et 1,500 à 1,600 litres pour le bassin du Galéjon.

Machines d'épuisement. — On installa, en conséquence, pour le bassin de Fos (570 hectares) deux pompes Guynne de 0 m. 762 d'orifice, pouvant débiter chacune de 1,000 à 1,200 litres à la seconde, dans les limites d'élévation indiquées plus haut, et au bassin du Galéjon (370 hectares) une pompe de 0 m. 91 d'orifice, d'un débit de 1,500 à 1,700 litres à la seconde, dans les mêmes conditions au point de vue de l'élévation des eaux.

Ces pompes sont actionnées directement par des machines Compound à cylindres conjugués.

Prix de revient des travaux de desséchement et dépenses pour le maintien du desséchement. — Les dépenses totales des travaux du desséchement proprement dit, comprenant la création des canaux principaux ainsi que l'installation des machines d'épuisement, se sont élevées à 1,250 francs par hectare pour le bassin de Fos, et à 1,350 francs par hectare pour le bassin du Galéjon (dans ce dernier bassin les fondations des machines ont été particulièrement difficiles, le sol résistant n'ayant été rencontré qu'à 5 m. 60 en dessous du niveau de la mer).

Ces mêmes dépenses rapportées à l'hectare seront sensiblement moins élevées pour les deux autres bassins dont la surface est bien plus considérable et le sous-sol plus résistant.

Quant aux dépenses pour le maintien du desséchement des deux bassins déjà en état de desséchement qui est assuré d'une manière continue depuis plusieurs années au moyen des machines dont on vient de parler, elles se montent à environ 25 à 30 francs par hectare et par an. Ces dépenses iront d'ailleurs en diminuant au fur et à mesure de la mise en culture, par suite du tassement des terres et par le fait de la végétation qui absorbera, en été du moins, des masses d'eau considérables.

Mise en culture. — Pour terminer, il reste à parler de la mise en culture des terrains ainsi desséchés.

En tant que nature et composition chimique du sol, les marais de Fos comprennent trois zones absolument distinctes les unes des autres.

La partie haute de ces marais, dont l'altitude est supérieure à + 0 m. 75 au-dessus du niveau de la mer, bien qu'en partie soustraite aux inondations superficielles, est cependant encore très marécageuse. Elle se trouve constituée par un sol de composition argilo-calcaire dont l'épaisseur varie de 0 m. 50 à 1 mètre. En dessous, se rencontre le même poudingue que celui existant sous le sol de toute la Crau. Cette zone du marais est appelée «La Coustière».

La partie basse des marais est au contraire constituée par des terrains plus ou moins tourbeux, de consistance absolument molle, entremêlés de veines argilo-calcaires et supportant à peine le poids de l'homme. L'épaisseur de ces terrains va constamment en augmentant à mesure qu'on s'éloigne de «La Coustière», et elle varie de 1 mètre à 3 mètres. En certains points on descend même jusqu'à 5 et 6 mètres avant de rencontrer le sous-sol solide.

Cette deuxième zone constitue «Le Marais» proprement dit.

Enfin, le long du canal d'Arles à Bouc, entre l'étang dit du «Landre» et le Mas-Thibert, il existe une troisième zone de terrains plus ou moins bas, quelque peu salés et de composition absolument semblable à celle des terres de la Camargue.

La première zone ou «Coustière» occupe environ 1,000 hectares, c'est-à-dire le quart de la superficie totale des marais de Fos, et s'étend en bordure de la Crau tout le long des marais, qu'elle borde ainsi au Nord. On a commencé à y créer des prairies arrosées et des vignes qui réussissent bien.

La deuxième zone ou «Marais» comprend 2,400 hectares, c'est-à-dire les 3/5 de l'ensemble des terrains à dessécher. La Compagnie a fait venir des Hollandais qui doivent y créer des pâturages, comme dans les polders de leur pays natal.

Société agricole et d'assainissement des Bouches-du-Rhône, à Marseille.

Le problème de la fertilisation de la Crau pourra se résoudre plus facilement en le combinant avec celui de l'assainissement de la ville de Marseille. C'est ce qu'a entrepris M. de Montricher, fils de l'éminent ingénieur auquel Marseille doit les eaux de la Durance, lorsqu'il a fondé la Société agricole et d'assainissement des Bouches-du-Rhône.

Les épidémies de choléra, si fréquentes à Marseille, ont montré combien il importe d'assainir cette ville. Elle dépensait 78,000 francs par an pour recueillir et porter en rade, au moyen de chalands, les gadoues, toujours plus ou moins chargées de matières fécales, mais ces gadoues étaient néanmoins en grande partie rejetées sur les côtes et les infectaient.

M. de Montricher proposa d'en débarrasser la ville moyennant une indemnité annuelle de 54.000 francs, et d'en faire profiter l'agriculture du département des Bouches-du-Rhône.

La Compagnie des chemins de fer de Paris-Lyon-Méditerranée lui accorda des tarifs très réduits. Les tombereaux du service municipal viennent, au moyen d'installation de quais élevés de 2 mètres au-dessus des rails, déverser directement dans des wagons spéciaux les 200 tonnes de matières qui forment leurs contingents journaliers. Ces wagons doivent être expédiés le jour même, afin d'éviter l'exhalaison des miasmes qui commenceraient à s'en dégager vingt-quatre heures environ après qu'on les a recueillies. La Compagnie est elle-même propriétaire, dans la Crau, d'un domaine de 600 hectares, les Poulajens, près de Saint-Martin-de-Crau, où elle en emploie à créer des prés et des vignes.

Au retour, les wagons ramènent à Marseille des cailloux de la Crau, qui y servent à empierrer les chaussées.

Compagnie des eaux-vannes.
Épuration et utilisation des eaux d'égouts de Reims.

Siège de la Compagnie : 52, rue d'Anjou-Saint-Honoré, à Paris.

(Médaille d'or.)

Les égouts de Reims déversaient, jusqu'à ce jour, toutes leurs eaux dans un collecteur inférieur qui débouchait dans la rivière de Vesle à 1 kilomètre environ en aval de la ville.

Le lit de la Vesle, envahi par les détritus d'une ville qui a vu en très peu de temps doubler sa population et décupler son industrie, n'est plus, pendant une grande partie de son parcours, qu'un vaste égout dont le fond envasé ne peut plus contenir les eaux contaminées qui se répandent sur les propriétés voisines.

Cette situation, qui ne pouvait se prolonger sans compromettre gravement la santé publique, a été l'objet des constantes préoccupations de l'administration municipale de Reims. Les communes suburbaines adressaient d'ailleurs des réclamations et des protestations dont l'administration supérieure s'est émue: il fallait absolument porter remède à l'envasement de la Vesle, qui devenait de plus en plus considérable.

Des études et des expériences, entreprises dès l'année 1868, furent poursuivies sans interruption par la ville de Reims. Une commission extra-municipale, chargée de rechercher le meilleur système d'épuration des eaux d'égout, déposa en 1874, après plusieurs années d'études, un rapport remarquable, concluant en faveur de l'épuration par le sol. Les discussions qui s'élevèrent alors entre les partisans de l'irrigation et ceux de l'épuration chimique retardèrent malheureusement la solution de la question. Ce n'est qu'à la fin de 1879, après avoir fait de nouveaux essais d'épuration chimique, que la ville, adoptant une solution mixte, passa deux traités, l'un avec la

Compagnie des eaux-vannes de Paris, pour l'épuration par irrigation d'une partie des eaux d'égout, et l'autre, avec une Société de chimistes pour l'épuration par les procédés chimiques de l'autre partie des eaux. Ces deux traités, soumis simultanément aux enquêtes administratives et à l'examen des autorités compétentes, furent, en 1883, l'objet d'un rapport du Conseil général des ponts et chaussées, rapport qui concluait à l'adoption de l'épuration par irrigation et au refus de l'épuration par les procédés chimiques.

Ces conclusions dirigèrent les études de l'administration municipale de Reims; elle fit en 1884 un nouveau projet de traité avec la Compagnie des eaux-vannes pour l'épuration de la totalité des eaux d'égout. Ce projet de traité, par suite de nouvelles discussions et des formalités à remplir pour la déclaration d'utilité publique, ne fut définitivement approuvé par l'autorité préfectorale qu'au mois d'août 1887.

Traité passé entre la ville de Reims et la Compagnie des eaux-vannes. — Le contrat passé entre la ville de Reims et la Compagnie des eaux-vannes, pour une durée de trente-six ans, contient notamment l'obligation pour la Compagnie d'épurer la totalité des eaux d'égout, de fournir une partie des terrains nécessaires à l'épuration, d'installer à ses frais les machines élévatoires, les bassins de réception, les conduites de distribution et d'assainissement, et d'exécuter les travaux d'aménagement du sol.

La ville de Reims, de son côté, paye à la Compagnie une redevance annuelle basée sur le volume d'eau épurée, et fournit 150 hectares de terrains destinés à l'épuration et situés à proximité des propriétés de la Compagnie des eaux-vannes.

Cube débité par le collecteur. — Des jaugeages effectués à Reims pendant plusieurs années, on conclut que le cube moyen débité par les collecteurs est de 36,000 mètres cubes par jour, soit 14,000 mètres cubes débités par l'aqueduc supérieur et 22,000 mètres cubes par l'aqueduc inférieur.

La population de Reims atteignant le chiffre de 90,000 habitants, le cube débité correspond à 0 m. c. 400 environ par tête d'habitant; c'est beaucoup plus qu'aucune ville anglaise et trois fois plus que Paris. La source de cet énorme débit est due évidemment à l'industrie des laines.

Le chiffre de 36,000 mètres cubes par vingt-quatre heures est une moyenne. Il varie suivant le temps, les saisons, les jours ouvrables ou fériés, et aussi suivant les heures de la journée. La moyenne du débit dans la journée est d'environ 28,000 mètres cubes, et la nuit de 8,000 mètres cubes.

Température des eaux. — La température de l'air produit naturellement un minimum de nuit et un maximum de jour dont l'écart est souvent considérable. Celle des eaux-vannes au contraire est à peu près uniforme. Elle subit néanmoins des variations de température, mais plus lentes et moins étendues que celles de l'atmosphère. Des observations faites à Paris et dans plusieurs villes d'Angleterre quand la température

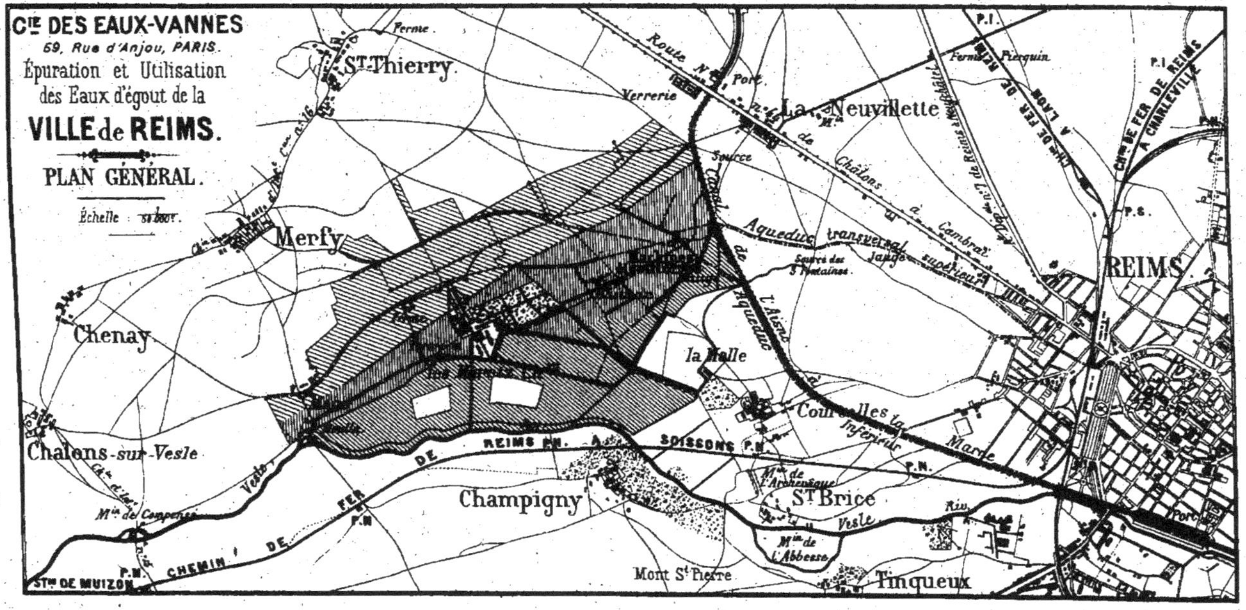

Cie DES EAUX-VANNES

69, Rue d'Anjou, PARIS.

Épuration et Utilisation des Eaux d'égout de la

VILLE de REIMS.

PLAN GÉNÉRAL.

Échelle : 1/80000.

St Thierry
Ferme
Merfy
Chenay
Chalons-sur-Vesle
Mln de Compensé
Stn DE MUIZON
P.N.
CHEMIN DE FER DE REIMS P.N. A SOISSONS P.N.
Vesle
Champigny
Mont St Pierre
Tinqueux
Mln de l'Abbesse
St Brice
Mln de l'Archevêque
Riv.
Port
Courcelles la
Aqueduc inférieur
Marne
la Malle
Aqueduc de l'Aisne
Canal
Source
Aqueduc transversal
Jauge
supérieur
Source des 3 Fontaines
Chalons à Cambrai
Route Nle
Port
Verrerie
La Neuvillette
Mln
Fermes Pierquin
Chin DE FER DE REIMS A LAON
Chin DE FER DE REIMS A CHARLEVILLE
P.I.
P.S.
REIMS

extérieure est basse, celle des eaux d'égout descend moins et elle s'élève moins aussi dans les journées chaudes de l'été.

A Reims, il en est autrement pour les eaux de l'aqueduc supérieur; en hiver comme en été la température des eaux-vannes s'est trouvée plus élevée, le refroidissement s'opère d'ailleurs lentement et l'eau se retrouve presque aussi tiède dans les canaux d'irrigation que dans les collecteurs.

Pour l'aqueduc inférieur qui est découvert sur une grande partie de son parcours, les eaux d'égout ont pendant l'été une température un peu moins élevée que celle de l'air atmosphérique.

En hiver, les eaux-vannes ne gèlent jamais et ne descendent pas au-dessous de 5 degrés. C'est là, au point de vue agricole, un fait d'une importance capitale.

Composition des eaux d'égout. — On conçoit la complexité que présentent, au point de vue de leur composition, les eaux d'égout. D'après les analyses faites par le bureau municipal d'hygiène de Reims, les eaux contiennent en moyenne par mètre cube, au moment où elles arrivent aux bassins de réception :

AQUEDUC SUPÉRIEUR.

Matières en suspension....	minérales	0g 498	1g 121
	organiques	0 623	
Matières en dissolution....	minérales	0 652	1 012
	organiques	0 360	
Total des matières fixes			2g 133
Azote total par mètre cube			0 091
Azote ammoniacal		0g 050	0g 091
Azote organique		0 041	
Chlore			0 406
Acide phosphorique			0 015

AQUEDUC INFÉRIEUR.

Matières en suspension....	minérales	0g 566	0 927
	organiques	0 361	
Matières en dissolution....	minérales	0 152	0 564
	organiques	0 412	
Total des matières fixes			1g 491
Azote total par mètre cube			0g 050
Azote ammoniacal		0g 032	0 050
Azote organique		0 018	
Chlore			0 0543

Les eaux d'égout de Reims, notamment celles de l'aqueduc supérieur, formées en grande partie des eaux résiduaires des peignages de laine, sont chargées en matières organiques et azotées, et par suite susceptibles d'entrer en fermentation. D'autre part, les éléments utiles à l'agriculture se trouvent réunis dans des proportions relativement analogues à celles que présente le fumier de ferme, ce qui en fait un engrais complet.

Les 2 kilogrammes environ que tient en suspension chacun des 36,000 mètres cubes amenés chaque jour aux champs d'épuration représentent par vingt-quatre heures 72,000 kilogrammes, soit 72 mètres cubes, et pour l'année entière 26,000 mètres cubes environ de matières solides (minérales et organiques).

Procédés d'épuration. — Divers procédés de filtration ou d'épuration chimique ont été proposés à Reims; quelques-uns ont été mis à l'essai, mais aucun n'a donné de résultats satisfaisants.

Le traitement mécanique, dépôt à l'état naturel dans les bassins de filtration, n'a pu jamais donner que des résultats imparfaits, n'arrivant jamais à débarrasser les eaux que d'une fraction très incomplète des matières en suspension.

Quant au traitement chimique, avec addition de réactifs, il a pour but de hâter la précipitation des matières solides, mais il reste sans action sur les matières organiques en dissolution. Ce procédé clarifie les eaux sans les épurer complètement. En outre, la masse de dépôts encombrants séchant sur de grands espaces, difficiles à manier, et ayant une faible valeur agricole, est une des raisons qui ont fait abandonner ce procédé, tant au point de vue des résultats financiers qu'au point de vue de la salubrité.

Il ne restait donc que le traitement agricole, procédé pratique et rationnel pour épurer les eaux d'égout, le seul d'ailleurs définitivement adopté par l'administration municipale de Reims, et qui a donné lieu au traité passé avec la Compagnie des eaux-vannes.

C'est à l'action du sol, naturellement ou artificiellement perméable, combinée avec la végétation, qu'appartient ce pouvoir précieux d'une épuration parfaite.

Les eaux d'égout versées sur le sol commencent par se filtrer complètement en traversant les couches superficielles du terrain ; les matières organiques dissoutes descendent à travers les couches du sous-sol où elles se divisent; elles se trouvent en contact intime avec l'oxygène de l'air ; alors s'opère la seconde opération de l'irrigation, la combustion. Les substances organiques passent à l'état minéral, à l'état d'azotates; sous cette nouvelle forme inoffensive, elles deviennent un élément précieux de fertilité; la salubrité se trouve satisfaite en même temps que la richesse agricole est créée.

Malgré la quantité considérable d'engrais versée sur le sol, les matières organiques ne s'accumulent pas dans la terre, qui conserve sa porosité.

L'eau d'égout traitée par un sol perméable comme à Reims est d'une pureté absolue. Voici l'analyse d'un échantillon de l'eau épurée, pris dans le canal d'assainissement de la Compagnie des eaux-vannes, à proximité de la ferme de Baslieux :

Degré hydrotimétrique	total	19° 2
	après ébullition	3 5
Volume de permanganate de potasse décoloré par un litre d'eau		21^{cc}
Matières organiques correspondantes exprimées en acide oxalique par litre.		0g 01323
Acide nitrique		0 00686
Ammoniaque libre		0 000054
Ammoniaque organique		0 0001

Utilisation agricole des eaux d'égout. — La solution par l'emploi agricole est théoriquement complète; elle l'est également pratiquement, si l'on en juge par les résultats obtenus à Reims par la Compagnie des eaux-vannes qui s'est efforcée, tout en assurant l'épuration des eaux, d'utiliser sur de grandes surfaces de terrains les matières fertilisantes qu'elles contiennent. Il convient en effet de distinguer entre l'épuration proprement dite et l'utilisation agricole. Ces deux questions semblent devoir être résolues par le même procédé, l'irrigation; mais leurs solutions diffèrent en un point essentiel, c'est que l'utilisation exige des surfaces notamment plus considérables que pour l'épuration. Pour l'épuration seule, la dose d'irrigation peut atteindre, lorsque l'on possède des terrains suffisamment perméables, un volume de 60,000, 80,000 et même 100,000 mètres cubes par hectare et par an. Cette irrigation à forte dose exige des précautions dans la distribution des eaux et nécessite souvent un drainage parfait du sous-sol qu'il est quelquefois difficile de bien remplir. L'utilisation, au contraire, sur de grandes surfaces, n'exigeant qu'une irrigation à faible dose, permet de répartir le nombre et la durée des arrosages, d'adopter une méthode d'assolement dans les cultures. Dans le cas d'utilisation, la culture est l'objectif principal, l'alternance devient possible, l'épuration se fait en quelque sorte sans qu'on y prenne garde, et le drainage perd de son importance.

On conçoit que pour ne pas être astreint à des travaux de drainage trop onéreux, il convient de choisir pour l'épuration des eaux d'égout des terrains possédant une épaisseur filtrante suffisante. Le choix des terrains présente quelques difficultés, car on ne trouve pas toujours à proximité des villes des surfaces assez considérables pour faire exclusivement de l'utilisation agricole des eaux-vannes.

Choix des terrains. — A Reims, le choix s'est porté sur les terres qui entourent les domaines de Baslieux et des Maretz, et qui possèdent une épaisseur filtrante supérieure à 2 mètres au-dessus de la nappe d'eau.

Ces terrains sont composés pour la plus grande partie de terres calcaires formant le sol arable de tous les environs de Reims, notamment de la plaine des Trois-Fontaines

IMPRIMERIE NATIONALE.

et de la côte de Saint-Thierry. Le carbonate de chaux y domine dans une proportion de 80 p. 100 environ; le sable siliceux représente 15 p. 100, l'argile 5 p. 100 au plus avec un peu d'humus.

Le sous-sol, très généralement calcaire, se montre parfois gréveux. Le tout repose sur la craie fendillée ou compacte qui compose le sol de la Champagne.

Ces terres ont des pentes généralement modérées facilitant la distribution des eaux d'irrigation.

Par l'examen du plan en relief exposé par la Compagnie des eaux-vannes, on pouvait se rendre compte de la configuration des terrains irrigués et des dispositions prises par la Compagnie pour la répartition rationnelle des eaux.

Les champs d'irrigation sont d'ailleurs parfaitement situés par leur éloignement suffisant des centres habités, et parce qu'en raison de leur position, ils permettent d'évacuer directement à la Vesle les eaux épurées, sans que l'on ait à craindre pour les communes voisines le relèvement de la nappe d'eau.

Travaux d'assainissement et d'améliorations foncières. — Parmi les terrains faisant partie des domaines achetés par la Compagnie des eaux-vannes, se trouvent quelques prés-marais formant, principalement sur la rive droite, la vallée de la Vesle. La Compagnie a entrepris l'amélioration foncière de ces terrains de mauvaise qualité, de nature un peu tourbeuse et par conséquent acides. Elle espère arriver, dans un avenir peu éloigné, à les rendre propres à la culture. La première opération à effectuer était l'assainissement de ces prés pour faire descendre la nappe d'eau dans cette partie de la vallée.

Afin de permettre l'abaissement du plan d'eau, la Compagnie s'est rendue acquéreur de deux moulins situés en aval, Macô et Compensé; le premier disposant d'une chute de 0 m. 80, le second de 1 mètre. Elle a exécuté de grands canaux d'assainissement d'une longueur totale de 12 kilomètres, comprenant un large canal d'assèchement latéral à la Vesle, et un canal d'assainissement traversant tout le domaine dans sa plus grande longueur, et recevant les eaux épurées provenant des irrigations.

Ces travaux d'assainissement ont transformé complètement des marais absolument incultes et ont donné à ces prés, inondés autrefois la plus grande partie de l'année, une épaisseur filtrante suffisante pour l'utilisation agricole des eaux d'égout.

En même temps que l'on poursuivait l'assainissement, des dispositions étaient prises pour améliorer le sol. Certaines parties étaient rechargées après défoncement avec des déblais calcaires, provenant des fossés d'assainissement, d'autres recevaient des phosphates naturels; le restant non encore complètement préparé recevra des scories de déphosphoration, environ 6,000 kilogrammes à l'hectare.

Cette transformation, pour être complète, exigera plusieurs années, mais l'on peut déjà, par ce qui a été fait, préjuger des résultats qui seront obtenus.

Surfaces irrigables. — La ville de Reims a mis à la disposition de la Compagnie des eaux-vannes 150 hectares destinés à servir de champ d'épuration, ci..... 150^h

La Compagnie des eaux-vannes, de son côté, a acheté le domaine de Baslieux, le château des Maretz et ses dépendances, ainsi que les terrains avoisinants, jusqu'au hameau de Macô, le tout représentant une superficie de 400 hectares, dont 350 sont destinés à l'irrigation, soit........ 350

Le restant, non irrigable, est composé d'un parc, de deux étangs et des abords immédiats du château.

Au total......................... 500^h

de terres parfaitement irrigables.

La Compagnie des eaux-vannes possède en outre, répartis sur les propriétés irriguées, les trois grands corps de ferme de Baslieux, des Maretz et des Bergeries; les moulins de Macô et de Compensé sont également destinés à être transformés en métairies.

Dosage de l'irrigation. — Ainsi que nous l'avons dit précédemment, le volume journalier des eaux d'égout de Reims est actuellement d'environ 36,000 mètres cubes pour une surface irrigable de 500 hectares dont 350 hectares de terrains supérieurs pouvant recevoir 30,000 mètres cubes d'eau par hectare et par an, et 150 hectares de terrains bas dont l'irrigation se fera à la faible dose de 18,000 à 20,000 mètres cubes par hectare et par an.

Description des travaux. Adduction. — L'adduction des eaux d'égout aux champs d'irrigation se fait au moyen de deux grands collecteurs : l'un, *aqueduc supérieur*, reçoit les eaux de la partie haute de la ville et aboutit à une chambre de réception permettant le déversement des eaux par gravitation sur les terrains situés au-dessous de la cote 78.50; le second, *aqueduc inférieur*, aboutit au bassin de réception des machines élévatoires dont le radier se trouve à la cote 73.50.

L'usine élévatoire de Baslieux, comprenant trois machines d'une force totale de 150 chevaux, relève les eaux de l'aqueduc inférieur et les refoule à l'aide de conduites en fonte sur les terrains de la zone supérieure.

Les pompes sont à piston plongeur et à clapets verticaux multiples. Ces appareils fonctionnent régulièrement et ont un rendement satisfaisant. Deux plans indiquant les détails des machines, des pompes, ainsi que de l'installation générale de l'usine, figuraient dans l'exposition de la Compagnie.

Canalisation et distribution. — Les différents ouvrages exécutés par la Compagnie pour le réseau de distribution ont fait l'objet de deux plans qui offraient un certain intérêt. Les bassins de réception et de répartition, les diverses prises d'eau étaient représentées ainsi que les plans et coupes de tous les ouvrages d'art.

Les champs d'irrigation sont divisés en trois zones : la zone supérieure, alimentée par l'aqueduc inférieur et les machines élévatoires; la zone moyenne, desservie par les eaux de l'aqueduc supérieur, et enfin la zone inférieure, recevant les eaux de trop plein des aqueducs supérieur et inférieur.

Les eaux d'égout arrivent à la chambre de réception de l'aqueduc supérieur dans un bassin central et se déversent dans deux chambres de répartition alimentant, la première, une conduite en béton de 1 m. 20 de diamètre, et la seconde une conduite de 0 m. 60.

Deux chambres latérales de trop plein permettent de recevoir les eaux lorsque le débit est trop considérable, notamment à la suite des pluies d'orage ou de fonte de neige. Ces eaux de trop plein sont recueillies dans une conduite à ciel ouvert, avec radier en béton, et sont utilisées sur les terrains de la zone inférieure.

La conduite de 1 m. 20 de l'aqueduc supérieur se bifurque en deux conduites en béton de 0 m. 80 de diamètre, aboutissant à deux petits réservoirs d'extrémité. De ces réservoirs partent les conduites de distribution qui répartissent sur les terrains de la zone moyenne les eaux à épurer.

Le réseau de cette zone, composé de tuyaux en béton de 0 m. 80, 0 m. 60, 0 m. 40 et 0 m. 30, a une longueur approximative de 9 kilomètres.

Les eaux de l'aqueduc inférieur, qui arrivent dans un grand bassin de réception de 2,500 mètres cubes, sont refoulées au moyen de machines élévatoires sur les terrains de la zone supérieure. Le réseau de cette zone, composé de tuyaux en fonte de 0 m. 60, 0 m. 40 et 0 m. 30, a une longueur de 8 kil. 500.

Enfin, les eaux de l'aqueduc inférieur et les eaux de trop plein de l'aqueduc supérieur alimentent les terrains de la zone basse au moyen d'une conduite en béton de 0 m. 80 de diamètre, en partie à ciel ouvert, en partie fermée.

Le réseau de distribution de cette zone, en grande partie composé de conduites à ciel ouvert, a une longueur totale de 10 kilomètres.

Cent vingt prises d'eau ont été branchées sur les conduites principales et secondaires. Ces prises consistent en un siphon de 0 m. 30 émergeant verticalement d'un petit bassin en maçonnerie dans lequel se trouve placée une bonde de fond avec joint en caoutchouc et vis de pression. Les petits bassins de prises d'eau ont une ou plusieurs ouvertures pour la répartition des eaux dans les rigoles des champs irrigués. Les rigoles principales de distribution desservent les rigoles secondaires, qui alimentent à leur tour les billons séparant les planches cultivées et disposées de façon à éviter la submersion et à permettre à l'eau d'égout de circuler autant que possible sans toucher les plantes.

Les plantes se trouvent alignées sur une bande de terrain longue et étroite; elles ne reçoivent pas l'eau directement et ne se nourrissent que par leurs racines. Les planches, en forme de billon, ont une longueur variable de 0 m. 90 à 1 m. 20.

Les travaux de préparation des billons se font économiquement au moyen d'instruments agricoles spéciaux. Ces instruments à traction de chevaux ou de bœufs sont composés de billonneurs pour le creusement de la rigole ou de rouleaux de forme ovoïde par sa régularisation.

Assainissement. — Enfin, le système se trouve complété par des canaux d'assainissement, d'une longueur totale de 12 kilomètres, destinés à faciliter l'abaissement de la nappe d'eau dans les terrains inférieurs et à recevoir les eaux épurées pour les conduire à la Vesle.

Arrosages et modes de culture. — Les arrosages reviennent plus ou moins souvent, suivant la nature des cultures, suivant les saisons. La Compagnie exposait un plan général indiquant les différents systèmes adoptés pour la disposition des rigoles secondaires ainsi que les instruments spéciaux employés pour la confection de ces rigoles et la culture en billons.

Ce plan général contenait en outre à une échelle réduite un plan d'assolement pour l'année 1889. Cet assolement embrassait une surface de 500 hectares aménagés pour l'irrigation à l'eau d'égout et comprenait 180 hectares de betteraves à sucre de différentes espèces à titre de premier essai, soit 120 hectares de betteraves à sucre de densité moyenne, et 60 hectares de betteraves riches; 50 hectares de prairies artificielles, luzerne, sainfoin et ray-grass d'Italie; 50 hectares de blé sur fumure, les irrigations n'ayant pu avoir lieu avant l'ensemencement; enfin 70 hectares d'avoine et cultures diverses.

L'année 1889 était la première année de fonctionnement des irrigations; les résultats ne pouvaient en être connus au moment de l'Exposition, mais d'après les renseignements qui nous sont parvenus, la récolte de betteraves notamment, pour une première année d'irrigation, a été remarquable non seulement comme poids, mais encore comme densité. La Compagnie des eaux-vannes, pour plus de certitude dans ses résultats au point de vue de la richesse saccharine des betteraves, avait employé comme engrais complémentaire à titre d'essai des superphosphates et des phosphates de la Meuse. La récolte a démontré qu'en irriguant d'une manière méthodique l'on pouvait obtenir des produits d'une densité aussi élevée avec un poids bien supérieur que dans les cultures intensives du nord de la France.

L'action des arrosages à l'eau d'égout n'est nullement préjudiciable au point de vue de la richesse des plantes. La seule précaution à observer consiste à suspendre les arrosages trois ou quatre mois avant la récolte, en ce qui concerne notamment les betteraves, afin que la végétation ne continue pas trop avant dans la saison et ne retarde pas la maturité de la plante.

La culture de la betterave et autres plantes sarclées convient admirablement pour les terrains arrosés à l'eau d'égout. Ces cultures, laissant le sol libre l'hiver, permettent les irrigations en cette saison ou même de légers colmatages; en outre le démariage, les grattages, les binages multiples ont pour résultat de rompre la croûte superficielle du sol entre les lignes, d'enlever les mauvaises herbes, d'assurer l'accès de l'air entre les plants et de maintenir la perméabilité des terrains.

Telle est la description sommaire des installations de la Compagnie des eaux-vannes pour l'épuration et l'utilisation agricole des eaux d'égout de Reims. Un plan général indique l'état de la propriété de la Compagnie après l'exécution des travaux d'irrigation, d'assainissement et d'amélioration foncière, et un plan annexe de la même propriété avant l'amenée des eaux d'égout. Par la comparaison de ces deux plans et l'examen du grand plan en relief au $\frac{1}{2000}$ exposé par la Compagnie des eaux-vannes, il est facile de se rendre compte de l'importance de l'œuvre accomplie et des services que les travaux de cette Compagnie sont appelés à rendre non seulement au point de vue de l'hygiène publique, mais encore, en ce qui nous concerne spécialement, au point de vue de l'agriculture.

Nous ferons observer en terminant que M. Aimé Bonna, secrétaire de la Compagnie, a été chargé de l'étude de ce projet et de l'exécution des travaux.

Création de prairies irriguées exécutées sur le domaine de Chazeau, commune de Tintury (Nièvre),

par M. Prégermain.

Une médaille d'argent a été accordée par le jury à M. Prégermain pour la création de 100 hectares de prairies irriguées sur son domaine de Chazeau.

Voici comment M. Prégermain décrit ce travail :

« *Avant les travaux.* — Le domaine de Chazeau est situé en majeure partie sur le territoire de la commune de Tintury qui appartient à la contrée bien connue du Bazois. Cette contrée fournit au nord ses meilleurs attelages de bœufs blancs, et à la boucherie d'excellentes bêtes d'embouche.

« En 1880, j'ai fait l'acquisition du domaine, et quelque temps après, j'ai pu acheter quelques parcelles enclavées. La superficie actuelle est de 146 hect. 3449 d'un seul tenant.

« La composition, au moment de l'acquisition, était la suivante :

Prés irrigués	1 hect. 97 ares		146 hect. 34 ares 49 cent.
Prés secs non irrigués	22 — 70 —		
Terres de culture	121 — 58 — 49 cent.		

« La vie faisait défaut. Les prés secs donnaient *très peu*. D'autre part, la rivière de Canne, encaissée profondément, traversait dans sa plus grande longueur ce domaine dont elle ne pouvait arroser qu'une étendue de 1 hect. 97.

« En amont, le moulin de Chazeau, alimenté par un bief fournissant de 200 à 400 litres d'eau par seconde, n'utilisait en marche que 75 litres par seconde. Le surplus inutilisé était rendu à la rivière.

« 1re OPÉRATION. *Étude d'un projet d'irrigation par conduite libre et siphons.* — Alors, se posent pour moi les questions suivantes :

« L'eau non employée par le moulin peut-elle servir à l'irrigation ?

« Le sol est-il favorable à la création de prairies irriguées ?

« Quelle serait la superficie irriguée, quelle serait la dépense, quel serait le résultat ?

« Partant de l'altitude de l'eau du bief, je trace à l'aide du niveau à bulle d'air, sur le versant *gauche* de la vallée, une rigole de 2,200 mètres avec pente de 0 m. 0005 par mètre ; je rencontre deux ravins qui présentent quelques difficultés.

« Le versant droit sera arrosé par deux siphons qui viendront s'augmenter dans la rigole du versant gauche, traverseront la vallée et la rivière, et remonteront l'eau d'irrigation à la hauteur nécessaire.

« Le sol est favorable aux prairies, aucun doute possible. Les deux versants sont en pente. L'écoulement et l'assainissement des eaux d'irrigation se feront très bien.

« Enfin l'analyse physique et chimique du sol est faite par M. Mancheron, professeur d'agriculture de la Nièvre ; généralement le sol est argilo-calcaire, en proportion convenable.

« Quant à l'eau, je sais ce qu'elle vaut par ses effets, par la nature des prairies qu'elle irrigue ; elle est excellente pour l'irrigation. Un échantillon moyen, formé de prises d'eau quotidiennes, pendant une année, a été détruit par accident ; c'est à recommencer.

« La superficie irrigable par la rigole et les deux siphons est de 36 hect. 2026.

« La dépense sera comprise entre 10,000 à 12,000 francs.

« La plus-value annuelle ne sera pas inférieure à 60 francs par hectare les premières années d'irrigation, et devra atteindre 100 francs au bout d'un certain temps, soit une plus-value totale partant de 2,160 francs pour aboutir à 3,600 francs.

« *Exécution du projet par conduite libre et siphons.* — La marge est grande ; il n'y a pas à hésiter ; l'opération est à faire ; l'opération est faite ; la dépense est de 10,529 francs.

« 2e OPÉRATION. *Étude du projet d'irrigation par machine élévatoire et moteur hydraulique avec conduite forcée à 25 mètres d'élévation.* — RÉSULTAT. Je donnerai plus loin, au paragraphe des conclusions, le résultat des expériences faites sur les rendements.

« A 1 kilomètre en aval du moulin de Chazeau, et sur la même rivière de Canne, je possédais un vieux moulin, dit « moulin des Prés », moulin à l'état de ruine. Là, je disposais d'une certaine force motrice; naturellement, je me suis posé cette question : cette force motrice, située loin des grands centres, des grandes voies de communication, à quoi pourrait-elle être utilisée? A la production de l'herbe; telle est la réponse hésitante que je me suis faite.

« Le problème ne m'a point paru susceptible d'une solution immédiate. J'y ai pensé pendant plusieurs années. J'ai étudié la question de près.

« Après de nombreux jaugeages, je suis arrivé à donner à la rivière un débit variant de 800 à 1,000 litres par seconde, et ce pendant quatre mois de l'année; 300 à 600 litres pendant les huit autres mois.

« La chute par rapport au radier du courrier de la roue est de 3 m. 20, et 2 m. 50 de chute du niveau amont au niveau aval de l'eau, soit une force brute de :

Pendant 8 mois..........	500 × 2,50 = 1,250	kilogrammètres	ou 15 chevaux.
Pendant 4 mois..........	800 × 2,50 = 2,000	—	ou 25 —

« D'après mes nivellements sur tout le domaine, l'élévation du refoulement est comprise entre 9 et 25 mètres, soit 17 mètres, moyenne de ces deux cotes. En empruntant l'eau à la conduite libre, déjà établie, la cote 17 sera ramenée à 11 mètres; enfin, en tenant compte de la cote moyenne de la surface irrigable, il y a lieu d'adopter la cote 10 mètres, augmentée de la perte de charge.

« Il est admis et établi, pour le cas qui nous occupe, que le travail utile est de 60 p. 100 du travail brut; donc :

$2,000^k \times 0,60 = 1,200^k =$ 120 litres à 10 mètres d'élévation.
$1,250^k \times 0,60 = 750^k =$ 75 litres à 10 mètres d'élévation.

« La force motrice est donc suffisante, ainsi que l'eau élevée. La superficie irrigable est de 60 hectares au minimum; elle pourra être augmentée de 20 hectares, si les prévisions réussissent.

« Quelle sera la dépense?

« M. Meunier, ingénieur, qui a établi les principales usines de la ville de Paris, s'engage, pour le mécanisme, moyennant le prix à forfait de 24,000 francs.

« La tuyauterie fournie par Montluçon s'élèvera à 12,000 francs; la pose et les installations diverses, 6,000 francs; ensemble : 42,000 francs. La plus-value par hectare sera comme précédemment de 60 francs pour les premières années et passera à 100 francs au bout d'un certain temps; soit une plus-value annuelle comprise entre 3,600 et 6,000 francs.

« *Exécution du projet.* — Cette opération est moins belle que la précédente, mais néanmoins elle s'impose.

« Mes marchés sont conclus au commencement de 1887. L'installation se fait sous ma direction et est terminée au commencement de 1888.

« Mes ouvriers agricoles sont devenus des plombiers de première classe. La conduite de refoulement sur 1,000 mètres de longueur a été entièrement percée par eux, avec regards de vidange et de prises d'eau. La plus grande économie a été apportée dans la main-d'œuvre.

« Enfin, les prairies ont été semées au printemps de 1888. Les fossés d'irrigation ont suivi et la machine est en marche depuis novembre 1888.

« Le conducteur de la machine est un de mes ouvriers agricoles, illettré, mais intelligent. Les mouvements des pompes sont très lents. Le graissage est la chose essentielle. Quand le débit est réglé, le surveillant peut quitter sa machine pendant quatre heures et s'occuper, soit de la distribution des eaux, soit de tous autres travaux.

« Enfin, j'ai toute satisfaction de cette installation établie sur le type des installations de la ville de Paris, et il m'est agréable de rendre hommage au talent de M. l'ingénieur Meunier, ainsi qu'à la bonne construction de MM. Feray, d'Essonnes.

« *Conclusions.* — 98 hectares de prairies ont été créés et irrigués. La dépense d'ensemble est de 53,000 francs, soit au taux de 5 p. 0/0 un revenu annuel de 2,650 fr.

« Quelle est la plus-value annuelle ?

« Le pré de la Corne et du Clouzeau, ensemble 5 hect. 4989, compris 50 ares de rivière, a donné les résultats suivants :

1883.	Avant irrigation,		9 voitures	× 1,500 kilogr.		= 13,500 kilogr.
1884.	Avant irrigation,		9 voitures	× 1,500	—	= 13,500	—
1885.	Après irrigation,	1re année,	13 voitures	× 1,500 kilogr.		= 19,500 kilogr.
1886.	—	2e —	15 —	× 1,500	—	= 22,500	—
1887.	—	3e —	15 —	× 1,500	—	= 22,500	—
1888.	—	4e —	16 —	× 1,500	—	= 24,000	—
1889.	—	5e —	Embouche.				

« Avant l'irrigation, pas de regain. Après irrigation, regain considérable et de première qualité. En 1888, sur les bêtes expérimentées pendant la consommation du regain, j'ai obtenu des augmentations mensuelles et par tête allant de 45 à 65 kilogrammes.

« Cette année même, j'avais surchargé d'animaux la prairie nouvelle dite « champ de « la Chaume ». Cette prairie avait souffert des soulèvements de l'hiver et je cherchais un tassement par le pied des animaux.

« Au 20 mai dernier, cette prairie était complètement rongée; je fais irriguer pendant quatre jours, et, au 20 juin suivant, les animaux y sont remis. L'herbe était abondante, trop élevée même, et bonne à faucher en certains endroits.

« Je n'hésite pas à fixer à présent la plus-value minime à 80 francs par hectare, soit:

98 × 80 francs	7,840f
Moins : entretien et surveillance	1,000
Reste	6,840
Moins : l'intérêt à 5 p. o/o du capital engagé	2,650
Reste pour amortissement et grosses réparations	2,650f

« Or, d'après les constructions similaires, les grosses réparations seront nulles pendant un très grand nombre d'années et l'amortissement sera complet dans douze ans.

« En résumé, ma dépense me produira pendant douze ans un revenu net de 5 p. o/o; après douze ans, je serai remboursé du capital dépensé, et mon revenu sera ce que j'appelle un revenu de jouissance, soit 6,000 francs au minimum. »

Société anonyme d'irrigation dans la Déhéra (Égypte).

Directeur : M. Boghos Pacha Nubar.

(MÉDAILLE D'OR.)

L'Égypte a dû son ancienne richesse aux eaux du Nil, mais peu à peu le fleuve lui-même, en creusant le seuil de ses cataractes et de ses rapides, a fait baisser le niveau de ses eaux; la surface qu'elles peuvent arroser s'est rétrécie, la richesse et la population ont diminué dans la même proportion. Pour reconstituer cette richesse, il faut rétablir aujourd'hui ce que les siècles ont détruit, et élever artificiellement les eaux et leur permettre d'atteindre de plus grandes surfaces.

Dans la Basse-Égypte, une Société anonyme formée en 1880, et dirigée d'abord par M. Édouard Caston, puis par M. Boghos Pacha Nubar, ancien élève de notre École centrale des arts et manufactures, a été chargée d'élever les eaux du Nil et de les déverser, pendant la saison sèche, dans les canaux du Khatatbeh et du Mahmoudieh qui servent à arroser la Déhéra, la province qui s'étend du fleuve jusqu'à Alexandrie. Malheusement, les vis d'Archimède que M. Édouard Caston installa à l'usine de Khatatbeh ne réussirent pas plus que les pompes centrifuges qu'il employa pour celle du Mahmoudieh, à Atfeh, et, lorsqu'en 1883, il fut remplacé par M. Boghos Pacha Nubar, celui-ci y substitua, d'après les conseils et les plans de son ancien professeur, notre éminent ingénieur M. Vigreux, de nouvelles machines qui ont parfaitement bien fonctionné; ce sont dans la première usine des pompes centrifuges à axe vertical construites par MM. Farcot, de Saint-Ouen, et dans la deuxième des roues à palettes planes, à faible vitesse et à rendement élevé, comme les roues Sagebica, qui ont été faites par MM. Féray et Cie, d'Essonnes.

Epuration des eaux d'usines et utilisation du limon qui salit les blés d'Egypte par l'irrigation des prairies,

Par M. Louis Méeus, distillateur à Wyneghem-les-Anvers (Belgique).

(HORS CONCOURS.)

Fertiliser les sables de la Campine belge, au moyen des limons du Nil, paraît au premier abord insensé, et cependant, c'est ce que fait M. Louis Méeus, distillateur à Wyneghem, près d'Anvers, mais sur une petite échelle, il est vrai.

Voici comment :

M. Méeus importe en moyenne par an 10 millions de kilogrammes de blés d'Egypte. Ces blés, cultivés dans la vallée du Nil et battus ou plutôt dépiqués sur le sol même, arrivaient en Europe chargés de 5 à 10 p. 100 de matière terreuse, c'est-à-dire de limon du Nil qui contient 7 p. 1,000 d'azote et 8 p. 1,000 d'acide phosphorique. Avant d'employer ces grains dans la distillerie, il faut les laver.

M. Méeus fait arriver ses eaux de lavage dans une série de 9 bassins de décantation où elles déposent la plus grande partie du limon dont elles sont chargées. Ces dépôts forment des composts qui sont portés directement dans les champs à fertiliser.

Les eaux qui s'écoulent des bassins sont réunies aux autres eaux sales des usines et servent à irriguer des prairies qui se trouvent près de ces usines sur les bords de la rivière, le Sohyn. Ces prairies disposées en ados, d'après les plans de l'ingénieur Keelhoff, auquel on doit les belles irrigations de la Campine, donnent en 4 coupes près de 14,000 kilogrammes de foin par hectare, tandis que les meilleures de la Campine n'en donnent que 6,000 à 8,000, même si l'on ajoute divers engrais aux eaux du canal de jonction de la Meuse à l'Escaut qui arrose ces dernières.

Société agricole et industrielle de Batna et du Sud-algérien.

Administrateur délégué : M. Georges Rolland, ingénieur des mines, 7, rue Saint-Lazare.

(MÉDAILLE D'OR.)

Cette Société a été constituée en 1880 et, depuis cette époque, elle a créé dans l'Oued-Rir 3 oasis et 3 villages (Ourir, Sidi Gahia et Ayeta); elle a fait 9 puits jaillissants, dont les débits réunis fournissent un volume d'eau de près de 23 mètres cubes par minute, défriché sur les 1,500 hectares de terres qu'elle a achetées plus de 400 hectares, planté 50,000 palmiers, creusé plus de 40 kilomètres de fossés d'écoulement et construit de grands bordjs avec logements pour ses agents français, maisons ouvrières pour ses cultivateurs indigènes, magasins pour ses produits, etc.

Son exposition, une des plus intéressantes de la section algérienne, appartenait à plusieurs classes. A la classe 49 revenaient particulièrement les plans détaillés, à l'échelle de $\frac{1}{1000}$, de ses 3 oasis, et les plans en relief, à l'échelle de $\frac{1}{2000}$, de celle de Sidi-Yahia que l'on peut citer comme une oasis modèle, les photographies à description de ses bordjs, maisons d'ouvriers, magasins de dattes, et enfin les instruments agricoles employés par les indigènes : la houe (*messaa*) et la faucille (*mendjel*).

Autres exposants de l'Algérie.

Nous devons citer également parmi les autres exposants de l'Algérie :

La *Compagnie de l'Oued Rir* (hors concours) qui a également créé des oasis et des plantations de palmiers très remarquables.

Le *Jardin d'essai du Hamma,* à Alger; son habile directeur, M. Rivière, a employé des eaux de sources pour arroser la partie inférieure (hors concours).

Un *répartiteur d'eau pour les irrigations,* très ingénieux, qui a été inventé par M. Pelletreau, ingénieur en chef des ponts et chaussées, et qui a reçu une médaille d'argent.

La *commune indigène de Boghar* et son annexe de *Chellala,* qui ont exécuté des reboisements importants. Elle en a exposé les plans avec des légendes explicatives.

Enfin la *commune indigène de Djelfa,* située comme la précédente dans la province d'Alger, qui a également fait des travaux fort remarquables.

Drainage.

Le drainage des terres, depuis fort longtemps connu et appliqué, pour le captage des sources et pour l'assainissement des points trop humides dans nos champs ou nos prairies, avait pris une importance nouvelle, lorsque Smith, de Deanston, en Écosse, montra, vers 1846, que dans certaines terres à sous-sol imperméable un drainage complet et régulier (*thoroug-draining*) par tuyaux cylindriques en terre cuite, placés à environ 1 mètre de profondeur et à des distances variables de 6 à 12 ou 15 mètres, pouvait beaucoup faciliter les travaux de culture et augmenter les récoltes. C'était vrai surtout pour le climat humide des Îles Britanniques de 1846 à 1860. Au moment où le rappel des lois sur les céréales vint donner un vigoureux coup de fouet à leurs améliorations agricoles, les Anglais drainèrent avec enthousiasme, et cet enthousiasme se propagea chez nous. C'est alors que M. Hervé-Mangon publia son *Traité de drainage* et le Parlement vota un crédit de 100 millions pour prêter aux propriétaires qui voulaient faire des drainages et qui devaient les rembourser par annuités à long terme, comme cela se faisait en Angleterre. Ce crédit est loin d'avoir été employé.

Cependant le drainage prit beaucoup d'extension dans quelques contrées à sous-sol imperméable, et entre autres dans la Brie. Dès 1849, M. Chandora commença à en faire comme entrepreneur pour les propriétaires de la Brie, et son fils, M. L. Chandora, à Moissy-Cramayel (Seine-et-Marne), a continué ces entreprises, en perfectionnant de plus en plus ses procédés. Depuis son origine, la maison Chandora a drainé plus de 25,000 hectares. C'est ce qui valut à M. L. Chandora une médaille d'or.

Dans le même département, M. Abel-Albert Naudier, à Guignes-Rabutin, successeur de M. A. Camery, marche sur les traces de MM. Chandora, mais il n'en est encore qu'à 6,000 hectares.

TABLE DES MATIÈRES.

www.ingramcontent.com/pod-product-compliance
Ingram Content Group UK Ltd.
Pitfield, Milton Keynes, MK11 3LW, UK
UKHW012156240726
13966UKWH00002B/387